영양교육과 상담

강현주 · 김정연 · 신서영 · 이승림 · 최향숙

창지사

머리말

오늘날 의료기술의 발달과 사회환경의 전반적인 개선으로 평균수명이 증가하고 삶의 가치를 건강에 두는 사회적 분위기와 식품 및 외식산업의 발전으로 다양한 식생활 환경이 형성되고 있다. 그리고 대중매체의 다양화로 넘쳐나는 영양과 식품 정보 중에서 개인이 건강관리를 위해 필요한 정보를 선택하는 것이 어려워지고 국가의 식량 공급이나 식품 환경이 달라짐에 따라서도 식생활 변화가 일어날 수 있어 예측이 어려운 실정이다. 또한 최근 저출산, 고령화의 사회적 문제와 비만, 당뇨, 심혈관계질환 및 암과 같은 만성질환의 발병률 또한 크게 증가하고 있어서 이를 예방하고 관리하기 위해 국가 차원의 정책사업과 지역사회뿐 아니라, 개인 스스로의 영양교육 및 상담의 필요성이 더욱 증대되고 있는 실정이다.

기존의 영양교육은 식생활 관련 지식과 정보의 전달에 중점을 둔 교육으로 이렇게 습득한 지식이 바로 행동으로 이어지기 어려우므로 지식과 정보 전달 외에 개인의 신념, 태도, 자아효능감, 주변인의 생각이나 지지 정도 및 물리적·사회적 환경까지 고려해야 한다. 그리고 교육대상자의 학습목표와 능력에 맞춰 인간의 행동과학적인 원리와 심리적인 상태 및 현재의 영양 상태에 맞게 내용과 방법을 선택해야 하는 능력이 요구된다. 따라서 교육자는 영양, 질병 및 식생활 전반에 걸친 다양한 전문지식을 갖추고 대상에 맞는 교육 자료를 선택 및 활용하여 정확히 전달할 수 있는 기술이나 능력을 갖추기 위해 참고할 좋은 교재가 필요하다.

따라서 이 책에서는 대학에서 식품영양을 전공하는 학생뿐 아니라 일선에서 영양사 또는 영양교사로 수고하시는 분들에게 도움이 되길 바라며 이 책의 출간을 위해 애쓰신 모든 분들과 출판사 관계자들께도 감사드린다.

2021년 4월

저자 일동

차례

CHAPTER 01

영양교육과 상담의 개요

Ⅰ. 영양교육과 상담의 개요

1. 영양교육과 상담의 정의

영양교육은 개인이나 집단에서 건강증진 및 질병예방을 목적으로 하여 잘못된 식습관을 개선하고 균형 잡힌 식생활을 영위할 수 있도록 도와주는 일련의 과정이다. 영양교육은 식생활 전반에서 건강과 영양에 관련된 문제에 대해서 올바르게 이해하여 옳은 해결 방법을 계획하고 실천하게 하는 교육으로 영양 관련 지식(knowledge)을 부여하고, 그것을 이해로 유도하며 흥미를 갖게 하여 긍정적인 태도(attitude)로 변화 시켜 행동(behavior)으로 옮기고, 결국 이것을 습관화시키는 데 목적이 있다.

이를 위해 교육자는 교육대상자들의 영양 상태를 파악하고 영양문제를 일으키는 요인을 분석한 후 변화가 필요한 부분을 파악하여 중재하고, 그들의 요구를 반영하여 영양교육의 대상과 주제에 맞는 교육과정을 계획하여야 한다. 이때 여러 가지 영양교육 이론을 적용하여 체계적으로 준비하면 시행착오를 줄이고 좋은 결과를 얻을 수 있다.

기존의 영양교육은 식생활 관련 지식과 정보의 전달에 중점을 둔 교육이었지만, 이렇게 습득한 지식이 바로 행동으로 이어지기 어려우므로 요즘에는 영양교육과 상담을 준비할 때 지식 외에 개인의 신념, 태도, 자아효능감, 주변인의 생각이나 지지 정도 및 물리적·사회적 환경까지 고려하여야 한다. 또한 교육대상자의 학습목표와 능력에 맞춰 인간의 행동과학적인 원리와 심리적인 상태 및 현재의 영양 상태에 맞게 내용과 방법을 선택해야 한다. 따라서 교육자는 영양, 질병 및 식생활 전반에 걸친 다양한 전문지식을 갖추고 대상에 맞는 교육 자료를 선택 및 활용하여 정확히 전달할 수 있는 기술이나 능력이 더욱 요구된다. 최근에는 저소득층 계층에 직접 보충식품을 지원하거나 식사 계획을 수립 또는 구매력을 증가시킬 수 있는 조금 더 직접적이고 적극적인 영양교육과 상담의 비중이 높아지고 있다.

그리고 영양상담은 상담자가 전문적인 입장에서 현재 영양문제를 가지고 있거나, 가능성이 있는 사람을 대상으로 하는 면대면 교육으로 친밀한 관계 형성을 기반으로 언어적·비언어적인 의사소통을 통해 교육대상자의 영양이나 건강문제를 해결해 주기 위한 과정으로 영양교육보다는 더욱 역동적이고 쌍방향적이다.

2. 영양교육과 상담의 목적

영양교육과 상담의 목적은 영양지식의 습득과 올바른 식행동의 변화로 대상자가 가지고 있는 영양문제를 스스로 해결하여 바람직한 식생활을 할 수 있도록 하고 영양 상태를 향상시키고 개인이나 국민의 건강증진에 기여하는 것이다.

이러한 목적을 달성하기 위해서는 하위단계인 목표를 설정하여 단계적으로 목적 달성에 도달하는 것이 중요하다. 영양교육과 상담의 목표는 목적에 비해 구체적이고 실현 가능한 부분으로 설정되어야 한다. 그리고 식생활과 관련된 지식과 기술습득, 바람직한 태도와 행동의 변화를 포함하여야 한다. 일반적으로 목표 설정은 교육자와 교육대상자가 함께 정해야 현실적으로 실천 가능해지며 목표 달성에 성공할 수 있다. 목표는 여러 부분으로 설정이 가능하고 목표 달성이 진행될수록 목적에 도달할 수 있게 된다.

영양교육의 목표는 다음과 같이 요약될 수 있다.

- 식품, 영양 및 건강에 대한 정보와 지식을 습득한다.
- 좀 더 건강한 식행동을 실천하고자 하는 태도와 동기를 유발한다.
- 바람직한 식행동을 유지한다.
- 개인이나 집단의 영양 및 건강상태가 개선된다.
- 의료비 절감과 국민 복지에 기여한다.

3. 영양교육과 상담 실시에 있어 어려운 점

영양교육 대상자는 연령, 성별, 교육정도, 식습관, 활동정도, 경제적 수준, 기호도 및 환경의 차이가 다양하고 서로 다르기 때문에 교육내용이나 방법을 선택하는 데 어려움이 있다. 또한 영양교육과 상담의 결과가 빨리 나타나지 않아서 의욕결핍이나 자아효능감 부족으로 중도에 포기하는 경우도 있고 결과가 나타난다고 하더라도 장기적으로 나타나며 여러 가지 복합적인 원인으로 식행동이나 식습관의 변화가 생길 수 있기 때문에 이를 교육이나 상담의 효과라고 단정하기가 어렵다.

또한 식생활에 대한 주관적인 사고방식은 쉽게 바뀌기 어렵고, 최근에는 검증되지 않은 다양한 정보로 인해 잘못된 식습관을 갖게 되는 경우도 빈번하게 발생하고 있다. 그리고 영양교육과 상담을 진행할 때 교육매체 개발 및 교육 시 인적, 물적자원에 대한 예산이 많이 소요되는 등의 어려운 점이 있다.

II. 영양교육의 필요성과 환경적 변화

과거에는 국가나 지역사회에서 국민들을 위한 영양정책 및 사업들이 식량생산의 증가와 안전한 식품의 공급에 초점이 맞춰져 있었고, 영양교육 또한 질병이 있는 사람에 대한 영양교육과 식사요법을 위주로 진행하였다. 그러나 의료기술의 발달과 사회환경의 전반적인 개선으로 평균수명이 증가하고 삶의 가치를 건강에 두는 사회적 분위기 속에서 영양교육도 건강한 식생활을 통한 만성퇴행성 질환의 예방과 건강증진에 목적을 두게 되었다.

따라서 영양교육은 급변하는 식생활 환경의 변화에 따라 교육대상자들의 삶의 질 문제, 건강과 관련된 식행동 문제 및 환경요인에 영향을 주는 다양한 원인들을 찾아내고 그 문제를 해결할 수 있도록 교육을 계획하고 실행하고 평가해야 한다.

그러나 식품 및 외식산업의 발전으로 다양한 식생활 환경이 형성되고 있고, 넘쳐나는 영양과 식품 정보 중에서 개인이 건강관리를 위해 필요한 영양이나 식품정보를 선택하는 것이 어려워지고, 국가의 식량공급이나 식품환경이 달라짐에 따라서도 식생활 환경의 변화가 일어날 수 있어 예측이 어려운 실정이다.

이에 따라 영양교육과 상담의 필요성이 더욱 증가하게 되는 우리 사회의 인구 사회학적 구조의 변화와 식생활 환경 변화를 살펴보고자 한다.

1. 인구사회학적 구조의 변화

1) 기대수명의 증가와 건강수명의 감소

2019년 통계청자료에 따르면 의료기술이 발달과 풍부한 영양섭취로 우리나라 국민의 기대수명은 2012년에 80.9세에서 점점 증가하여 2018년에는 82.7세로 증가하는 추세이지만, 건강수명은 2012년에 65.7세였으나 점점 감소하여 2018년에는 64.4세로 건강수명과 기대수명의 격차는 커지고 있다[그림 1-1]. 질병 없이 건강하게 사는 기간을 의미하는 건강수명이 짧아지고 기대수명이 늘어난다는 것은 노년기에 병마와 씨름하며 삶의 질이 떨어지는 기간이 늘어난다는 것을 의미한다. 따라서 젊을 때부터의 건강 및 영양관리를 통해 노년기에 고혈압, 당뇨병, 암 등과 같은 만성퇴행성질환이 생기지 않도록 하는 것이 필요하다.

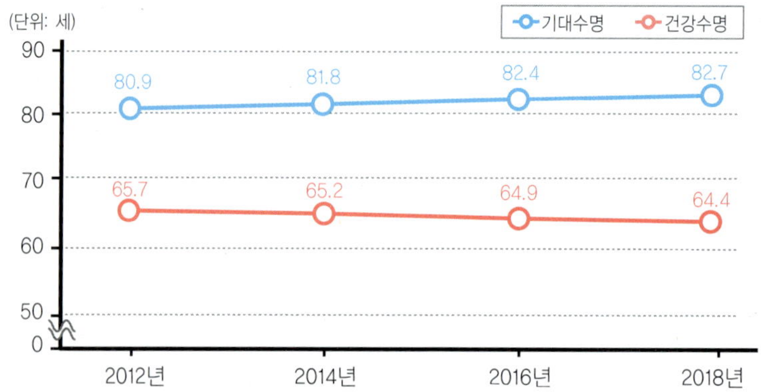

기대수명: 0세의 출생자가 향후 생존할 것으로 기대되는 평균생존연수
건강수명: 전체 평균수명에서 질병이나 부상으로 고통 받는 기간을 제외한 건강한 삶을 유지하는 기간

| 그림 1-1 | 기대수명 및 건강수명

출처: 통계청(2019). 2019 고령화 통계.

2) 고령화 인구 및 독거노인의 증가

우리나라는 2000년에 고령화사회(65세 인구 비율 7%)에 진입하였고, 2018년에 고령사회(65세 인구 비율 14%), 2026년에 초고령사회(65세 인구 비율 20%)로의 진행을 예측하고 있다. 2019년 우리나라 전체 인구는 2028년까지 계속 증가하다가 감소하는 반면, 65세 노인인구는 2050년까지 지속적으로 증가할 것으로 전망하고 있고, 2019년에 65세 인구가 차지하는 구성비도 14.9%로 지속적으로 증가하여 2060년에는 43.9%가 될 것으로 전망하고 있다〈표 1-1〉. 연령별로 보면, 65세 이상 인구 중 65~69세와 70~74세가 차지하는 구성비는 2019년까지 증가하다가 감소하는 반면, 75세 이상의 비율은 증가하는 추세이다[그림 1-2]. 그리고 2019년 인구피라미드는 30~50대가 두터운 형태를 하고 있고, 2060년에는 60대 이상이 두터운 모양으로 변화될 것으로 보인다[그림 1-3].

65세 이상 고령자 가구는 2045년이 되면, 전체 가구의 47.9%가 될 것으로 전망하고 있으며[그림 1-4], 2019년 고령자 가구를 유형별로 보면 1인 가구 비중이 34.2%로 가장 많고 그 다음으로는 부부(33.2%), 부부와 자녀(9.6%), 부(모)와 자녀(5.5%) 순으로 나타났다[그림 1-5].

이러한 고령화는 우리 사회에 여러 가지 문제를 야기할 수 있는데, 특히 경제적으로는 2060년이 되면 생산가능 인구가 49.7% 수준으로 떨어지고 그에 따라 연금이나 복지 분야의 지출 증가로 국가재정에 대한 부담이 커지고 그에 따라 보건 및 의료 측면에서도 국가적인 어려움이 있을 것으로 예측할 수 있다.

| 표 1-1 | 인구 추이[1]

(단위: 천 명, %)

	총인구	65세 이상	구성비	연령대별 인구 및 구성비					
				65~69세	구성비[2]	70~74세	구성비[2]	75세 이상	구성비[2]
2000	46,136	3,375	7.3	1,377	40.8	919	27.2	1,078	32.0
2005	47,279	4,372	9.2	1,683	38.5	1,255	28.7	1,434	32.8
2010	48,580	5,434	11.2	1,817	33.4	1,569	28.9	2,049	37.7
2017	51,423	7,171	13.9	2,315	32.3	1,756	24.5	3,100	43.2
2018	51,630	7,455	14.4	2,372	31.8	1,829	24.5	3,254	43.6
2019[3]	51,709	7,685	14.9	2,450	31.9	1,888	24.6	3,346	43.5
2020	51,781	8,125	15.7	2,660	32.7	1,991	24.5	3,475	42.8
2030	51,927	12,980	25.0	4,094	31.5	3,566	27.5	5,319	41.0
2040	50,855	17,224	33.9	4,284	24.9	4,074	23.7	8,866	51.5
2050	47,745	19,007	39.8	3,848	20.2	3,744	19.7	11,415	60.1
2060	42,838	18,815	43.9	3,698	19.7	3,278	17.4	11,838	62.9

1) 외국인 포함
2) 65세 이상 인구에 대한 구성비
3) 2018년 이전은 인구주택총조사 자료, 2019년 이후는 장래인구특별추계 자료

출처: 통계청(2019).

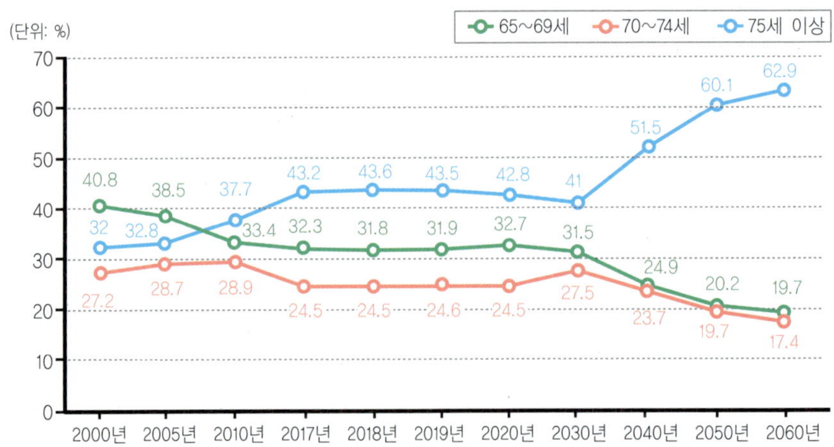

| 그림 1-2 | 고령자의 연령대별 구성비

출처: 통계청(2019).

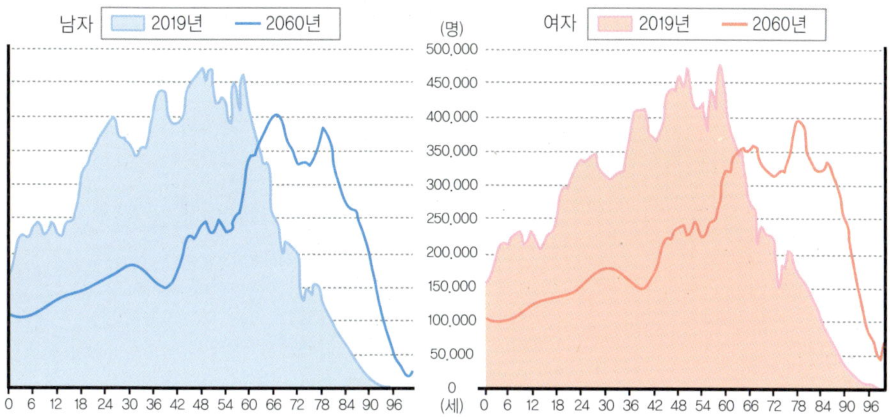

| 그림 1-3 | 인구피라미드

출처: 통계청(2019).

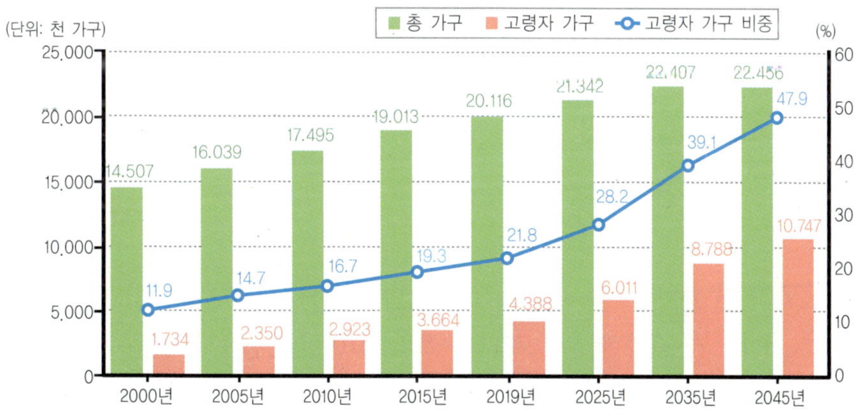

| 그림 1-4 | 고령자 가구 추이

출처: 통계청(2019).

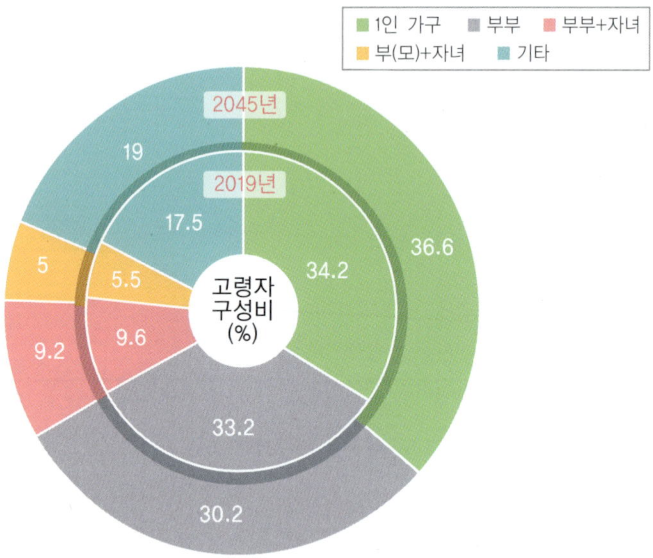

| 그림 1-5 | **고령자 가구 유형별 구성비**

출처: 통계청(2019).

3) 1인 가구 증가

2018년 우리나라의 1인 및 2인 가구의 비중은 각각 29.3%, 27.3%로 전년대비 0.7%, 0.6%가 증가한 것으로 나타났고, 2018년 평균 가구원 수는 2.44명으로 전년보다 0.03명, 2000년도에 비하면 0.68명이 감소하는 것으로 점점 1인 및 2인 가구 수가 상대적으로 늘고 평균 가구원 수는 감소하는 경향을 보이고 있다〈표 1-2〉. 1인 가구 비중의 증가는 주택, 식품, 가전 시장 등 각 산업 전반에 큰 영향을 미치고 있다. 특히 식품시장에서는 대형마트 및 편의점의 가정식 간편식 및 포장배달 음식 산업이 크게 활성화되고 있어 그에 따라 적절한 식품에 대한 정보와 음식선택 요령에 대한 영양교육과 상담도 필요할 것이다.

| 표 1-2 | 가구원 수별 가구 구성

(단위: 명, %)

	평균 가구원 수	가구원 수별 구성					
		1인	2인	3인	4인	5인	6인 이상
2000	3.12	15.5	19.1	20.9	31.1	10.1	3.3
2005	2.88	20.0	22.2	20.9	27.0	7.7	2.3
2010	2.69	23.9	24.3	21.3	22.5	6.2	1.8
2015	2.53	27.2	26.1	21.5	18.8	4.9	1.5
2016	2.51	27.9	26.2	21.4	18.3	4.8	1.4
2017	2.47	28.6	26.7	21.2	17.7	4.5	1.3
2018	2.44	29.3	27.3	21.0	17.0	4.3	1.2

출처: 통계청(2019).

4) 질병구조의 변화

(1) 주요 사망률

사회경제적 수준의 향상은 풍요로운 식생활을 가능하게 했고, 식품관련 사업의 발전과 다양화는 외식이나 식생활 양식의 변화로 나타나면서 식생활과 관련된 만성질환의 발생률이 증가하고 있다. 2018년 10대 사망원인은 악성신생물(암), 심장질환, 폐렴, 뇌혈관 질환, 고의적 자해(자살), 당뇨병, 간질환, 만성하기도 질환, 알츠하이머병, 고혈압성 질환 순으로 나타났고, 대부분의 질병들은 발생하면 지속적인 관리가 필요함에 따라 국가의 건강보험이나 복지에 대한 부담뿐 아니라 의료비에 대한 개인의 경제적 부담이 가중되면서 삶의 질을 보장하기 어려워진다. 10대 사망원인이 되는 질환들 대부분은 식생활과 밀접한 관련이 있으므로 영양교육과 상담을 통해 질병에 대한 사전 예방과 조기발견, 치료 및 관리를 통해 건강을 지킴으로써 삶의 질을 유지 및 관리하도록 노력해야 한다[그림 1-6].

(단위: 인구 10만 명당 명)

순위	사망원인	사망률	'17년 순위 대비
1	악성신생물	154.3	
2	심장 질환	62.4	-
3	폐렴	45.4	▲(+1)
4	뇌혈관 질환	44.7	▼(-1)
5	고의적자해(자살)	26.6	
6	당뇨병	17.1	-
7	간질환	13.4	-
8	만성 하기도 질환	12.9	-
9	알츠하이머병	12.0	▲(+2)
10	고혈압성 질환	11.8	▼(-1)

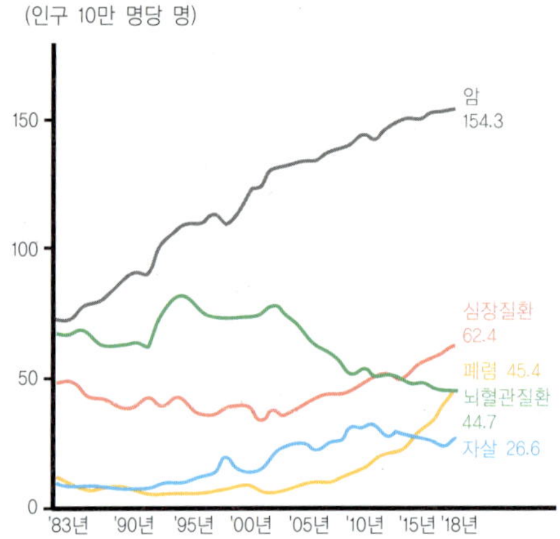

*사망률=(사망자수÷주민등록연앙인구)×100,000

*'심장질환'은 허혈성 심장질환과 기타 심장질환을 포함

| 그림 1-6 | 사망원인 순위 추이

출처: 통계청(2019).

(2) 만성질환의 유병률 증가

2009년에 성인의 31.3%가 비만으로 나타났으나 2018년에는 34.6%로 증가하였고, 남자의 비만율은 2009년에 35.8%에서 2018년엔 42.8%로 지속적으로 증가하는 경향을 보였으며 여자의 경우는 2009년에 26%에서 증가와 감소가 있었으나, 2018년에는 25.5%로 변화폭이 크지 않았다[그림 1-7]. 또한 만 30세 이상을 대상으로 고혈압에 대한 유병률을 살펴보면, 2009년에 26.3%였는데, 2018년에는 28.3%로 증가하였고 2018년도 남녀 각각 33.2%, 23.1%로 성별에 따른 유병률의 차이를 보였다[그림 1-8]. 만 30세 이상을 대상으로 당뇨병의 유병률은 2009년 전체평균 9.6%, 남녀 각각 10.7%, 8.4%였으며 2018년에는 전체평균 10.4%, 남녀 각각 12.9%, 7.9%로 증가하고 남녀 유병률의 더 큰 차이를 보였다[그림 1-9]. 그리고 만 30세 이상의 고콜레스테롤혈증에 대한 유병률은 2009년에 전체평균 11.4%, 남녀 각각 10.8%, 11.8%에서 지속적으로 증가하여 2018년에는 평균 21.4%이고 남녀 각각 20.9%, 21.4%로 거의 두 배 가까이 유병률이 증가하였다. 이는 잦은 육류섭취와 가공 및 편의 식품을 통한 고지

방식과 신체활동 부족에 따른 영향으로 보인다[그림 1-10].

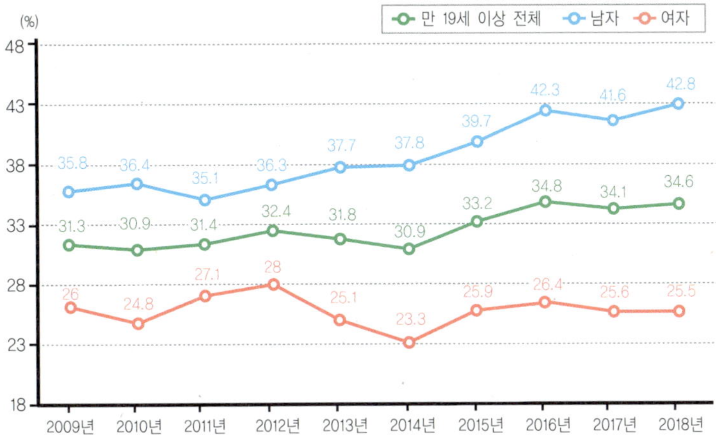

* 체질량지수(kg/m^2) 기준으로 25 이상인 분율, 만 19세 이상
* 비만 유병률(만 19세 이상) = (체질량지수(kg/m^2) 25 이상인 사람수 ÷ 만 19세 이상 대상자수) × 100

| 그림 1-7 | 비만 유병률

출처: 보건복지부(2018).

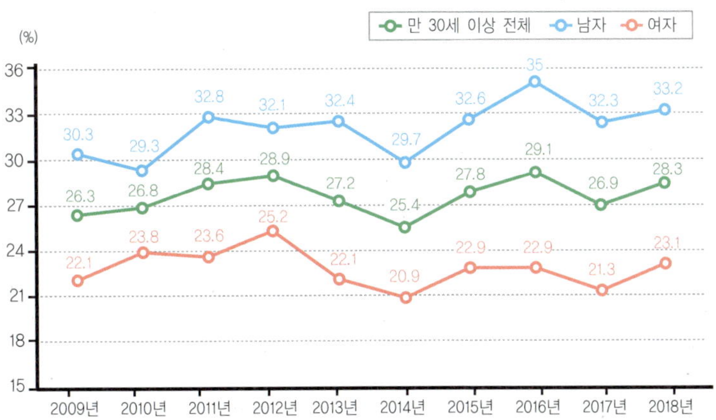

* 수축기혈압이 140mmHg 이상이거나 이완기혈압이 90mmHg 이상 또는 고혈압약물을 복용한 분율, 만 30세 이상
* 고혈압 유병률(만 30세 이상) = (수축기혈압이 140mmHg 이상이거나 이완기혈압이 90mmHg 이상 또는 고혈압약물을 복용한 사람수 ÷ 만 30세 이상 대상자수) × 100

| 그림 1-8 | 고혈압 유병률

출처: 보건복지부(2018).

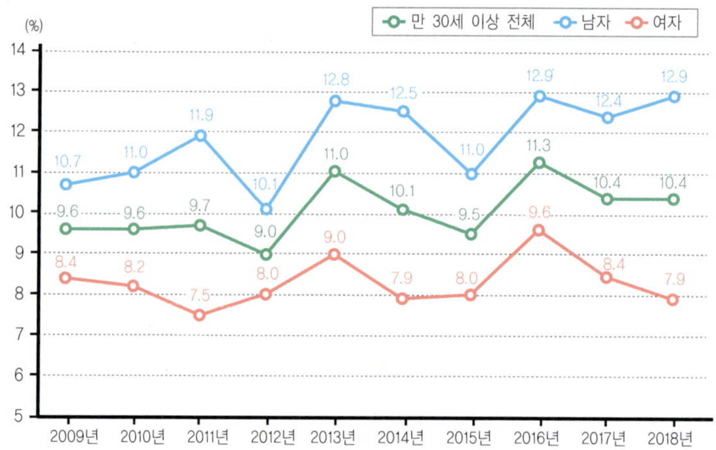

* 공복혈당이 126mg/dℓ 이상이거나 의사진단을 받았거나 혈당강하제복용 또는 인슐린 주사를 투여 받고 있는 분율, 만 30세 이상

* 당뇨병 유병률(만 30세 이상)=(공복혈당이 126mg/dℓ 이상이거나 의사진단을 받았거나 혈당강하제복용 또는 인슐린 주사를 투여 받고 있는 사람 수÷만 30세 이상 대상자 수)×10

| 그림 1-9 | 당뇨병 유병률

출처: 보건복지부(2018).

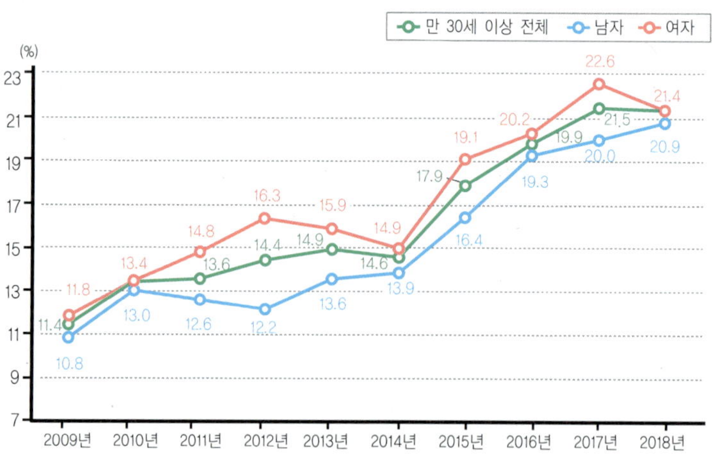

* 총콜레스테롤이 240mg/dℓ 이상이거나 콜레스테롤강하제를 복용한 분율, 만 30세 이상

* 고콜레스테롤혈증 유병률(만 30세 이상)=(총콜레스테롤이 240mg/dℓ 이상이거나 콜레스테롤강하제를 복용한 사람수÷만 30세 이상 대상자수)×10

| 그림 1-10 | 고콜레스테롤혈증 유병률

출처: 보건복지부(2018).

2. 식생활 환경의 변화

1인 및 2인 가구와 맞벌이 가구의 증가로 인해 외식 및 배달산업이 더욱 발전하고 식품산업의 발달로 가공 및 인스턴트 식품 등이 늘어나고 있다. 그리고 외국음식과 식재료를 접할 기회가 늘어남에 따라 예전보다 훨씬 다양한 먹을거리를 접할 수 있는 환경으로 변화되고 있다. 하지만 일부에서는 외식이나 매식을 통해 고열량, 고당질, 고나트륨, 고지방 섭취로 여러 가지 건강 및 영양 문제의 위험에 노출되어 있기도 하다.

따라서 변화되고 있는 식생활 환경에 맞춰 건강 및 영양관리를 할 수 있는 다양한 영양교육과 상담의 기회가 요구되며, 예전보다 훨씬 해외여행의 기회가 많아지면서 외국음식과 문화에 대한 국세화, 세계화에 발맞춘 글로벌한 시각의 영양교육도 필요하다고 볼 수 있다.

Ⅲ. 보건 및 영양정책

우리나라는 1990년대부터 정부차원의 국민건강증진에 초점을 맞춘 다양한 정책과 법령들이 제정되면서 보건 및 영양부분의 발전을 이루고 있다. 1990년에 국민식생활 지침이 제정되고, 1995년에 국민건강증진법이 제정되면서 1998년부터 국민건강영양조사가 시작되었고 2010년에는 「국민영양관리법」이 제정되었다. 이에 국민건강증진법 제4조에 따라 국민건강증진 및 질병 예방을 위해 국가차원의 건강증진 로드맵인 국민건강증진종합계획(Health Plan)이 2002년에 처음 1차 계획되었고 이후 5년마다 수립되어 2015년 제4차 계획(HP2020)이 수립되었다[그림 1-11]. 국민건강증진종합계획에서 건강생활실천확산분야에 금연, 절주, 신체활동, 영양으로 구성되어 있고, 이 중 영양분야에서는 건강 식생활 실천인구 비율 증가 또는 유지, 건강체중유지 및 관리 인구비율 증가, 생애주기별 영양관리 강화, 미량 영양소 적정섭취 인구비율 증가, 식품 안정성 확보 및 영양서비스 수혜 인구비율 증가에 대한 목표를 설정하였다〈표 1-3〉.

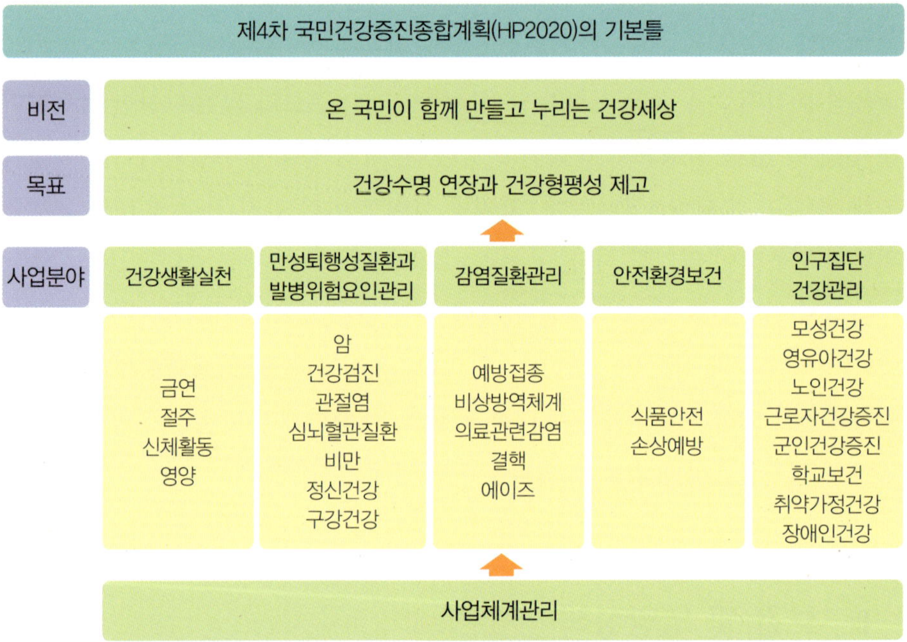

| 그림 1-11 | 제4차 국민건강증진종합계획(HP2020)의 기본틀

출처: 보건복지부·한국건강증진개발원(2015).

| 표 1-3 | 제4차 국민건강증진종합계획 영양부문 11개 성과지표현황

〔단위: 분율(표준오차)〕

성과지표[1]	기준(2008년)	2013~2015년	목표(2020년)
건강 식생활 실천 인구비율을 증가 또는 유지시킨다.			
건강 식생활 실천율 증가(만 6세 이상)	30.2%	37.6%[2]	48.6%
지방을 적정수준으로 섭취하는 인구비율 증가(만 1세 이상)	44.5%	45.0%	50.0%
나트륨을 1일 2,000mg 이하로 섭취하는 인구비율 증가(만 6세 이상)	12.8%	20.9%	30.8%
과일과 채소를 1일 500g 이상 섭취하는 인구비율 증가(만 6세 이상)	35.2%	37.5%	41.2%
가공식품 선택 시 영양표시 이용률 증가(초등학생 이상)	22.3%	25.8%	30.0%
생애주기별 영양관리를 강화한다.			
아침식사 결식률 감소(만 1세 이상)	21.9%	24.7%	18.3%
영양섭취 부족 노인 인구비율 감소(만 75세 이상)	29.9%	12.5%	26.3%
영양교육 및 상담 경험률 증가(초등학생 이상)	8.1%	8.1%	20.0%
미량영양소 적정 섭취 인구비율을 증가시킨다.			
칼슘을 적정수준으로 섭취하는 인구비율 증가(만 1세 이상)	17.0%	17.0%	21.0%
비타민 A를 적정수준으로 섭취하는 인구비율 증가(만 1세 이상)	39.7%	34.2%	49.2%
리보플라빈을 적정수준으로 섭취하는 인구비율 증가(만 1세 이상)	34.4%	48.9%	42.2%

[1] 지표의 정의

- 건강 식생활 실천율: 지방 적정섭취, 과일·채소 적정섭취, 영양표시 이용 4개 지표 중 2개 이상을 만족하는 분율
- 지방을 적정수준으로 섭취하는 인구비율: 지방 에너지 적정비율에 부합되는 수준(1~2세 20~35%, 3~18세 15~30%, 19세 이상 15~25%)으로 지방을 섭취하는 분율
- 나트륨을 1일 2,000mg 이하로 섭취하는 인구비율: 나트륨섭취량이 1일 목표섭취량(2,000mg) 이하인 분율
- 과일과 채소를 1일 500g 이상 섭취하는 인구비율: 과일과 채소 섭취량의 합이 500g 이상인 분율
- 가공식품 선택 시 영양표시 이용률: 가공식품 선택 시 영양표시를 읽는 분율
- 아침식사 결식률: 조사 1일 전 아침식사를 결식한 분율
- 영양섭취 부족 노인 인구비율: 에너지 섭취량이 필요추정량의 75% 미만이면서 칼슘, 철, 비타민 A, 리보플라빈의 섭취량이 평균필요량 미만인 분율
- 영양교육 및 상담 경험률: 최근 1년 동안 영양교육이나 상담을 받아 본 경험이 있는 분율
- 칼슘을 적정으로 섭취하는 인구비율: 칼슘 섭취량이 칼슘 권장섭취량 이상 상한섭취량 미만인 분율
- 비타민 A를 적정수준으로 섭취하는 인구비율: 비타민 A 섭취량이 비타민 A 권장섭취량 이상, 상한섭취량 미만인 분율
- 리보플라빈을 적정수준으로 섭취하는 인구비율: 리보플라빈 섭취량이 리보플라빈 권장섭취량 이상인 분율

[2] 2005년 추계인구로 연령표준화〔영양섭취 부족 노인(만 75세 이상) 인구비율 감소 지표는 제외〕

출처: 보건복지부·한국건강증진개발원(2015).

보건소에서는 1970년대까지는 전염병관리와 가족계획사업을 주로 담당했으나 질병양상의 변화와 함께 보건소 역할이 지역주민을 대상으로 영양개선과 만성퇴행성 질환의 예방에 중점을 두면서 보건소 건강증진사업이 추진되게 되었다. 보건소의 건강증진사업은 다양한 명칭으로 변화되다가 2013년부터는 지역사회 통합건강증진사업으로 명칭을 정하고 지역사회를 기반으로 금연, 음주폐해예방(절주), 신체활동, 영양, 비만예방관리, 구강보건, 지역사회중심재활 등 다양한 건강증진사업을 내실 있게 추진하여 지자체 건강수준 향상을 도모하며 국민 건강수명, 삶의 질 증대를 위해 진행하고 있다[그림 1-12].

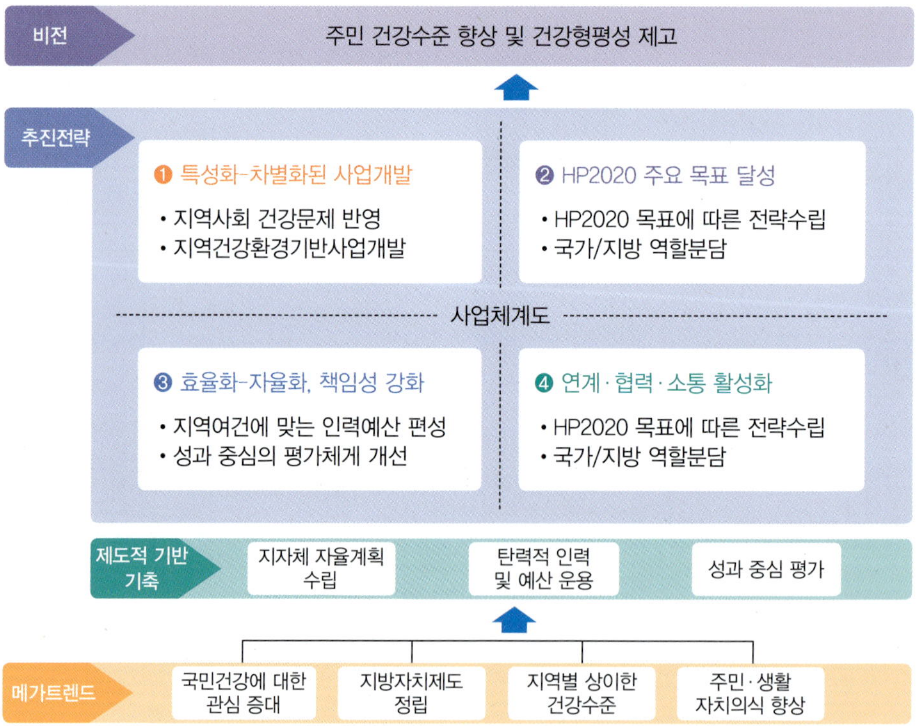

| 그림 1-12 | 「2020년 지역사회 통합건강증진사업」 비전 및 전략

출처: 보건복지부·한국건강증진개발원(2020).

또한 미국에서 1974년에 영양취약계층인 저소득층 임신수유부, 영유아에게 보충식품과 영양교육을 지원하는 WIC 프로그램(The Special Supplemental Nutrition Program for Women, Infants, and Children)을 우리 실정에 맞게 수정 변형하여 2005년에 3개의 보건소에서 시범사업으로 시작하여 현재는 영양플러스 사업이라는 명칭으로 전국의 보건소에서 확대 실시하고 있다. 이 프로그램은 빈혈, 저체중, 영양불량 등 취약계층 임산부 및 영유아의 영양문제해소, 스스로 식생활을 관리할 수 있는 능력 배양과 그에 의한 국민의 장기적 건강 확보를 목표로 전국적으로 진행 중에 있다.

그리고 1991년 「영유아보육법」이 제정되면서 영유아보육시설에 영양사배치 규정이 명시되었고, 1994년에는 보건소에 영양사 배치가 시작되었다. 그리고 1994년에 '식품 등의 표시기준'에 영양표시에 관련 규정을 마련하고 2003년 학교급식법이 제정되면서 초·중등학교에 영양교사 배치가 시작되었다. 또한 영유아보충관리사업도 시작되고 2008년에는 어린이들이 올바른 식생활 습관을 갖도록 하기 위하여 안전하고 영양을 고루 갖춘 식품을 제공하는 데 필요한 사항을 규정함으로써 어린이 건강증진에 기여함을 목적으로 「어린이 식생활안전관리특별법」이 제정되었다. 이러한 보건 및 영양관련 법 제정과 정책으로 지역사회 내에 다양한 대상과 계층으로 영양교육이 계획되고 확대 실시되고 있으며 앞으로의 사회적 변화와 흐름에 맞춰 교육의 주체인 영양사의 역할이 더욱 중요한 시점이라 하겠다.

CHAPTER 02

영양교육의 이론

Ⅰ. 건강신념모델

1. 건강신념모델(health belief model)의 개념

건강신념모델은 건강행동을 설명하고 예측하려는 심리모델이다. 이것은 개인의 태도와 신념에 초점을 맞추고 있는데, 특히 변화 조건이 존재할 때 사람들이 건강증진이나 질병예방에 관한 메시지에 가장 잘 반응할 것이라고 제안한다.

건강신념모델은 건강증진 행동에 참여를 촉구하기 위해 행동단서가 필요하다는 것을 가정하였고, 이러한 행동단서는 내부 또는 외부에 있을 수 있다. 내부 단서는 통증과 증상과 같은 생리학적 특징이 될 수 있다. 외부 단서에는 가까운 다른 사람들의 사건이나 정보, 언론 또는 건강관리 서비스가 건강 관련 행동 참여를 촉진하는 내용을 포함한다. 예를 들면, 의사의 상담, 친구 또는 가족 구성원의 질병 및 건강 충고가 있다. 행동을 촉구하는 데 필요한 단서의 강도는 민감성, 심각성, 혜택 및 장벽에 의해 개인마다 다르다.

2. 건강신념모델의 구성요소

건강신념모델은 처음에는 예방적 건강 조치를 취하는 사람의 가능성을 예측하고 건강 서비스를 찾는 것에 대한 사람의 동기와 의사결정을 이해하기 위해 개발되었다. 질병을 피하고자 하는 욕망이나 반대로 건강해질 수 있다는 기초 위에서 심리 및 행동이론에서 파생되었다. 특정 건강 조치가 질병을 예방하거나 치료할 것이라는 믿음에 달려 있다. [그림 2-1]과 같이 건강신념모델의 구성요소는 인지된 민감성(perceived susceptibility), 인지된 심각성(perceived severity), 인지된 이익(perceived benefits), 인지된 장애(perceived barrier), 행동계기(cue to action), 수정요인(modifying variables)과 자아효능감(self-efficacy)을 포함한다.

1) 인지된 민감성(perceived susceptibility)

질병에 걸릴 가능성에 대한 주관적 인식이다. 질병에 대한 개인의 느낌에는 편차가 크고, 특정 질병에 걸릴 가능성이 높다고 믿는 대상자가 권장되는 건강행동을 실천할 가능성이 높다. 예를 들어 골다공증에 걸릴 가능성이 높다고 믿을수록 칼슘 섭취를 증가시키고자 노력한다.

2) 인지된 심각성(perceived severity)

질병에 의한 장애 및 어려움 등의 심각성에 대한 개인의 느낌이다. 심각성은 경제적 측면, 물리적 측면, 사회적 측면, 심리적 측면 등의 다양한 관점에서 볼 수 있다. 특정 질병으로 인한 결과를 더욱 심각하다고 인식하는 대상자가 권장되는 건강행동을 실천할 가능성이 높다. 예를 들어 골다공증으로 인한 경제적 부담이 심각하다고 생각하는 대상자가 골다공증 예방을 위해 우유 섭취를 늘리기 위해 노력한다.

3) 인지된 이익(perceived benefits)

질병을 예방하거나 치료할 수 있는 행동의 효과에 대한 인식이다. 사람들이 유익한 것으로 여기는 경우 권고한 건강 조치를 받아들일 수 있다. 예를 들어 식이섬유소 섭취가 대장암 예방에 효과적이라고 믿는 대상자가 그렇지 않은 대상자에 비하여 채소를 많이 섭취할 가능성이 높다.

4) 인지된 장애(perceived barrier)

건강행위를 하려고 할 때 방해가 되는 요인을 지각하는 신념이다. 장벽에 대한 감정에는 폭 넓은 편차가 있어 비용/이익 분석에 의해 결정된다. 비용, 위험성, 부작용, 고통, 불편함, 시간, 습관변화 등이 건강행위의 실천을 방해한다. 예를 들어 매일 과일을 섭취하는 것이 경제적으로 부담이 크다고 생각하는 대상자가 그렇지 않은 대상자에 비해 과일 섭취를 실천할 가능성이 낮다.

5) 행동계기(cue to action)

뚜렷한 행동을 촉진하고 활성화하는 자극이다. 권고한 건강 조치를 수락하기 위해 의사결정 과정을 시작하는 데 필요한 자극이다. 예를 들어 내부(통증의 발견 등) 또는 외부(다른 사람의 조언, 가족의 질병, 신문 기사 등) 행동계기가 있다.

6) 수정요인(modifying variables)

인구학적 변수(연령, 성별, 종족, 종교 등), 사회심리학적 변수(성격, 사회지지, 사회억압 등), 구조적 변수(질병, 인식도, 질병 경험) 등의 요인이 다양한 신념요인에 영향을 미칠 수 있는 수정요인이다.

7) 자아효능감(self-efficacy)

행동을 성공적으로 수행할 수 있는 능력에 대한 자신감의 정도이다. 자아효능감은 건강신념모델이 처음 확립되었을 때에는 없었던 개념인데 나중에 추가된 요인이다. 체중조절을 위한 저열량식, 혈압조절을 위한 나트륨 섭취 감소 등 특정 건강행동을 할 수 있다는 자신감과 바람직한 결과를 얻을 수 있는 행동을 성공적으로 수행할 수 있다는 자신감을 말한다.

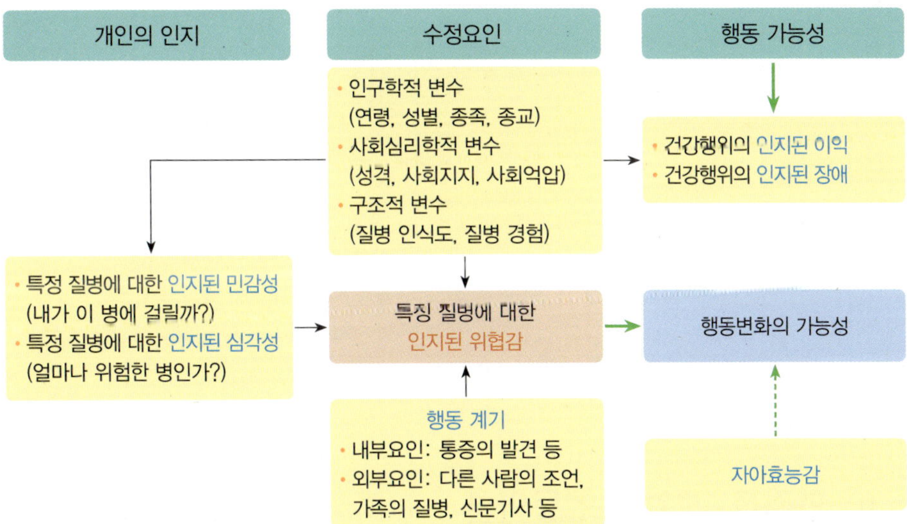

| 그림 2-1 | **건강신념모델**

출처: Glanz et al.(2008).

3. 건강신념모델의 적용

건강신념모델은 영양교육의 요구도조사, 영양교육 계획 및 실행, 식사요법이나 약물요법의 순응도, 질병 예방 및 질병 진단 프로그램의 참여여부 등 건강행동을 예측하는 데 적용되고 있다.

〈표 2-1〉은 건강신념모델을 적용한 영양교육의 예를 제시하였다.

| 표 2-1 | 건강신념모델의 주요 개념과 적용방법

구성요소	정의	적용방법
인지된 민감성	질병에 걸릴 위험에 있다는 주관적 지각	· 질병관련 통계자료 제시 · 신체계측을 통한 자신의 위험도 확인 등
인지된 심각성	질병에 의한 장애 및 어려움 등의 심각성에 대한 개인의 느낌	· 질병이 개인의 삶의 질에 미친 영향에 대한 사례소개 · 질병의 증상, 사망률, 치료비용에 대한 객관적인 자료 제시
인지된 이익	질병을 예방하거나 치료할 수 있는 행동의 효과에 대한 인식	· 권장되는 식행동을 했을 경우 예측되는 긍정적 결과 제시
인지된 장애	건강행위를 하려고 할 때 방해가 되는 요인을 지각하는 신념	· 인지된 장애 요인을 극복할 수 있는 방안 제시
행동계기	뚜렷한 행동을 촉진하고 활성화하는 자극	· 대중매체 등을 통한 영양 정보 제공으로 인식 촉진 및 행동 변화 독려
자아효능감	행동을 성공적으로 수행할 수 있는 능력에 대한 자신감의 정도	· 행동수행에 필요한 훈련과 지도 · 점진적 목표설정 및 바람직한 행동 시범

II. 합리적·계획적 행동이론

1. 합리적·계획적 행동이론의 개념

1) 합리적 행동이론(theory of reasoned action)의 개념

피시바인과 에이젠(Fishbein & Ajzen, 1980)이 주장한 합리적 행동이론은 태도와 행동 사이의 관계를 설명하는 이론으로 다양한 인간행동을 설명하고 예측한다. 인간은 합리적이며 자신이 이용할 수 있는 정보를 체계적으로 사용한다는 전제에 근거를 둔다. 합리적 행동이론은 개인의 태도와 주관적 규범이 행동 의도에 영향을 미치고 실제 행동으로 나타난다는 이론이다.

2) 계획적 행동이론(theory of planned behavior)의 개념

계획적 행동이론은 행동예측의 사회심리학적 모델로 합리적 행동이론에 뿌리를 두고 있다(Ajzen, 1991). 즉, 행동의도로 행동을 예측할 수 없는 합리적 행동이론의 한계를 수정하고 보완한 모델이다. 계획적 행동이론은 합리적 행동이론에 인지된 행동통제력을 추가해서 확장한 것이다. 합리적 행동이론은 개인이 자신의 행동을 통제할 수 있다고 가정하였으나 현실적으로 행동수행은 통제하에 있지 않은 경우가 많다.

2. 합리적·계획적 행동이론의 구성요소

1) 합리적 행동이론의 구성요소

이 이론은 행동에 대한 태도, 주관적 규범이 행동의도에 영향을 미치고, 이는 행동으로 이어진다는 논리이다. 즉, 개인의 신념, 태도, 규범, 행동의도 및 행동 사이의 연결 고리를 정의한다.

(1) 행동의도(behavioral intention)

특정 행동을 수행하고자 하는 의도, 즉 구체적인 행동을 실천에 옮기고자 하는 의도가 클수록 행동의 가능성이 높아진다. 행동의 실천에 최우선적으로 직접적인 영향을 미치는 개념이다.

(2) 태도(attitude)

특정행동에 대하여 대상자가 가지고 있는 긍정적 또는 부정적인 인식을 말한다. 즉, 특정행동에 대한 전반적인 인식을 뜻하는데, 이 태도가 긍정적으로 형성될수록 행동의 수준을 높인다.

① 행동신념(behavioral belief)

행동을 실천하였을 때 긍정적인 결과가 나타난다고 인식하는 대상자가 보다 긍정적인 행동에 대한 태도를 가진다. 예를 들어, 채소를 많이 섭취하면 변비증상을 완화할 수 있다고 인식할수록 채소 섭취에 대한 긍정적인 태도를 가진다. 이러한 특정 행동에 수행할 때 나타나는 결과에 대한 신념을 의미한다.

② 행동결과에 대한 평가(evaluation of outcome)

행동을 수행할 때 나타나는 결과에 대한 평가이다. 같은 결과가 나타난다고 인식할지라도 그 결과를 보다 가치 있고 중요하게 인식하는 경우 행동에 대한 태도에 긍정적인 영향을 미친다.

(3) 주관적 규범(subjective norm)

특정한 행동을 수행하는 데 영향을 주는 타인들의 지각된 기대이다. 즉, 개인의 행동에 대한 타인들의 압력이다. 태도와 함께 행동의도에 직접적인 영향을 미치는 두 번째 개념이다.

① 규범적 신념(normative belief)

자신에게 중요한 준거인이 자신의 행동수행을 어떻게 바라볼 것인가에 대한 인식이다. 대상자의 성별, 연령 등의 다양한 특성과 행동의 종류에 따라 의미있는 준거인이 달라질 수 있다. 중요한 준거인이 특정 식행동을 보다 긍정적으로 인정한다고 믿을 때 그 행동에 대한 주관적 규범의 수준이 높아진다.

② 순응동기(motivation to comply)

가장 중요한 준거인이 원하는 것을 하는 동기이다. 규범적 신념과 함께 특정 행동에 대한 주관적 규범에 영향을 미치는 것이다. 즉, 준거인의 의사를 따르고자 하는 정도가 클수록 주관적 규범의 수준이 향상된다.

2) 계획적 행동이론의 구성요소

합리적 행동이론을 다양한 건강행동에 적용하여 살펴본 결과, 행동수행이 자신의 영향력 아래에 있는 경우에는 행동의도와 행동의 실천정도를 성공적으로 설명할 수 있는 것으로 나타난 반면, 행동수행이 완전히 자신의 영향력 내에 있지 않은 경우에는 설명이 만족스럽지 않았다. 이러한 한계점을 극복하고자 합리적 행동이론을 확장하여, 인지된 행동통제력을 추가하였다.

[그림 2-2]는 합리적·계획적 행동이론의 모형이다. 태도, 주관적 규범, 인지된 행동통제력 구성요소들이 서로 영향을 주고받으며, 또한 각 구성요소의 하위 구성요소들 간에도 긴밀한 상호연관성을 가진다.

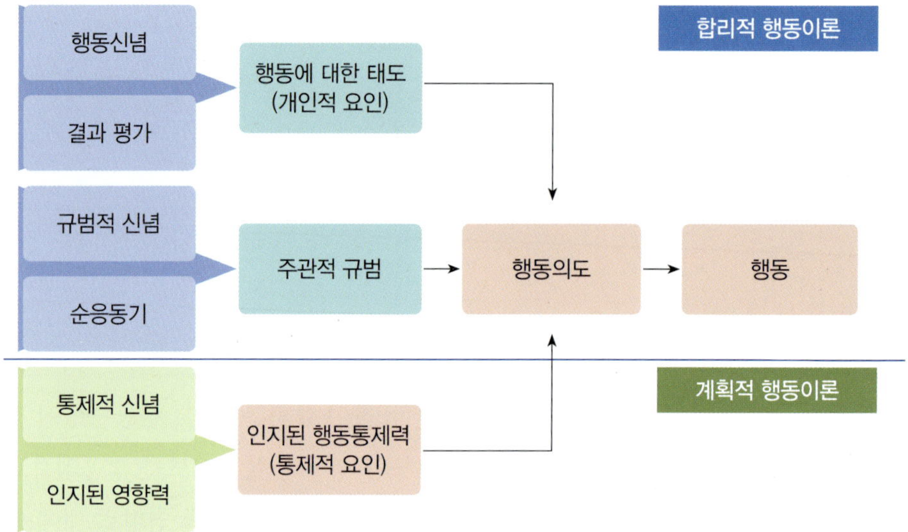

| 그림 2-2 | **합리적·계획적 행동이론**

출처: Fishbein, M., & Ajzen, I.(1975).
Ajzen, I.(1991).

(1) 인지된 행동통제력(perceived behavioral control)

자신이 특정 행동의 수행을 얼마나 통제할 수 있는가에 대한 인식을 말한다. 행동의 수행이 자신의 통제능력 아래에 있다고 인식하는 정도가 높을수록 행동 수행의 가능성이 높아진다. 태도, 주관적 규범과 더불어 행동의도에 직접적인 영향을 미친다.

① 통제신념(control belief)

행동을 촉진하거나 제한하는 상황이 생길 가능성에 대한 신념이다. 행동을 촉진하는 상황의 가능성이 높다고 인식할수록 인지된 행동통제력에 긍정적인 요인으로 작용한다.

② 인지된 영향력(perceived power)

행동을 어렵거나 쉽게 만드는 각 상황에서 자신이 얼마나 그 행동에 대한 조절능력을 가지고 있는가에 대한 인식의 정도를 말한다. 통제신념과 더불어 인지된 행동통제력에 영향을 주는 개념이다.

3. 합리적·계획적 행동이론의 적용

계획적 행동이론은 흡연, 음주, 보건 서비스 이용, 모유 수유 및 물질사용 등 다양한 건강 행태와 의도를 예측하고 설명하는 데 사용된다.

〈표 2-2〉는 합리적·계획적 행동이론을 적용한 영양교육의 예를 제시하였다.

| 표 2-2 | 합리적·계획적 행동이론의 주요 개념과 적용방법

구성요소		정의	적용방법
행동의도		어떤 행동을 수행하려는 의도	· 식행동 변화의 긍적적인 면과 부정적인 면을 평가하는 의사결정활동 제공
행동에 대한 태도		행동 수행에 대한 사람의 긍정적 또는 부정적 감정	· 바람직한 행동 결과에 대한 신념을 높여 주고 긍정적 평가 유도
태도	행동신념	어떤 행동 수행이 특정 결과를 산출할 것이라는 신념	· 모유수유에 의한 아기의 질병과 알레르기 예방 등 긍정적 결과 제시 · 식행동 변화에 따른 긍정적 인식 제고를 위한 정보 제공
	행동결과에 대한 평가	행동에 수행할 때 나타나는 결과에 대한 평가	· 바람직한 식행동 실천으로 얻어지는 건강의 개선을 직접 경험해 보는 활동 제공
주관적 규범	규범적 신념	준거인이 자신의 행동을 인정할 것인가에 대한 신념	· 주변인물을 영양교육에 함께 참여할 수 있는 기회를 제공하여 정보 공유
	순응동기	준거인의 의사를 따를 것인가에 대한 동기	· 가족, 친구 등 주변인물의 경험을 공유하도록 유도하여 동기유발
인지된 행동통제력	통제신념	행동을 촉진하거나 제한하는 상황이 생길 가능성에 대한 신념	· 건강 식행동 실천을 어렵게 만드는 환경을 극복하는 방법 소개
	인지된 영향력	행동수행을 어렵거나 쉽게 만드는 각 상황에 대한 인지된 영향력	· 건강 식행동 실천을 위한 식품선택 및 조리기술 등 구체적인 정보 제공

Ⅲ. 사회인지론

1. 사회인지론(social cognitive theory)의 개념

반두라(Bandura)의 사회인지론은 사람들이 어떻게 특정한 행동양식을 습득하고 유지하는지를 설명한다. [그림 2-3]과 같이 사회인지론은 한 개인의 행동이 내부의 힘이나 외부의 자극만으로 이루어지는 것이 아니라 개인의 인지적 요인, 환경적 요인 및 행동적 요인의 상호작용에 의해 이루어진다. 이것은 상호결정론(reciprocal determinism)으로 알려져 있다. 예를 들어, 환경적 요인의 변화가 개인의 인지적 요인 또는 행동적 요인의 변화를 가져올 수 있으며, 또한 개인의 인지적 요인의 변화가 반대로 환경적 요인에 영향을 미칠 수 있다. 이러한 변수가 인간의 학습과 행동변화 과정에 개입된다.

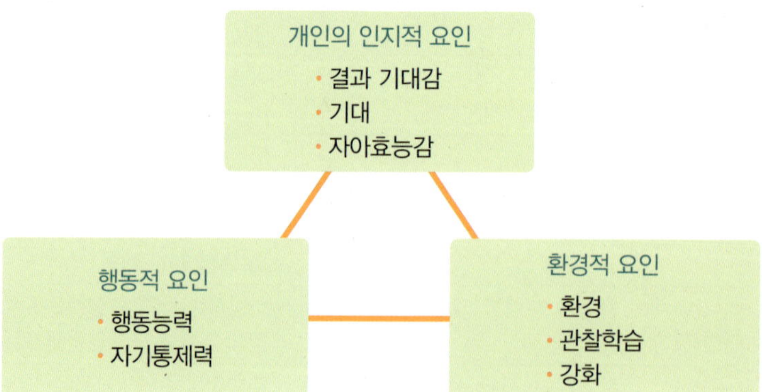

| 그림 2-3 | 사회인지론의 상호결정론

출처: Bandura, A.(1986).

2. 사회인지론의 구성요소

1) 개인의 인지적 요인

개인의 인지적 요인으로는 결과기대감, 기대, 자아효능감을 제시하고 있다.

(1) 결과기대감(outcome expectations)

특정 건강행동의 실천을 통하여 얻을 수 있는 결과에 대한 개인의 신념을 말한다. 어떠한 건강행동을 실천하였을 때 긍정적인 결과가 나타날 것이라고 믿는 정도가 높을수록 권장되는 건강행동을 실행할 가능성이 높다.

(2) 기대(expectancy)

특정 건강행동 수행 후 나타나는 결과에 대하여 개인이 부여하는 가치를 말한다. 사람들은 긍정적 결과를 초래하는 행동을 선택하고 부정적 결과를 초래하는 행위는 하지 않으려고 한다. 영양교육을 실시할 때는 교육대상자가 어떤 결과에 긍정적인 가치를 부여하는가를 잘 파악한 후 그 결과를 강조하는 것이 효과적이다.

(3) 자아효능감(self-efficacy)

특정 행동을 수행하는 것에 대한 자신감 또는 건강행동 수행에 수반되는 장애를 극복하는 것에 대한 자신감을 일컫는다. 이는 행동변화에 우선적으로 필요한 조건이라고 할 수 있는데 건강한 생활습관을 가지려는 동기가 부여되어도 할 수 있다는 자신감이 없으면 식행동을 바꾸려고 시도하기 어렵고 그 효과도 적을 것이다. 따라서 목표를 자신이 실현할 수 있는 정도로 정하여 자아효능감을 갖게 하여야 하며, 이렇게 형성된 자아효능감이 지속될 때 행동변화를 초래할 수 있다.

2) 행동적 요인

행동적 요인으로는 행동능력과 자기통제력을 제시하고 있다.

(1) 행동능력(behavioral capability)

어떤 행동을 수행하려면 그 행동에 필요한 지식과 기술이 있어야 한다. 행동수정에 필요한 지식과 기술이 없이 건강한 생활습관을 따르려는 동기부여만으로는 식행동을 변화시키기 어렵다. 따라서 행동 수행과 관련된 지식, 기술, 방법 등이 행동능력이다.

(2) 자기통제력(self-control)

인간의 행동은 외적 보상이나 처벌에 의해 영향을 받기도 하지만 스스로의 기준과 평가에 의해 영향을 받기도 한다. 인간은 자신의 기준과 평가에 의해 새로 습득한 행동을 스스로 유지할 수 있도록 하여 자신의 문제를 해결할 수 있게 된다. 따라서 자기통제력을 높이기 위해서는 행동의 규범과 목표를 정확히 설정하고 자신의 행동을 스스로 관찰하고 모니터링하여 문제 분석을 통한 행동 변화를 시도하여야 한다.

3) 환경적 요인

사회인지론이 건강신념모델, 계획적 행동이론 등과 명확히 구분되는 특징 중 하나는 다음과 같은 개인을 둘러싼 주변 환경의 역할을 강조한다는 점이다.

(1) 환경(environment)

식행동에 영향을 미치는 환경은 사회적 환경과 물리적인 환경을 말하며 인간은 주위환경에 의해 행동의 영향을 받는다. 개인의 행동에 영향을 미치는 사회적 환경 요소는 가족, 친구, 학교나 직장동료, 영양사 등을 말하며, 물리적 요소로는 공간, 시설, 온도 등이 이에 해당된다. 따라서 영양교육을 실시할 때에는 이러한 식생활 환경을 파악하여 행동 변화에 바람직한 영향을 미칠 수 있도록 유도하여야 한다.

(2) 관찰학습(observational learning)

인간은 다른 사람의 행동을 관찰하고 그 행동을 모방함으로써 새로운 행동을 배울 수 있다. 또한 주변 사람들의 행동이 긍정적 변화나 부정적 변화를 초래하는 것을 보고 행동의 변화를 시도할 수도 있다. 새로운 행동을 확립하기 위해 좋은 역할모델을 이용하는 것은 행동을 습득하는 시간을 짧게 해 줄 수 있다. 대리경험이라고도 하며, 많은 형태의 행동이 관찰학습을 통해 학습한다.

(3) 강화(reinforcements)

바람직한 행동을 했을 때 칭찬이나 물질적 보상 등 긍정적 보상이 따르면 그 행동은 점차 강화되고, 반대로 부정적인 평가가 주어질 경우에는 행동이 지속될 가능성은 낮아진다. 이처럼 강화란 어떤 행동이 반복될 가능성을 증가 또는 감소시키는 행동반응으로 대리강화(타인의 행동 수행에 따른 결과와 보상 관찰), 직접강화(선물이나 칭찬 등 자신이 경험한 강화), 자기강화(스스로 조절할 수 있는 강화)로 나뉜다.

3. 사회인지론의 적용

사회인지론은 식행동과 관련된 요인을 파악할 때 유용하고 영양교육을 계획할 때 방법과 전략을 제시하므로, 건강 및 영양교육에서 널리 활용되어 왔다. 특히 어린이, 청소년의 영양교육에서 활용도가 높다.

〈표 2-3〉은 사회인지론을 적용한 영양교육의 예를 제시하였다.

| 표 2-3 | 사회적인지론의 주요 개념과 적용방법

구성요소		정의	적용방법
개인	결과기대감	특정 건강행동의 실천을 통하여 얻을 수 있는 결과에 대한 개인의 신념	· 긍정적인 인식 제고를 위한 정보 제공 · 특정 식행동의 단점에 대한 인식을 바로잡기 위한 정보 제공
	기대	특정 건강행동 수행 후 나타나는 결과에 대하여 개인이 부여하는 가치	· 특정 식행동의 편리성, 건강상 이점, 맛 등에 대한 기대 제시
	자아효능감	특정 행동을 수행하는 것에 대한 자신감 또는 건강행동 수행에 수반되는 장애를 극복하는 것에 대한 자신감	· 단계적 행동목표와 직접적으로 관련된 기술습득 · 대상자와 비슷한 인물의 성공적 행동변화 사례 소개
행동	행동능력	행동을 수행할 수 있는 지식과 기술	· 목표 식행동 실행에 필수적인 기술 및 지식 제공
	자기통제력	목표지향적인 행동에 대한 개인적 규제	· 식사일지기록, 식사행동과 운동량 모니터링, 자기보상, 목표 설정 등
환경	환경	식행동에 영향을 미치는 환경은 사회적 환경과 물리적인 환경	· 학교의 급식시간에 칼로리 조절하여 배식, 학교 매점에서 건강 간식 판매, 학교 내 탄산음료 판매 금지 등
	관찰학습	다른 사람 행동을 관찰하여 행동 습득	· 건강 식행동을 실천하는 인물 사례 소개 등
	강화	행동이 계속될 가능성을 높이거나 낮추는 것	· 목표 달성에 대한 긍정적 보상 제공 등

Ⅳ. 행동변화단계모델

1. 행동변화단계모델(trans-theoretical model/stages of change)의 개념

프로채스카와 디클레멘트는 행동변화단계모델을 개발했다(Prochaska, DiClemente & Norcross, 1992). 행동변화단계모델 또는 범이론모델은 보다 유익한 행동으로의 변화 과정을 기술하는 이론이다. 즉, 이 모델은 바람직하지 않은 행동에서 바람직한 것으로 이동할 때 사람들이 겪는 단계를 설명한다. 이 모델은 사람들이 알코올 중독, 흡연, 심지어 운동과 같은 행동 문제를 어떻게 수정하는지 이해하는 방법으로 개발되어 개인의 의사결정에 중점을 두는 의도적인 변화모델이다. 이 모델은 사람들이 행동을 신속하고 난호하게 바꾸지 않는다는 가정하에 운영된다. 오히려 행동의 변화, 특히 습관적인 행동은 주기적 과정을 통해 지속적으로 발생한다.

2. 행동변화단계모델의 구성요소

행동변화단계모델의 주요 구성요소는 크게 변화단계와 변화과정으로 나눌 수 있다.

1) 변화단계(stage of change)

변화단계모델에 따르면 행동변화는 [그림 2-4]와 같이 5단계 과정이다. 원래는 금연이라는 맥락에서 개발되었지만 실제로는 모든 행동이 바뀌는 과정을 5단계로 설명한다. 즉, 변화 단계는 고려 전단계, 고려단계, 준비 단계, 행동 단계와 유지 단계이다. 이 모델은 개인이 변화의 5단계를 거쳐 변화하는 것을 가정한다. 변화단계모델은 사람들이 행동변화를 겪는 방식을 이해하는 데 효과적이다. 이 모델에서 변화는 점진적으로 발생하며 재발은 평생 동안 변화를 겪는 과정에서 피할 수 없다. 사람들은 초기 단계에서 변화를 기피하거나 반대하는 경우가 많지만 결국에는 행동변화에 능동적이고 몰입적인 접근 방식을 개발한다.

(1) 고려 전단계(precontemplation)

변화의 가장 초기 단계는 고려 전단계이다. 자신의 건강행동에 문제가 있다고 인식하지 못하고 있거나, 건강을 향상시키기 위한 특정 행동 자체에 별다른 관심이 없는 단계를 말한다. 교육자는 교육대상자의 말을 잘 들어주고 현재 행동의 위험성에 대해 기본적인 정보를 준다. 이 단계에 있는 대상자들에게는 행동기술 중심의 적극적인 건강증진 프로그램이 효과적이지 않을 가능성이 높다.

(2) 고려 단계(contemplation)

계획 단계에서 사람들은 변화를 통해 얻을 수 있는 잠재적 혜택에 대해 인식하게 되지만 혜택보다 비용이 더 커 보인다. 이러한 갈등은 변화에 대해 강하게 상반되는 감정을 형성한다. 이 단계에서는 교육대상자에게 현재 행동의 문제점과 행동변화 후 얻게 될 이점 등을 지적해 주고 행동변화에 대한 동기부여를 해준다. 또한 작은 목표를 설정하여 격려해 주는 것도 도움이 될 수 있다.

(3) 준비 단계(preparation)

계획이 수립되면 실행을 위한 준비가 필요하다. 준비 단계에서 큰 변화를 위해 작은 변화를 시작할 수 있다. 예를 들면, 체중감량이 목표라면 저지방 식품으로 전환할 수 있다. 목표가 금연이라면 매일 흡연을 조금씩 줄일 수 있다. 교육대상자의 상황에 맞는 현실적인 목표를 세우도록 돕고 행동변화에 필요한 기본적인 기술을 배우도록 격려한다.

(4) 행동 단계(action)

행동 단계에서 목표를 달성하기 위해 직접 행동을 시작한다. 예를 들면, 많은 사람들이 새해 체중감량을 결심하고 즉시 새로운 운동요법을 시작하고 건강한 식단을 시작하고 간식을 줄인다. 이 단계에서 교육대상자는 행동변화를 위해 많은 시간과 노력을 기울여야 한다. 그러므로 교육담당자는 행동변화가 성공적으로 일어나도록 교육대상자의 상황에 대해 공감하고 그들의 전략을 적극적으로 지원해야 한다.

(5) 유지 단계(maintenance)

변화의 유지 단계에는 이전의 문제 행동을 성공적으로 피하고 변화된 새로운 행동을 유지하는 것이 포함된다. 이 단계에서 교육자는 행동변화를 유지하는데 방해가 되는 요인이 무엇인가를 파악하고 퇴보를 막도록 도와야 한다. 만일 퇴보하게 되면 다시 시작하도록 돕고 지금까지의 경험으로부터 무엇을 배웠는지 확인할 수 있도록 돕는다.

2) 변화과정(process of change)

변화과정 구성요소는 행동변화가 어떻게 일어나는가를 설명한다. 인지과정에 속하는 행동의도 증가과정에는 의식향상, 극적인 안심, 환경 재평가가 포함되며, 행동준비 및 행동실천과정에는 자기방면, 조력관계, 대체조절, 보상관리, 자극조절이 포함된다.

① 의식향상(consciousness raising): 자신의 건강위험이나 문제행동의 원인 및 결과에 대한 정보를 바탕으로 문제에 대한 인식 증가

② 극적인 안심(dramatic relief): 문제행동, 새 행동을 할 때 어떤 결과(걱정, 즐거움 등)가 있는지 느끼게 함

③ 환경 재평가(enviromental-reevaluation): 문제행동이 자신을 둘러싼 환경에 미치는 부정적인 영향을 이해

④ 자기재평가(self-reevaluation): 문제행동을 유지하는 자신과 건강행동을 실천하는 자신을 자아존중감 면에서 비교

⑤ 자기방면(self-liberation): 건강행동을 시작하고 꾸준히 실천할 수 있는 자신에 대한 신념 증진

⑥ 조력관계(helping relationships): 건강행동을 격려하고 권장하는 주변인의 도움을 활용

⑦ 대체조절(counter conditioning): 문제행동을 대신할 수 있는 건강행동 제시

⑧ 보상관리(reinforcement management): 건강행동 실행에 보상을 제공하고 문제행동 실행에 처벌을 제공

⑨ 자극조절(stimulus control): 문제행동을 일으키는 요인을 줄이고 건강행동을 촉진하는 요인을 증가

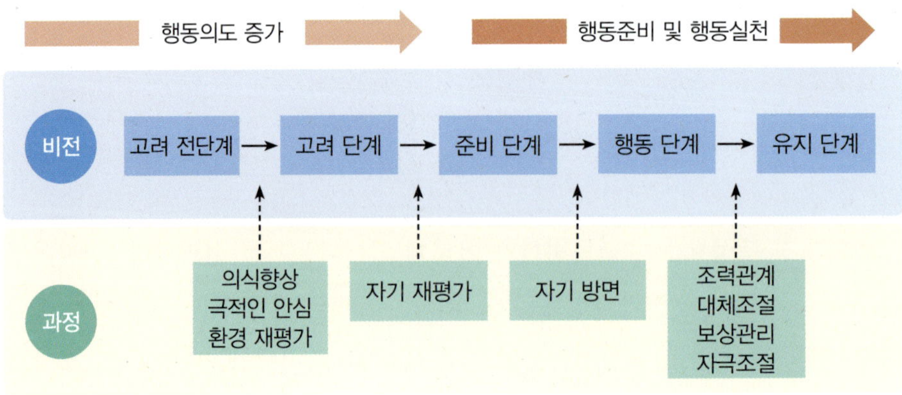

| 그림 2-4 | 행동변화단계모델

출처: Prochaska et al.(1992).

3. 행동변화단계모델의 적용

행동변화단계모델은 국외에서 흡연, 음주뿐 아니라 지방 섭취 줄이기, 채소 및 과일 섭취 증가 등 다양한 식행동에 적용되었으며, 국내에서도 지방 섭취 줄이기, 패스트푸드 이용 줄이기 등의 행동을 연구하는 데 활용되었다.

〈표 2-4〉는 행동변화단계모델 변환과정 구성요소를 적용한 영양교육의 예가 제시되었다.

| 표 2-4 | 행동변화단계모델 변환과정 구성요소의 적용방법

구성요소	적용방법
의식향상	· 인쇄매체를 통한 정보 제공, 대중매체를 통한 캠페인, 주변인으로부터의 정보 습득 · 행동에 대한 피드백, 캠페인 등으로 문제를 인식하게 함
극적인 안심	· 역할 놀이, 문제 식행동으로 인한 질병 발생 시례 제시 등으로 성서적 자극에 초점을 둔 대중매체 캠페인
환경 재평가	· 공감훈련, 가족단위 교육, 동료와 함께하는 직장 내 교육
자기 재평가	· 행동수정 시(예: 체중감소, 금연 등) 개인의 이미지에 대해 평가하는 방법 이용
자기방면	· 새로운 건강 식행동 실천에 대해 자가 계약서 작성, 주변인 앞에서 건강 식행동 실천 약속
조력관계	· 지지모임 조성, 건강교육 전문가의 전화상담 등 긴밀한 관계 형성
대체조절	· 문제 식품에 대한 대체 식품 제안, 문제 식행동 충동조절을 위한 긴장완화 훈련
보상관리	· 칭찬, 선물 등 건강행동에 대한 보상 실시
자극조절	· 문제 식행동을 자극하는 환경의 제거, 건강 식행동을 장려하는 환경의 조성

CHAPTER 03

영양교육의 과정과 교수설계

Ⅰ. 영양교육 과정

영양교육은 교육 대상자의 영양교육 요구 진단, 계획, 실행, 평가의 일련의 과정을 거쳐 이루어진다. 영양교육의 계획을 수립하기 전에 대상의 진단을 통해 영양문제를 발견하고 해당 영양문제가 발생한 원인과 관련 요인들을 파악하여야 한다. 수립된 계획에 의해 영양교육을 실행한 후에는 계획한 대로 원활히 수행되었는지, 교육목표를 달성했는지 평가하는 과정을 거친다. 평가 결과는 다음의 계획에 반영하여 지속적으로 개선되도록 해야 한다.

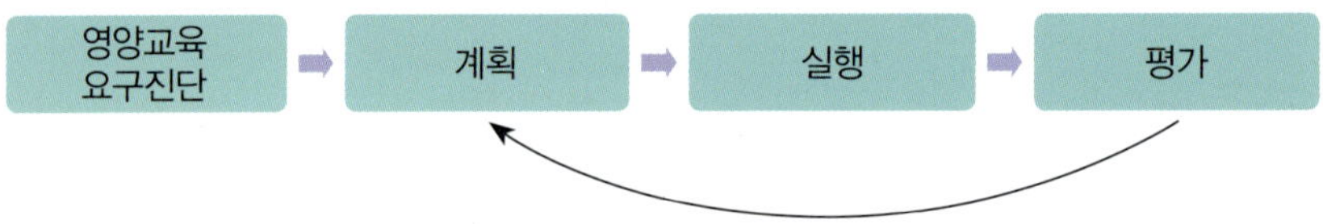

| 그림 3-1 | **영양교육의 과정**

1. 영양교육 요구진단

영양교육 실시에 대한 계획을 수립하기 전 중요한 단계는 교육대상자가 어떠한 교육에 대한 요구가 있는지 파악하는 것이다. 영양교육자가 임의로 교육의 주제나 방법에 대해 결정을 하는 것이 아니라 교육 대상자에게 교육 필요성이 있는 주제를 선정하여 이를 토대로 계획을 수립해야 한다. 즉 세밀하고 정확한 대상의 영양교육 요구진단은 다음 단계의 근거에 기반한 계획 수립을 가능하게 한다.

이 단계에서는 다양한 정보를 활용하여 영양교육 요구를 진단하게 되는데, 교육대상 개인 또는 집단의 영양문제, 영양문제의 원인, 필요한 영양서비스 종류 및 방법, 기존의 영양서비스 이용 경험 등을 파악한다.

교육대상의 영양문제를 파악하기 위해서 신체계측, 생화학적 분석, 임상영양학적 조사, 식품섭취실태조사 등 교육대상의 직접적인 조사 결과를 활용할 수 있고, 보건통계, 국민건강영양조사, 지역사회 영양실태조사 등과 같은 간접적인 조사 결과를 활용할 수도 있다. 이들 자료를 통해 교육대상자 개인 또는 집단의 영양 문제를 정확히 파악하는 과정이 중요하다.

영양문제를 파악하는 데 있어서 문제 그 자체뿐 아니라 그러한 문제가 나타난 원인도 함께 파악해야 한다. 예를 들어 어떤 지역사회 주민들에게 타 지역 대비 아침결식률이 더 높다는 문제점이 발견되었다면 단순히 아침결식률의 비율을 파악하는 데 그치지 않고 특별히 해당 지역에서 아침결식률이 높은 이유에 해당하는 자료들도 같이 검토가 되어야 한다.

또한 영양문제를 파악함에 있어 대상자에게 현재 나타나고 있는 문제뿐 아니라 잠재적으로 발생 가능한 영양문제도 함께 파악되어야 한다. 예를 들어 현재 당뇨병으로 진단받지 않았으나 당뇨 전 단계에 해당하는 경우가 있을 수도 있고, 현재의 바람직하지 않은 식습관과 생활습관을 지속했을 때 향후 문제가 발생할 수 있는 상황까지 검토해 볼 수 있다.

영양교육 요구 진단 단계에서는 영양문제 그 자체뿐 아니라 희망하는 영양서비스 종류, 방법, 시간, 장소 등 실제 영양교육을 실시 계획을 수립하기 위해 필요한 모든 정보를 수집하는 것이 필요하다. 또한 기존에 영양서비스 이용 경험과 제공 여부를 파악하여 기존 영양서비스와 중복되지는 않는지, 다른 영양서비스와 연계할 수 있는 여지가 있는지 등도 검토되어야 한다.

2. 영양교육 계획

영양교육 대상자 개인이나 집단의 영양교육 요구 진단이 이루어진 다음에는 규명된 영양문제를 해결하기 위한 영양교육 실시 계획을 수립해야 한다. 영양교육 계획 단계에서는 영양문제 선정, 목표 설정, 영양중재방법 선정, 활동 계획, 평가계획 등이 이루어져야 한다.

1) 영양문제 선정

영양교육 요구진단 단계에서 다양한 조사 자료를 통해 발견된 영양문제가 한 가지가 아니라 여러 가지일 수 있다. 예를 들어 교육대상자에게 당뇨, 고혈압, 고지혈증이 동시에 나타나고 있다면 이들 중 어떠한 주제를 우선적으로 다루어야 하는지 결정해야 한다. 우선적으로 중재할 영양문제를 선정하기 위해서는 여러 요소에 의해 영양문제들을 비교해 보아야 하는데 영양문제의 크기, 시급성 및 심각성, 영양교육의 효과성, 대상자의 교육 요구 정도, 정책적인 지원 등의 선정기준이 사용될 수 있다.

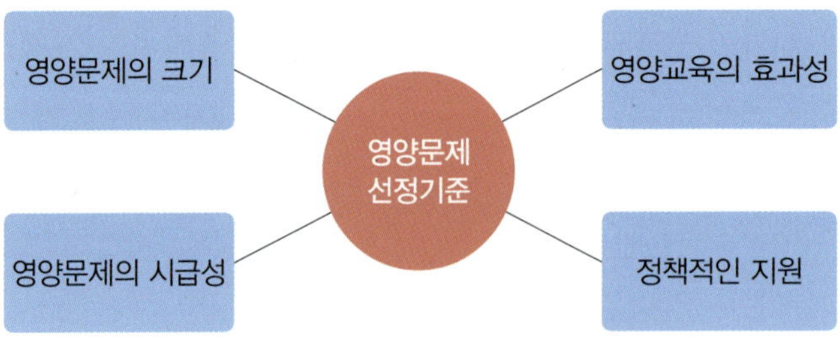

| 그림 3-2 | 영양문제 선정기준

영양문제의 크기는 교육대상자들에게 공통적으로 많이 나타나거나 발생빈도가 증가하고 있는 문제인지 여부를 살펴보는 것이고, 영양문제의 심각성은 어떠한 영양중재를 시급하게 적용하지 않으면 건강상의 더 큰 문제를 가져온다거나 다른 질환으로 이환될 수 있는 문제인지 검토하는 것이다. 당연히 영양문제의 크기와 심각성이 큰 영양문제를 우선적으로 다루어야 할 것이다. 그런데 해당 문제가 영양교육 등 영양중재 방법을 통해 개선되거나 예방될 수 있는지 검토해야 한다. 또한 영양문제가 정부, 공공기관, 지자체 등이 추진하는 정책이나 사업과 연계되어 정책적인 지원을 받을 수 있는 경우보다 효율적으로 영양중재를 실시할 수 있다.

보건복지부는 '국민영양관리기본계획'을 5개년 주기로 발표하여 국가 전체적으로 국민영양관리를 위해 어떠한 영양관리 목표와 정책방향을 설정하고 범정부적 정책과제를 실시하게 되는지 제시하고 있다. 이 계획은 「국민영양관리법」에 근거해 수립되며 국민의 건강·영양 상태 분석 결과를 포함한 정책 여건 분석 결과를 토대로 방향을 설정하게 된다. 현재 추진 중인 '제2차 국민영양관리기본계획'은 2017년부터 2021년까지 수행되는 계획으로 국민 개개인이 보다 적극적으로 건강한 식생활을 실천하고 영양을 관리하며, 정부는 이를 뒷받침할 수 있는 환경과 기반을 강화하는 '능동적 영양관리'를 지향하고 있다.

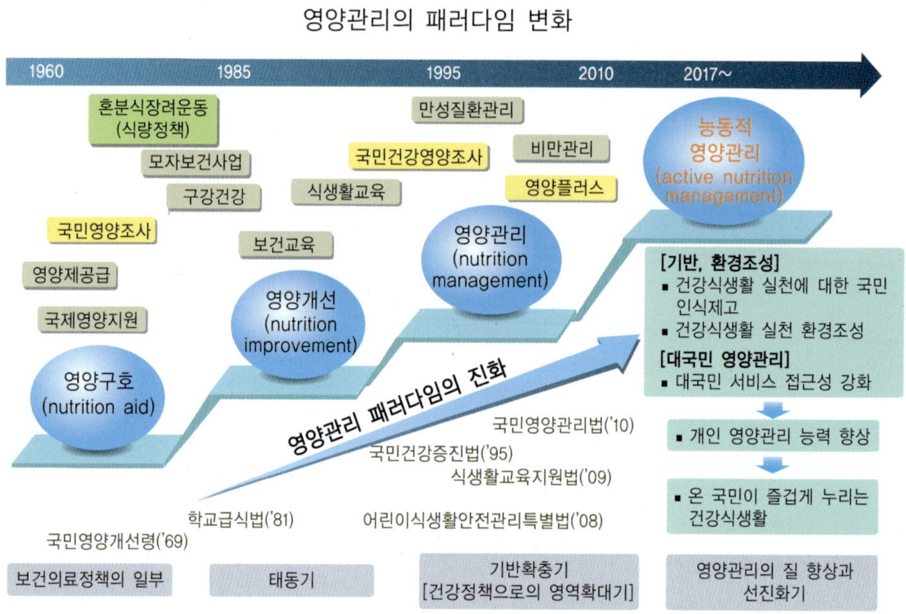

| 그림 3-3 | **영양관리의 패러다임 변화**

출처: 보건복지부(2017).

2) 목표 설정

영양문제를 선정한 후에는 영양중재(nutrition intervention)를 통해 달성할 목표를 설정한다. 목표는 궁극적인 목적을 달성하기 위한 구체적이고 세부적인 계획으로 목표 달성여부를 객관적으로 판단할 수 있도록 설정해야 한다. 목표는 결과목표와 중간목표를 설정할 수 있다. 결과목표는 영양중재가 종료된 다음 그 효과성을 판단하기 위하여 교육대상자에게 나타나는 지식, 태도, 행동의 변화를 구체적으로 표현한다. 특히 여러 회차에 걸쳐 진행되는 영양교육의 경우 중간목표를 설정하여 단계적으로 변화가 일어나고 있는지 확인할 수 있다.

3) 영양중재 방법 선정

목표를 수립한 다음 선정한 영양문제를 해결하기 위해 어떠한 영양중재 방법을 사용할 것인지 결정한다. 영양중재는 영양문제를 유발하는 요인이나 원인을 시정하여 영양문제를 해결하는 것이다. 영양중재 방법에는 영양교육과 영양상담뿐 아니라 식품 공급, 환경 개선, 캠페인, 홍보, 정책지원 등 다양한 방법이 있다. 목표 달성을 위해 대상자의 특성에 따라, 영양교육이 이루어지는 곳에 따라 가장 효과적인 영양중재 방법을 선정하는 과정이 필요하다.

4) 활동 계획

영양중재 방법을 선정했으면 각 영양중재 방법에 맞게 구체적인 활동계획을 수립한다. 집단교육의 방법이 선택되었다면 영양교육 주제, 내용, 방법, 매체, 교육 시기, 교육횟수, 교육 장소 등을 계획한다. 실제로 진행될 교육 상황을 고려하여 최대한 구체적으로 계획을 수립할수록 원활한 교육 진행이 가능하게 된다. 영양중재 방법으로 식품 공급을 선택했다면 대상, 식품 종류 및 수량, 식품 수급 및 전달 방법, 공급 시기 및 횟수 등에 대한 계획을 수립한다.

활동 계획을 수립하는 단계에서 개발한 영양교육 프로그램을 널리 홍보하여 참여도를 높일 수 있는 홍보 전략도 함께 수립되어야 한다.

5) 평가 계획

계획 단계에서 수립해야 하는 계획 중 간과하기 쉬운 부분이 평가 계획이다. 그러나 영양교육 실행 이전에 미리 교육 후 평가를 어떻게 할 것인가에 대해 명확한 계획을 수립하는 것은 매우 중요하다. 평가는 앞서 수립한 영양교육 목표를 얼마나 달성했는지 확인하는 과정으로 평가 결과를 차기 계획에 반영하여 지속적인 개선이 가능하도록 해야 한다. 평가는 투입자원평가의 계획, 과정평가의 계획, 효과평가의 계획이 모두 수립되어야 한다.

| 표 3-1 | 영양교육 평가 계획

구분	내용
투입자원 평가 계획	영양교육에 사용된 자원으로서 시간, 인력, 비용, 시설 등이 계획한대로 투입되었는지 평가하는 방법에 대한 계획 수립
과정평가 계획	영양교육 실행 과정이 계획대로 순조롭게 잘 진행되었는지, 교육내용과 교육방법은 적절하였는지 평가하는 방법에 대한 계획 수립
효과평가 계획	영양교육의 목표가 효과적으로 달성되었음을 어떻게 평가할 것인지에 대한 계획 수립

3. 영양교육 실행

영양교육 계획이 모두 수립된 후에는 계획의 내용에 준해 영양교육을 실행하게 된다. 계획 단계에서 세부적인 부분까지 계획이 세워져 있었다면 실행의 단계는 수월하게 진행될 수 있다. 그러나 실제 교육을 진행하는 과정에서 계획을 그대로 이행하기 어려운 경우가 발생할 수 있다. 예상하지 못했던 돌발 상황이 발생할 수도 있고 교육대상자들의 반응이 예상과 다를 수 있어 교육을 진행하는 교육자가 유연하게 상황에 대처하는 자세와 능력이 필요하다. 예를들어 교육자료를 영상자료로 준비해 갔는데 빔프로젝터가 작동하지 않아 영상자료를 활용하지 못하는 경우도 발생할 수 있고, 어린이 교육과 같이 교육 대상자의 연령이 어린 경우 집중도가 낮거나 우는 아이가 있거나 하여 계획했던 대로 진행이 안 되는 경우도 발생한다. 따라서 교육자의 교육진행 경험과 숙련도가 원활한 교육 진행 및 교육 효과 달성을 위해 중요하다.

4. 영양교육 평가

영양교육의 실행과정과 결과에 대해 계획 단계에서 수립한 평가계획에 준하여 평가를 실시한다. 평가는 보다 효과적이고 효율적인 영양교육을 개발시켜 나가는 데 꼭 필요한 과정이다. 평가 방법은 면접법, 관찰법, 설문지법 등 다양한 방법을 적용할 수 있다. 영양교육 평가가 이루어지는 시기는 일반적으로 영양교육이 종료된 후에 이루어지나 영양교육이 진행되는 과정 중 평가가 이루어져 이후 교육 진행에 반영하는 경우도 있다. 특히 여러 회차에 걸쳐 영양교육이 이루어지는 경우에는 중간평가를 통해 교육이 올바른 방향으로 진행되고 있는지 점검하는 것이 이후 회차 교육을 진행하는 데 도움이 된다. 영양교육 평가는 투입자원 평가, 과정평가, 효과평가를 포함한다. 영양교육의 특성상 교육의 효과가 교육 직후 나타나지 않고 일정 시간이 흐른 후에 나타나는 경우도 있다. 또 교육 직후에 효과가 나타나는 경우에도 바람직한 태도나 행동 변화가 지속되고 있는지 추후에 확인하기도 한다. 교육효과를 평가하기 위해 교육 전후의 지식, 태도, 행동 변화를 사전-사후평가로 비교하는 방법도 자주 사용되는데 이때는 교육이 시작되기 전에 사전조사를 진행해 두어야 한다.

| 표 3-2 | **영양교육 평가**

구분	내용
투입자원 평가	- 영양교육에 사용된 시간, 인력, 비용, 시설 등이 적절하였는가?
과정평가	- 영양교육 방법은 적절하였는가? - 영양교육 내용은 교육대상자가 잘 이해할 수 있었는가? - 교육자의 역할은 적절하였는가? - 교육대상자는 적극적으로 교육에 참여하였는가? - 영양교육의 홍보는 적절히 이루어졌는가?
효과평가	- 영양교육의 목표가 달성되었는가? - 영양문제와 관련된 지식 수준이 개선되었는가? - 영양문제와 관련된 태도가 개선되었는가? - 영양문제와 관련된 행동이 변화되었는가? - 교육대상자의 영양문제가 개선되었는가?

II. 영양교육 수업설계

1. 수업설계의 의의

영양교육 수업설계는 영양교육을 진행하는 교육자가 교육 목표를 효과적으로 달성하기 위해 수행해야 할 최적의 활동과 요소를 계획하는 것을 의미한다. 수업설계가 얼마나 체계적으로, 구체적으로 이루어졌느냐에 따라 교육의 효과는 달라질 수 있다. 따라서 교육자는 교육대상자의 특성과 교육요구도를 면밀히 파악하여 최적의 교수설계를 할 수 있도록 많은 노력을 기울여야 한다. 잘 설계된 수업은 교육자 스스로도 교육목표가 무엇이고 교육이 어떻게 진행될지 명확하게 이해할 수 있고, 주어진 교육 시간을 가장 효율적으로 활용하여 교육을 진행할 수 있게 해 준다.

2. 수업설계의 단계와 기법

영양교육 수업설계를 하기 위한 특별한 단계가 별도로 있는 것은 아니지만 한국교육개발원이 제안한 수업설계 모형을 영양교육 수업설계에서도 활용할 수 있다.

계획단계	교재연구, 수업목표설정, 학습과제 조직화, 매체선택, 수업안 작성
진단단계	진단평가, 교정
지도단계	도입단계, 전개단계, 정리단계
발전단계	학습정도 확인, 학습 보충, 학습심화
평가단계	수업정리, 수업목표달성도 평가

| 그림 3-4 | **수업설계 모형**

출처: 이경혜 외(2020).

수업설계를 할 때 교육자는 교육대상자 중심으로 이들이 어떻게 교육 내용을 학습하는지에 대해 깊이 고민하여, 일방적인 교육 내용 전달이 아닌 쌍방향의 커뮤니케이션이 이루어지도록 다양한 수업 활동을 포함해야 한다.

수업설계를 할 때 교육자는 교육대상자들이 개인차가 있다는 점을 최대한 고려하여 다양한 수준에 있는 교육자들을 고려해야 한다. 교육자가 교육설계를 할 때 교육효과를 높이기 위해 다양한 활동을 포함하고 여러 교육매체를 최대한 많이 활용하고 싶은 욕심을 내는 경우도 있으나 교육설계는 최소한의 투입으로 최대의 효과를 낼 수 있는 방법을 찾아야 한다. 특히 영양교육 실시를 위한 예산이 한정되어 있는 경우가 대부분이므로 주어진 예산 범위 내에서 가장 효과적이고 효율적인 교육방법과 매체를 선정하여 교육설계를 할 수 있도록 하여야 한다.

3. 교수학습계획안의 작성

교수학습계획안은 교육자가 교육설계를 한 내용을 정리하여 체계적인 계획서 형태로 작성한 것으로 영양교육 과정 중 계획 단계에서 작성한다. 교수학습계획안은 시간의 흐름에 따라 어떻게 교육이 진행되는지 순서대로 내용을 기술하여 전반적으로 교육내용과 방법을 한눈에 파악할 수 있게 해 준다.

1) 교수학습계획안 작성 방법

교수학습계획안에는 교육명, 교육대상, 차수, 교육주제, 교육목표, 교육방법, 교육매체, 단계별 교수학습 활동과 소요시간, 평가계획 등의 내용으로 구성된다.

- 교육명: 해당 차수 교육의 제목 기술
- 교육대상: 연령, 학년, 성별, 인원 등 교육대상의 특징을 기술
- 차수: 해당 교육이 어느 차수의 교육인지 표시
- 교육주제: 해당 차수 교육의 주제 기술
- 교육목표: 교육을 통해 교육대상자의 지식, 태도, 행동 수준의 변화를 구체적으로 기술
- 교육방법: 개인교육, 가정교육, 집합교육 등 교육방법 기술
- 교육매체: 교육 시 사용될 매체 유형 기술
- 단계별 교수학습 활동: 도입, 전개, 정리, 평가 단계별 진행되는 교수학습 활동 내용 기술
- 단계별 교수학습 활동 소요시간: 단계별 활동에 소요되는 시간 기술
- 평가 계획: 교육목표를 달성했는지 평가할 수 있는 평가 계획 기술

그 이외에도 교육자가 필요하다고 생각되는 내용을 포함하여 교수학습계획안을 작성할 수 있다.

2) 교수학습계획안 작성 예

| 표 3-3 | **교수학습계획안 예시 1**

단계(시간)		학습내용	교수 · 학습활동
학습목표		1. 식사예절을 지켜야 하는 이유를 말할 수 있다. 2. 식사예절을 지킬 수 있다.	
학습자료		교재, 지침서, 파워포인트, 동영상, '식사예절'송	
단계(시간)		학습내용	교수 · 학습활동
도입	2분	동기유발	• 평상시 식사할 때의 태도 질문하기 - 즐겁게 먹어요, TV를 보며 먹어요 등을 말한다.
		우리는 할 수 있어요!	• 학습목표를 말하면서 오늘 배울 내용을 파악하도록 유도하기 - "우리는 할 수 있어요."를 큰 소리로 함께 읽는다. 1. 식사예절을 왜 지켜야 하는지 말할 수 있어요. 2. 식사예절을 지킬 수 있어요.
전개	12분	동영상을 보아요!	ㅇ'즐거운 식사예절 상영(11분) • 식사예절은 어떤 것인지 생각하며 동영상을 시청하도록 유도하기 - 디보가 애니에게 선물한 것은 무엇인지 관심 있게 본다. - 골고루 먹지 않는 버니, 책을 읽으며 식사하는 크로, 한 번에 너무 많이 먹는 엘로는 어떻게 달라졌는지 주의 깊게 본다. • 동영상의 주요 내용을 질문한 후 정리해 주기 - 동영상에서 본 내용을 말하고, 교사의 설명을 듣는다.
	10분	알아보아요!	ㅇ식사예절의 중요성 • 식사예절을 지키면서 식사를 할 때와 그렇지 않을 때의 결과 설명하기 - 식사예절을 지키면 즐겁게 식사할 수 있다. - 바른 자세로 식사하면 소화가 잘 된다. ㅇ올바른 식사예절이란? • 올바른 식사예절에 대해 질문하기 - 식사 전 감사인사를 한다. 바른 자세로 앉아서 식사한다 등 아는 것을 말하고 교사의 설명을 듣는다. ㅇ상황별 식사예절 • 집에서 식사할 때는 어떻게 해야 하는지 질문하기 - 어른이 수저를 들 때까지 기다린다 등을 말한다. • 어린이집이나 유치원에서 식사할 때는 어떻게 해야 하는지 질문하기 - 줄을 서서 차례대로 식사를 받는다 등을 말한다. • 식당에서 식사할 때는 어떻게 해야 하는지 질문하기 - 큰 소리로 떠들지 않는다 등을 말한다.
	4분	노래를 불러 보아요!	• '식사예절'을 들려주고 같이 부르기 - '식사예절'을 부르며 예절 바른 식사방법을 익힌다.
정리	2분	확인해 보아요!	• 올바른 식사예절 방법 확인하기 - 맞으면 ㅇ표 틀리면 ×표를 하면서 정리한다. - 정리된 내용을 큰 소리로 따라 말한다.
		함께 외치며 약속해 보아요!	• 항상 식사예절을 지킬 것을 다짐하기 - 내가 지킨 식사예절! 즐거운 식사시간!을 외치며 식사예절을 잘 지킬 것을 다짐한다.

출처: 식품의약품안전처(2012).

| 표 3-4 | 교수학습계획안 예시 2

대상	학년　　　반	일시	2021. 00. 00. (0)
교과	창의적체험활동	차시 및 범위	1/1
학습목표	식품 구성 자전거를 활용하여 균형 잡힌 식단을 구성할 수 있다.		

	교수학습활동	자료 및 유의점
도입	• 학습동기 유발 - 균형 잡힌 식사에 대해 생각해 보기 - 오늘 배울 내용은 무엇일지 생각해 보기 • 학습문제 확인 [식품 구성 자전거를 활용하여 균형 잡힌 식단을 구성하여 봅시다.]	▶ 동영상자료 • 동영상 시청에 집중하도록 한다.
전개	• 식품 구성 자전거 알아보기 - 식품 구성 자전거의 의미 알아보기 • 식품 구성 자전거의 식품군 알아보기 - 곡류 - 고기·생선·달걀·콩류 - 채소류 - 과일류 - 우유 및 유제품류 - (유지·당류) - 식품군의 영양소와 영양소가 하는 일 학습하기 - 편식의 문제점 학습하기	• 동영상자료, 활동지
	• 식품 구성 자전거를 이용하여 균형 잡힌 식단 구성하기 - 식사 한 끼 구성하기 - 구성한 식사 한 끼 점검하기	• 동영상 자료, 활동지
정리	• 정리 활동 - 오늘 구성한 식단에 대해 평가하기	

평가			
평가	방법	자기 평가법	
	기준	잘함	식품 구성 자전거의 의미를 잘 이해하고 균형 잡힌 식단을 구성할 수 있다.
		보통	식품 구성 자전거의 의미를 이해하지만 균형 잡힌 식단을 구성하는 데는 어려움이 있다.
		노력바람	식품 구성 자전거의 의미에 대해 이해하지 못하고 균형 잡힌 식단을 구성하는 데 어려움이 있다.

출처: 서울특별시학교보건진흥원(2018).

| 표 3-5 | 교수학습계획안 예시 3

<table>
<tr><td colspan="4">◆1차시 유아 당류 섭취 줄이기 교수·학습 과정안</td></tr>
<tr><td>활동명</td><td>달쿵이와 맑음이의 모험</td><td>대상</td><td>만 5세</td></tr>
<tr><td>학습주제</td><td>당류 섭취를 줄여요.</td><td>활동유형</td><td>동화, 이야기 나누기</td></tr>
<tr><td>학습목표</td><td>당류 과잉 섭취 시의 문제점을 안다. 당류가 많이 들어 있는 식품과 적게 들어 있는 식품을 구분할 수 있다.</td><td>차시(시간)</td><td>1차시(30분)</td></tr>
<tr><td>교수자료</td><td colspan="3">대형 그림책, 음원 파일, 오디오, 스피커, 교육용 자석패널, 펠트식품모형, 활동지, 색연필</td></tr>
<tr><td>단계</td><td>교수·학습활동</td><td>시간(분)</td><td>자료</td></tr>
<tr><td>도입</td><td>○ 인사나누기
• 아이들과 인사 나누기
• 재미있고 유익한 동화구연과 연계 활동이 있음을 안내하기</td><td>2분</td><td></td></tr>
<tr><td rowspan="4">전개</td><td>○ 활동 1) 달쿵이와 맑음이의 모험(동화)
• '달쿵이와 맑음이의 모험' 동화책을 넘기면서 동화 구연하기</td><td>8분</td><td>대형그림책
(음원파일)</td></tr>
<tr><td>○ 활동 2) 달쿵이와 맑음이의 모험 동화와 연계하여 당류의 개념, 기능, 과량 섭취 시 문제점에 대하여 이야기 나누기
• 당류의 개념 설명하기
– 음식 속에 들어 있는 닷맛이 나게 하는 성분
– 음료수, 과자 등을 만들 때 넣기도 하고, 자연 식품에도 있음
• 당류의 기능 이야기 나누기
– 힘이 나게 해 줌
– 음식에 단맛을 줌
• 당류 과잉 섭취의 문제점 이야기 나누기
– 살이 찜
– 충치 발생
– 산만해짐
– 다른 음식의 맛을 잘 못 느끼고 단것만 먹고 싶어짐</td><td>4분</td><td>그림카드

그림카드

그림카드</td></tr>
<tr><td>○ 활동 3) 당류가 많은 식품과 적은 식품 구분
• 동화 속 달쿵이가 좋아하는 당류가 많은 식품과 맑음이가 좋아하는 당류가 적은 식품 구분하기
– 아이들은 순서대로 나와서 식품모형을 골라 음식을 구분하여 달쿵이와 맑음이의 장바구니에 음식을 분류하여 넣는다.</td><td>5분</td><td>교육용
자석패널,
식품모형</td></tr>
<tr><td>○ 활동 4) 건강하지 않은 달쿵이와 건강해진 달쿵이 활동지
• 활동지에 색칠하기
– 건강하지 않은 달쿵이가 좋아하는 당류가 많은 음식과 건강해진 달쿵이가 좋아하는 당류가 적은 음식에 색칠을 한다.
• 색칠한 활동지를 안내선을 따라 접고 달쿵이의 변화모습 관찰하기</td><td>8분</td><td>활동지,
색연필</td></tr>
<tr><td>정리</td><td>○ 학습내용 정리
• 당류의 개념과 기능을 요약
• 당류를 과잉 섭취하였을 때 문제점 정리
• 당류가 많은 음식과 적은 음식은 어떤 것인지 이야기하기
• 건강한 어린이가 되기 위해 어떤 음식을 먹어야 할지 이야기하기</td><td>3분</td><td>가정통신문과
가정연계
활동지 배부</td></tr>
<tr><td colspan="4">지도상 유의점
– 당류에 대한 지나친 부정적 개념이 형성되지 않도록 당류의 기능과 적정한 섭취의 중요성을 균형 있게 설명한다.
– 달쿵이가 고정된 부정적인 캐릭터가 아닌 식행동의 변화로 건강해질 수 있는 긍정적인 유인자가 되도록 한다.
– 자석 보드에 음식을 붙이는 활동은 아이들 모두가 한 번씩 해 볼 수 있도록 한다.</td></tr>
</table>

출처: 식품의약품안전처(2017).

CHAPTER 04

영양교육의 방법

영양교육을 실시할 때는 대상자의 실태 및 특성 파악이 이루어져야 한다. 대상자가 개인인지, 집단인지에 따라 영양교육방법이 달라진다. 대상자의 상황을 파악하고 문제점을 발견하여 목표를 세우고 영양교육 방법을 계획한 후 실시하고 평가해야 한다. 대상과 상황에 관계없이 동일한 교육방법을 적용하는 것은 효과를 거두기 어려우므로 영양교육자는 교육방법의 특성을 잘 파악하여 적절하고 다양한 교육방법을 선택하도록 한다.

영양교육을 실시함에 있어서 우선 대상자의 실태 파악을 한 후 면담이나 식사기록, 검사결과 등을 분석한 후에 대상자의 문제점을 파악한다. 대상자의 실태를 파악하고 지도해야 할 문제점이 명확해지면 그 문제점을 해결하는 것이 영양교육의 목표가 된다. 그러므로 장기간에 걸쳐서 대처해 나가야 하는 대목표, 일정기간에 실천하고자 하는 중간목표, 단기간에 구체화하고자 하는 소목표 등 지도목표를 단계적으로 설정하는 것이 필요하다. 교육목표를 설정한 후에는 목표에 대응하는 지도계획을 면밀하게 작성한다. 지도계획을 세울 때는 교육목표에 맞는 내용을 선정해야 하며 대상자가 쉽게 이해할 수 있도록 구성되어야 한다. 이어서 영양교육을 실시하고, 실시 후에는 효과를 판단해야 한다. 영양교육의 평가는 계획수립 단계에서부터 실행 단계에 이르는 모든 과정에 걸쳐 이루어지며, 각 단계마다 수시로 중간점검을 하여 즉각적인 피드백이 이루어지도록 한다. 만약 문제해결의 만족한 결과가 이루어지지 않으면 계획 수립 단계로 되돌아가서 다시 반복하여 해결하거나 계획을 보완 및 수정한 후 반복 실행하여 해결하도록 한다.

영양교육자는 영양교육의 목표달성을 위하여 개인이나 집단의 식행동에 영향을 줄 수 있는 지도력을 갖추어야 한다. 영양교육자의 인성과 태도에 따라 교육효과가 크게 달라지므로 항상 깨끗하고 단정한 용모로 미소를 띠며 좋은 인상을 갖도록 한다. 영양교육자는 모든 일에 신중하면서 어려운 일에 닥쳤을 때 낙관할 수 있는 마음의 여유가 있어야 하며, 타인의 실수를 용서하는 아량과 편견 없는 마음을 가지고 실수나 좌절을 극복할 수 있는 원숙한 성품이어야 한다. 또한 책임과 의무를 다하되 자신의 행동의 결과를 받아들이고 신속한 결단을 내리는 의지가 필요하며, 감정의 변화가 너무 심해서는 안 되고 지성과 이성, 냉철한 판단력을 가지고 지도하는 모범이 되어야 한다. 그러므로 영양개선활동에 흥미와 열의가 있어야 하며, 상대방이 믿고 따를 수 있도록 인자한 모습과 원만한 성품을 갖도록 지속적으로 노력해야 한다.

영양교육은 교육자와 대상자 사이에 서로 교류해서 공감대를 형성하는 일종의 커뮤니케이션 과정이다. 교육방법은 커뮤티케이션 유형에 따라 개인형, 강의형, 토의형, 실험형, 독립형 교육방법 등으로 구분되기도 한다. 이들 교육방법은 모두 장단점을 가지고 있으므로 대상자에게 적절한 교육방법을 선택하도록 하되 한 가지 교육방법에만 의존할 것이 아니라 다양한 교육방법을 적절히 혼합하여 서로 보완되도록 하는 것이 효과적이다. 본 장에서는 개인지도와 집단 지도에 활용되는 영양교육 방법에 대해서 살펴보기로 한다.

Ⅰ. 교육방법의 유형

영양교육은 교육자와 대상자 사이에 서로 교류해서 공감대를 형성하는 일종의 커뮤니케이션 과정이다. 교육방법은 커뮤니케이션 유형에 따라 다섯 가지로 분류되는데, 대상자에게 적절한 유형을 선택하도록 한다[그림 4-1].

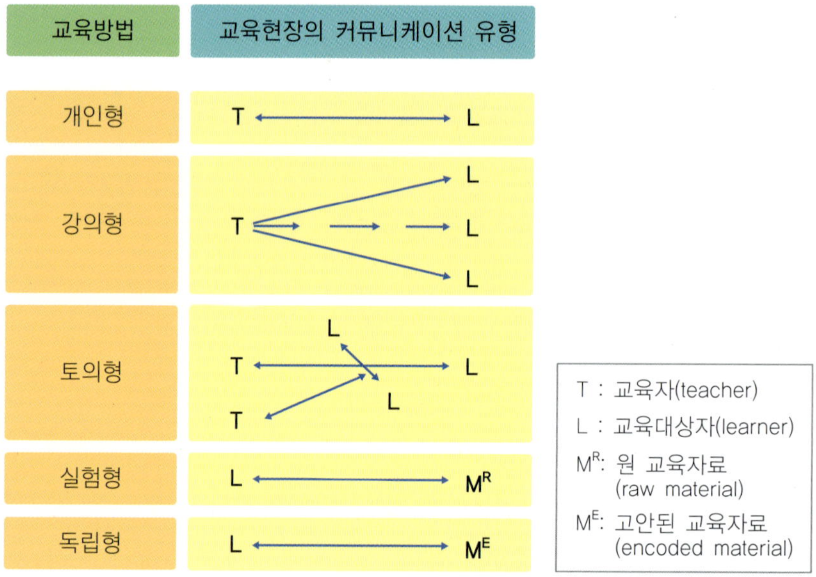

| 그림 4-1 | **커뮤니케이션 유형에 따른 교육방법**

1. 개인형 교육방법

개인형 교육방법은 교육자와 교육대상자가 일 대 일로 접촉하여 긴밀히 상호작용하면서 정보를 교환하는 형태로 가장 효과적이지만 많은 시간과 인원이 필요한 방법이다. 이 방법은 학습자의 특성과 능력 수준에 맞는 적극적 개별수업이 가능하지만 개인별 교육이 이루어져야 하므로 교육자의 전문적 상담기술이 요구되며 많은 시간 투입이 요구된다.

2. 강의형 교육방법

교육자가 다수의 대상자들에게 동시에 정보를 전달하므로 능률적이지만 대상자 개개인의 능력이나 지식수준 등을 고려하지 않으므로 개인형 교육방법에 비해 효과는 다소 떨어진다. 공통적 영양문제에 대하여 다수의 대상자들에게 동시에 정보전달이 가능한 장점이 있으나 개인형 교육방법에 비해 주의집중이 어렵고 식행동 개선에도 어려움이 따르는 방법이다.

3. 토의형 교육방법

대상자 간의 상호작용을 통해 정보와 의견을 교환하고 결론을 이끌어내는 형태로 교육자는 대상자 간의 상호작용을 조정하고 유익한 정보를 제공해 주는 역할을 한다. 충분한 토의를 통해 결론을 이끌어내므로 식행동 개선에 긍정적 결과를 가져오나, 토론이 부진하면 결론에 도달하기 어려운 단점도 있다. 대상자의 능동적 참여가 요구되는 교육방법이다.

4. 실험형 교육방법

대상자가 주어진 원 교육자료를 토대로 하여 스스로 배우는 형태로 교육자의 역할은 교육목적과 목표에 맞는 원 교육자료를 제공해 주는 것이다. 원 교육자료란 전시되어 있는 자료, 교육내용과 관련된 상황이나 모형 등을 전시한 시뮬레이션 또는 견학, 역할연기법, 인형극, 실험 등이 포함된다. 이 방법은 대상자의 능동적 참여가 이루어질 때 효과적으로 나타난다. 대체로 흥미로워서 대상자의 동기유발이 용이한 방법이지만 준비에 많은 시간과 노력이 요구된다.

5. 독립형 교육방법

교육대상자가 교육자의 직접적인 도움을 받지 않고 정보를 얻게 되는 형태로, 이때 대상자는 전문가와 상호작용이 가능하도록 개발된 컴퓨터 프로그램과 같은 교육자료를 활용하게 된다. 대상자의 능동적 참여가 중요하며 활용되는 프로그램의 선정이 중요하다.

이들 교육방법은 모두 장단점을 가지고 있으므로 한 가지 교육방법에만 의존할 것이 아니라 다양한 교육방법을 적절히 혼합하여 서로 보완되도록 하는 것이 효과적이다.

영양교육에서 많이 이용하는 형태로 교육방법을 분류해 보면 개인지도, 가정지도, 집단지도가 있다. 개인지도와 가정지도에서는 개인형 교육방법을 많이 이용하고 집단지도에서는 강의형이나 토의형 교육방법이 적절하지만 때로는 실험형 교육방법을 이용하기도 한다. 대중홍보활동은 교육자와 대상자가 직접 대면하지 않고 신문이나 라디오, 텔레비전 등의 대중매체를 이용하여 이루어지는 간접적 교육방법으로 독립형 교육방법에 속한다고 볼 수 있다.

II. 개인지도

개인지도는 개인에게 맞는 영양상담과 식사지도를 통해 필요한 해결방법을 제시하여 실천에 옮길 수 있도록 하는 장점이 있다. 개인지도를 할 경우에는 교육자의 태도가 모엇보다 중요하다. 상대방의 문제에 대해서 진지하게 이해하고, 해결방안을 찾아 주려는 의지를 갖고 있어야 한다. 개인지도를 할 때는 교육자의 인상과 태도에 따라 효과가 크게 달라질 수 있으므로 단정한 외모를 유지하고, 미소를 잃지 않으며 친절하고 겸손하게 교육에 임하여야 한다.

개인지도는 교육자가 대상자와 대면하여 대화를 통하여 지도하는 방법으로서 상담형식인 경우가 많다. 교육자는 대상자와 함께 영양문제를 찾아내고 대상자의 특성과 수준에 맞는 교육을 하면서 대상자 스스로 영양문제를 해결해 나가도록 도와주고 이끌어 주는 특징이 있다. 교육자와 대상자 간의 끊임없는 상호작용을 통하여 개인의 특별한 영양문제에 집중할 수 있으므로 교육목표를 효과적으로 달성할 수 있다는 장점이 있으나, 많은 시간과 노력, 경비가 요구된다는 단점이 있다. 개인지도는 1회 30분 정도가 적당하며 교육자가 일방적으로 말하거나 대상자가 교육자에게 지나치게 의존하는 것은 피한다.

개인지도는 주로 병원, 보건소, 노인복지관 등에서 환자, 지역주민, 노인을 대상으로 이루어지고 가정 방문을 통해서도 가능하며 학교에서는 개인지도와 집단지도를 함께 이용한다면 효과적인 교육이 될 수 있다. 교육자와 대상자 사이에 대면 교육이 어려운 경우에는 전화 상담, 이메일 등의 인터넷 상담, 또는 화상채팅, 원격교육을 통해서도 개인지도가 이루어질 수 있다.

개인지도과정은 일반적으로 두 가지 단계, 즉 면접과 상담으로 이루어진다. 면접은 대상자의 영양문제를 확인하기 위해 정보를 수집하는 단계이고, 상담은 발견된 영양문제 해결을 위하여 실제 교육이 이루어지는 단계로서 면접은 상담에 앞선다. 즉, 면접을 통해 교육자와 대상자는 영양문제를 함께 발견하고 분석함으로써 문제해결에 대한 공동인식을 통해 동기유발이 강해질 수 있으며, 상담을 통해 교육자는 대상자의 생각이나 태도, 행동에 변화를 유도하여 영양문제를 해결한다. 따라서 면접을 통해서 더욱 효율적인 상담이 가능해진다. 이와 같이 영양교육에서 면접과 상담은 서로 분리되어 이루어질 수 없다.

1. 개인지도의 일반적인 원칙

개인지도는 직접 얼굴을 보고 지도하기 때문에 교육효과가 확실한 방법이다. 개인지도에서는 획일적인 형식을 벗어난 개인의 영양상담을 통해 영양문제를 발견하고 이해시키고 실천에 옮길 수 있도록 이끌어주는 특징이 있다. 효율적인 개인지도가 되기 위해서는 다음의 순서를 이해할 필요가 있다.

1) 대상의 파악

개인지도의 중점은 구체적인 개별문제의 해결이다. 생활환경, 식생활환경, 신체적 상황 등에 따라 개인의 요구에 맞는 정보를 정확하게 이해해야 한다. 대상파악이 이루어지면 문제점 분석이 쉬워지고 지도계획 수립도 쉬워진다.

2) 영양의 진단

대상자가 가진 문제점의 상호관계와 인과관계를 충분히 검토해서 영양진단을 하여 교육목표를 세운다. 대상자의 영양진단은 영양사에 의한 진단이나 의사에 의한 건강진단을 종합한다.

3) 영양교육 시행

개인을 대상으로 영양교육을 실시하는 경우 면접에 의한 방법이 많이 사용된다. 이러한 경우에는 목표를 설정하여 계획을 세워 교육을 실시하는 것이 일반적인 원칙이며, 각종 교육 방법에 의한 구체적인 영양교육이 실시되어야 한다.

4) 평가

개인지도는 물론 일반적인 교육을 시행한 경우에는 반드시 평가를 시행하여야 한다. 평가에 의해 얻어진 결과는 새로운 계획을 세우거나, 개선 계획을 세울 때 활용해야 하며 이렇게 함으로써 교육효과는 증진된다.

2. 개인지도의 유형

개인지도는 교육자가 대상자와 대면하여 직접 대화를 통하여 지도하는 방법이다. 교육자와 대상자 간의 끊임없는 상호자용을 통하여 대상자의 특성과 수준에 맞는 적절한 교육이 이루어지므로 교육목표를 효과적으로 달성할 수 있다는 장점이 있으나 많은 시간과 노력, 인원이 요구된다는 단점이 있다.

개인지도는 지도라기보다는 상담인 경우가 많으며 일반적인 영양상담을 통한 교육이 가장 효과적인 방법이다. 획일적인 형식을 벗어나 대상자와 영양문제를 함께 발견하고 이를 해결하기 위하여 대상자와 서로 협력하면서 실천에 옮길 수 있도록 이끌어 주는 특징이 있다.

개인지도는 개인형 교육방법이 이용되고, 집단지도에는 강의형이나 토의형 교육방법이 주로 이용된다.

가정지도는 가정이라는 집단을 대상으로 영양지도를 하는 것이므로 집단지도라고 할 수 있으나 그 내용으로 볼 때 다수의 대상자들에게 공통된 영양문제를 일률적으로 다루는 집단지도와는 다르다. 가정지도에서는 소집단인 가족구성원 개개인의 특별한 요구에 맞는 영양문제를 다룰 수 있으며 가족구성원의 공통된 영양문제를 다루더라도 주로 주부를 대상으로 지도하는 것이 보통이므로 일종의 개인지도로 볼 수 있다.

개인지도는 노인이나 환자에게 적합한 교육방법으로 가정 방문, 임상 방문,

상담소 방문, 전화 상담, 인터넷 상담 등을 통하여 이루어진다.

1) 가정 방문

교육자가 대상자의 가정을 방문하여 이루어지는 개별적인 영양교육 및 상담이므로, 가족의 공통된 영양문제나 가족구성원 개개인의 특별한 영양문제에 대하여 주로 주부를 대상으로 상담이 이루어진다. 개인의 생활을 직접 보고 파악할 수 있으므로 가정의 환경에 맞게 개인의 특성과 요구에 맞는 상담과 교육이 가능하다. 그러나 가정 방문에는 시간, 경비, 노력이 많이 요구되므로 지역사회의 모든 가정 방문은 불가능하고 접근가능한 곳에 제한된다는 단점이 있다.

2) 임상 방문

환자나 대상자가 보건소나 병원을 직접 방문하여 의사나 영양사로부터 주로 질병의 치료 및 예방에 대한 영양상담을 받는다. 가정 방문에 비해 시간, 노력, 경비가 적게 들지만 적극적인 사람만이 참여가 가능하므로 대상자 범위가 좁아질 수 있는 단점이 있다.

3) 상담소 방문

영양전문기관이나 단체에 설치된 상담소를 이용하여 개인의 전반적인 영양문제에 대하여 상담을 받는다. 임상 방문이나 상담소 방문은 자신의 영양문제 해결에 대하여 적극적인 의욕이 있는 사람만이 대상자가 되므로 대상에 대한 제한이 따르지만 교육자가 직접 방문하는 가정 방문에 비해 시간, 경비, 노력이 덜 드는 장점이 있다.

4) 전화 상담

가정 방문이나 임상 방문이 어려울 때 이용할 수 있어서 편리하고 능률적이지만 교육자와 대상자가 대면하여 이루어지는 교육이 아니어서 간단한 정보교환만 가능하므로 효과는 다소 떨어진다.

5) 인터넷 상담

병원, 보건소 및 영양 관련 학회, 영양사협회 등의 전문기구나 단체에 개설된 홈페이지를 방문하거나 전자메일을 이용하여 상담을 받을 수 있다. 영양교육자는 교육내용을 사전에 준비할 수 있고 시간과 경비가 절약되는 장점이 있지만 교육자와 대상자가 얼굴을 맞대고 이루어지는 직접교육이 아니므로 효과는 적다. 요즈음에는 너무나 많은 영양 관련 정보를 흔히 접할 수 있는데, 신뢰할 수 있는 영양전문조직이나 전문가의 의견을 따르는 것이 영양문제 해결에 도움이 된다.

Ⅲ. 집단지도

집단지도는 집회지도라고도 하며 많은 사람을 대상으로 하는 교육방법이다. 집단지도는 구성원들의 행동이나 의견을 어느 정도 통제할 수 있으며 구성원들의 요구, 관심, 흥미 등을 충족시키는 기능이 있다. 따라서 대상의 종류, 연령, 성별, 직업, 이해력, 문제파악의 정도 등을 고려해서 대상에 맞는 영양교육을 실시해야 한다. 공통의 문제를 가지고 있는 집단을 대상으로 하는 경우 각 대상자들은 공통의 관심을 가지고 있으므로 그들의 의견을 충분히 반영하여 해결책을 찾을 수 있는 장점이 있다. 또한 일시에 많은 사람들을 대상으로 교육내용을 전달할 수 있어 능률적이며, 재정이나 인력이 부족할 때 가장 많이 이용하는 방법으로 다수의 사람들에게 교육내용을 동시에 전달할 수 있어서 시간적으로 능률적이고, 개인지도에서는 볼 수 없는 체면이나 참여의식 등 군중심리를 이용할 수 있다는 장점이 있다. 그러나 개인지도에 비해 충분한 지도가 어려워 교육효과가 다소 떨어지는 단점도 있으므로 가능한 한 지속적으로 반복지도를 실시하도록 한다.

집단지도만으로 목적을 달성하기 어려울 때는 다른 교육방법으로 보완하거나 그 밖에 여러 가지 활동을 함께 적용하는 것이 좋다. 예를 들어, 개인 혼자서는 치료를 지속하기 힘든 만성질환자를 대상으로 하는 경우, 개인지도와 더불어 환자들과 가족들 간의 공감대에 의한 교류로서 집단지도가 병행된다면 정신적으로 힘이 될 뿐만 아니라 환자들 사이의 경쟁의식을 통하여 치료효과가 커질 수 있다. 집단지도에서는 대상의 종류, 연령, 성별, 직업, 이해력, 문제파악의 정도 등을 고려해서 대상에 맞는 영양교육을 실시해야 하는데, 강의(강연), 집단토의, 실험형 지도, 캠페인 등 여러 교육방법이 있으므로 장점과 단점을 잘 파악하여 대상자에게 적합한 방법을 선택하도록 한다.

1. 집단지도의 대상

① 생활 중심집단: 유치원, 학교, 회사, 기숙사 등
② 조직 집단: 지역집단, 청년단체, 동호회 등 동일한 목적으로 조직된 집단
③ 직업별 대상 집단: 영양사, 조리사, 보건직 공무원 등
④ 임의 및 임시 집단: 강연회, 학회, 박람회 등에 모인 사람들

2. 집단지도의 유형

집단 내의 공통적인 영양문제에 대하여 관심이 많은 사람을 대상으로 교육하는 방법을 집단지도라고 한다[그림 4-2]. 집단지도가 영양교육에서 차지하는 비중은 크지만 집단지도만으로는 영양교육의 목적을 달성하기 어려우므로 여기에 따른 교육방법을 보완하는 것이 효과적이다. 집단지도는 그 형식이나 규모, 장소, 대상 등에 따라 차이가 크며, 강의(강연), 집단토의, 실험형 지도, 캠페인 등 여러 교육방법이 있으므로 장점과 단점을 잘 파악하여 대상자에게 적합한 방법을 선택하도록 한다.

집단지도		
	강의형	강의(강연)
	집단토의형	강의식 토의, 강단식 토의, 6-6식 토의, 배석식 토의, 공론식 토의, 좌담회, 연구집회, 영화토론회, 브레인스토밍, 시범교수법
	실험형	시뮬레이션, 역할놀이, 인형극, 실험, 조리실습
	기타	견학, 조사활동 참여, 캠페인

| 그림 4-2 | 집단지도의 방법

1) 강의

강의(lecture) 또는 강연은 교육자 1명이 다수의 대상자들에게 정보를 일방적으로 전달하는 교육방법으로 보편적으로 많이 이용된다[그림 4-3]. 대상자 수는 70~200명이 적당하고 강의시간은 2시간 정도로 하되 25~40분 정도 지난 후에 질문을 하거나 휴식시간을 갖는 것이 좋다. 강의는 단시간에 많은 양의 지식과 정보를 전달하므로 경제적인 교육방법이며 복잡하고 다양한 내용보다는 간단하고 단순한 내용 전달에 효과적이다. 강의형은 효율적이지만 개인형 교육방법에 비해 교육효과가 다소 떨어지는 단점이 있으며, 자세한 내용보다는 개략적인 설명으로 내용의 수준이 낮아지기 쉽다. 강의의 교육효과는 교육자의 지식, 전달력, 자질, 품성 등에 많이 의존적이며, 대상자는 소극적, 수동적이 되어 교육자와 상호작용이 활발하지 않다는 문제점도 있다. 또한 대상자 개인의 특성을 고려하지 않은 일방적인 교육으로 쉽게 흥미를 잃을 수 있으며, 주의집중이 어려워 교육내용을 쉽게 잊어버리므로 대상자의 행동 변화가 어렵다.

따라서 강의를 할 경우 교육자는 강의의 목적과 목표를 구체적으로 이해시킨 후 주제를 간결하게 설명해야 한다. 교육내용은 쉽고 간단한 것부터 복잡하고 어려운 순서로 구성하며, 강의 도중에 대상자들의 이해도를 측정하기 위해 질문을 하되 답변을 강요하지 않는다. 또한 강의 분위기가 지루하지 않도록 내용과 관련된 비유를 하고 파워포인트 자료, 동영상, 실물 모형 등 시청각 자료를 다양히 이용하는 것이 좋고, 목소리의 크기와 말하는 속도를 조절하여 지루함이 없도록 하고 강조하는 부분에서는 목소리를 크고 높게 하여 주의를 끌도록 한다. 대상자와 눈을 맞추어 그들의 반응이나 이해도를 파악하여 교육진행에 반영하고 어떤 특정인이나 특정 장소만을 응시하지 않도록 하며, 강의가 끝난 후에는 대상자들에게 질문할 기회를 주어 교육의 관심도를 높이고 강의내용을 다시 한번 요약 정리하여 결론을 내린다.

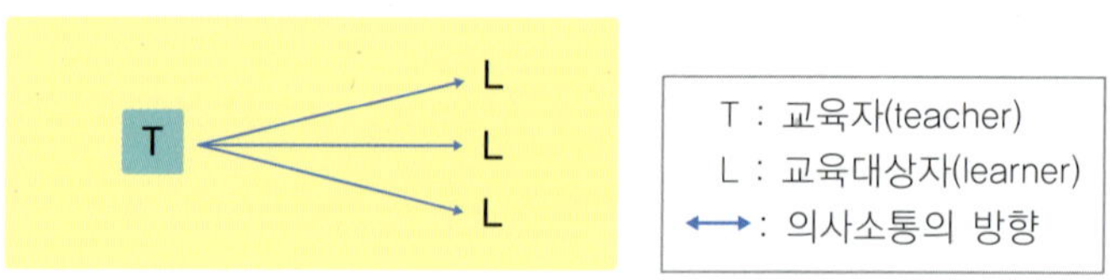

| 그림 4-3 | **강의형 교육방법**

2) 토의

토의는 강의나 강연과 같이 일방적으로 가르치는 것이 아니라 교육자와 대상자 등 모든 참가자 간의 상호작용을 통하여 공통의 문제에 대한 깊은 연구와 논의를 하고 서로의 의견을 제시·통합하여 함께 문제를 해결하는 방법이다. 좋은 토의는 참가자들이 토의 목적을 분명히 인식하고 토의과정에 능동적으로 참여할 때 이루어진다.

토의는 참가자의 동기를 유발하여 능동적인 참여의욕을 불러일으킬 수 있으며, 참가자의 생각과 태도의 변화가 행동 변화로 이어져 강의보다 효과가 크다. 또한 참가자 각자의 적극적인 의견 제시와 함께 다른 사람의 의견과 비교하는 등 계속된 상호작용을 통해 협조성과 이해도가 커진다. 그러나 다양하고 많은 양의 내용을 다루기에는 부적절하며, 교육자는 능동적 참여를 유도하는 등 토의를 조절하고 관리하기가 어려워 강의에 비해 시간과 노력이 많이 요구되는 문제점도 있다.

토의를 시작할 때는 우선 참가자들에게 토의의 목적, 주제, 진행과정을 설명한다. 즉, 토의를 통하여 문제해결 방안을 찾아낸다는 언급을 한다. 또한 참가자들의 공통된 관심이나 경험을 제시한 후 당면한 영양문제들을 나열하고 근본적인 원인을 설명한다. 토의 진행 중에는 좌장은 참가자들이 문제해결에 대한 목표를 설정하도록 하여 참가자들의 적극적인 참여를 유도하며, 관련 내용에 대한 비슷한 사례를 소개하고 정보를 제공한다. 또한 문제해결을 위한 여러 가지 아이디어 및 대책을 제시하고 토의를 진행해 나가며, 제시된 대책들의 결과를 예측하고 그것이 토의의 목적에 적합한지 평가하여 가장 적절한 대책을 선택한다. 토의가 끝난 후 좌장은 토의내용을 종합하여 나온 결론과 문제 해결책을 재확인한다. 또한 참가자들과 함께 실천할 것을 다짐하며, 토의의 전체 내용, 방법, 과정 등을 평가하고 반성한다.

(1) 강의식 토의

강의식 토의(lecture forum)는 교육자가 대상자에게 정보 및 과제를 제공하고 토의, 지도하는 교육방법이다[그림 4-4]. 집단토의 중에서 가장 많이 이용되는 방법으로, 단순한 강의나 강연과 다른 점은 교육자만이 일방적으로 말하는 것이 아니라 강의 사이나 강의 끝난 후 주제를 중심으로 대상자들과 질의응답 및 토론을 한다는 것이다. 강의식 토의법은 대상자 자신의 의견을 자유롭게 발표하며, 타인의 의견을 듣고 협동적으로 문제를 해결하는 협동심과 인내심을 지도하는 데 의미가 있다. 교육자와 대상자들은 토의를 통하여 문제해결을 위한 여러 가지 의견과 방법을 교환하면서 문제의 해결책을 찾는다.

교육자는 1~2명으로 대상자 100명 이상에서도 가능하나 토의를 위해서는 50~60명 정도가 좋고 강의시간은 30분 정도로 한다. 그러나 소집단 토의에서와 같이 깊이 있는 토의는 어렵고 참가의욕도 다소 떨어진다. 영화나 동영상, 파워포인트 자료, 실물 모형 등 시청각매체를 함께 이용하면 효과는 커진다.

(2) 강단식 토의

강단식 토의(symposium)는 전문가인 강사 4~5명이 서로 다른 입장에서 공통적인 주제에 대해 발표하는 것이다[그림 4-5]. 즉, 공통적인 주제에 대하여 전문 경험이 많은 4~5명의 교육자가 서로 다른 측면에서 참가자들에게 도움이 되는 자신들의 경험과 의견을 발표한 후 대상자들과 질의응답을 하는 방법이다. 이 토론에서는 교육자와 주제의 선택이 중요한데, 교육자는 같은 주제에 대하여 입장과 체험이 다른 사람들로 구성되어야 하며 참가자 중에서도 교육자를 선정할 수 있다.

교육자 한 사람당 보통 15~20분 정도 발표하되 교육자 상호 간에는 토의하지 않는 것을 원칙으로 한다. 이 토의법은 주로 전문가의 이야기를 듣는 것이기 때문에 청중도 어느 정도 주제에 대한 지식이 필요하다. 이때는 강사 상호 간의 토의는 하지 않는 것이 좋다. 강사의 발표가 길어지면 토론 시간이 짧아져서 본래의 심포지움 기능을 발휘할 수 없다. 각 교육자들에게 할당된 시간이 15분 정도라고 하면 4명의 교육자들인 경우에는 1시간 정도 자신들의 경험과 의견을 토대로 교육하고 이어서 사회자의 진행으로 교육자들과 참가자들 사이에 질의토의를 실시한다. 좌장은 교육자의 발언내용을 요약하여 참석자들이 잘 이해하도록 돕고 교육자 간 발언내용의 중복을 피하도록 조정하며 참가자들의 질문이 특정 교육자에게만 집중되지 않도록 유도한다. 교육자가 바뀌고 내용에 변화가 있기 때문에 지루하지 않으나 교육시간이 길어지면 분위기가 산만해지고 질의토론 시간은 짧아지므로 효과를 기대할 수 없다. 토론의 주제를 깊이 있게 다루어야 하는 경우에는 중간에 휴식시간을 가지면서 하루 종일 토의할 수도 있으며 참가자들도 주제에 대하여 어느 정도 사전지식을 가지고 있는 것이 좋다. 사전준비가 되어 있으면 토론을 통해 더욱 깊이 있고 폭넓은 정보를 얻을 수 있어 태도의 변화를 기대할 수 있다.

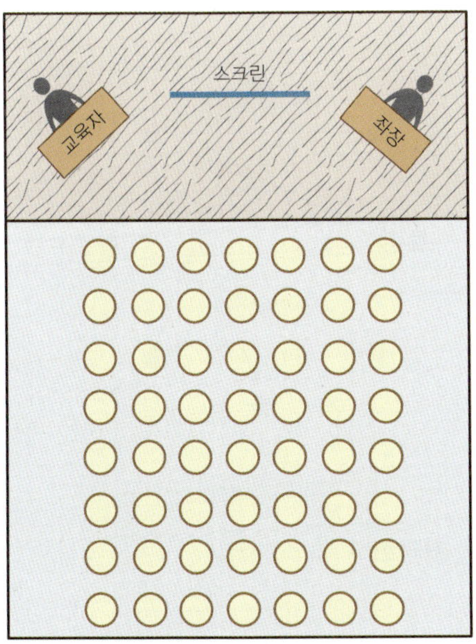

| 그림 4-4 | 강의식 토의

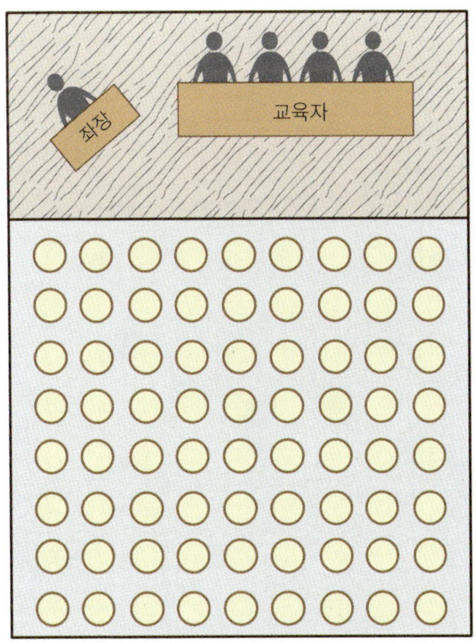

| 그림 4-5 | 강단식 토의

(3) 좌담회(원탁식 토의)

좌담회는 참가자 전원이 의견을 말하고 사회자가 전체의 의견을 종합하는 토의 방법으로 집단의 인원은 수준이 비슷한 10~20명으로 구성되며 청중은 없다 [그림 4-6]. 참가자들이 원탁에 둘러앉아 토의를 한다고 해서 원탁식 토의(round table discussion)라고도 한다. 좌장의 사회로 참가자 전원이 토의 주제에 관련된 각자의 체험이나 의견을 발표한 후 좌장이 전체 의견을 종합하는 방법으로 진행된다. 참가자 전원이 발언하므로 종합된 의견에 서로가 만족할 수 있는 방법이다. 즉 참가자 전원이 발언 기회를 가지므로 종합된 의견에 공감대가 형성된다. 좌장은 특정한 사람이 발언을 독점하지 않도록 하고 참가자 전원이 고루 발언할 수 있도록 유도한다. 1회 토의시간은 2~3시간 정도가 적당하며 그 이상 시간을 끌지 않도록 한다. 발언은 다음 그림과 같은 순서로 진행하는 것이 좋다. 토의는 좌장에 의하여 통제되며 서기는 참가자의 발언 요점을 기록하여 순조롭게 진행한다.

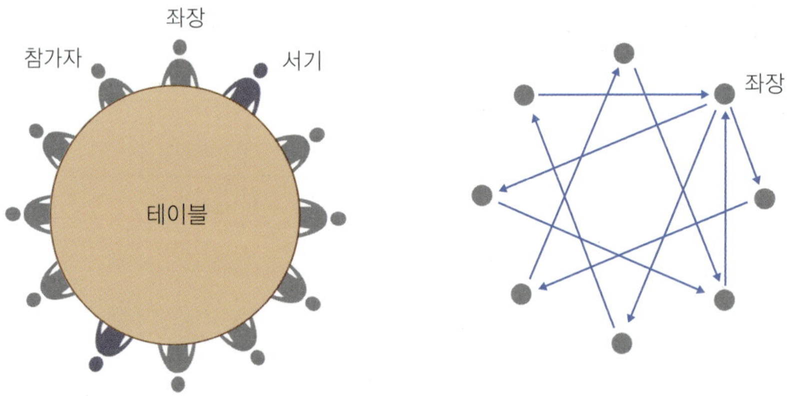

a. 좌담회의 좌석 배치　　b. 좌담회의 발언순서

| 그림 4-6 | 좌담회

(4) 분단 토의(6 · 6식 토의, buzz session)

분단 토의는 6인이 각 1분씩 6분 동안 토의한다는 뜻에서 6 · 6식 토의(six-six method)라고도 하는데, 교육에 참가하는 인원이 많고 다루고자 하는 문제가 크고 다양한 경우에 많이 이용하는 방법이다[그림 4-7]. 참가자가 많아서 제한된 시간에 전체 의견을 통합하기 어려울 때 참가자를 소집단 또는 분단으로 나누어서 분단들이 각각 다양한 작은 주제를 택하여 토의하고, 다시 분단 대표가 주제 발표과정을 거쳐 전체토의를 한다. 이러한 과정을 거쳐서 참가자 전체 의견을 통합하여 문제해결책을 찾아내는 방법이다. 보통 6~8명씩 분단으로 나누고 한 사람이 1분씩 6분간 토의를 하지만 반드시 6명씩 6분간 하도록 제한되어 있는 것은 아니며 6~8명 정도가 10분간 토의해도 상관없다. 참가자 전원의 의견을 들을 수 있기에 조금 소란스럽기도 하여 벌이 웅웅거린다는 의미의 'buzz session'이라고도 한다.

이 방법의 장점은 참석자가 많아도 진행이 잘 이루어지며, 모두의 의견을 교환할 수 있고 대상자들이 모두 참여할 수 있는 기회가 제공되는 것이다. 참가자가 많아도 진행이 잘되며 참가자 전원이 의견을 교환할 수 있어 적은 인원수의 좌담회와 유사한 효과를 얻을 수 있다. 다른 분단의 발표를 듣고 자신들의 토의결과와 비교할 수 있으므로 문제를 다각적으로 분석할 수 있으며, 다양한 사고능력을 키울 수 있다. 그러나 시간이 짧고 인원이 많은 경우 또 시설 제한 등으로 진행이 원활하지 않은 경우에는 분위기가 소란해질 수 있으며 참가자 전원이 참여하기 어렵다는 문제점도 있다. 또한 시간제한 등으로 구성원 중 한두 사람의 의견이 분단의 의견으로 되는 경우가 발생할 수 있다. 따라서 진행에 있어서는 각 분단의 토의를 전체적으로 조정하는 좌장의 확실한 방향제시가 중요하다. 좌장은 큰 문제를 단시간에 토의할 수 있도록 요점을 소구분해서 각 분단에서 다룰 주제의 내용을 미리 준비하고, 분단 대표는 좌장으로부터 토의자료를 받아서 토의를 진행시키며, 서기는 토의내용을 요점 정리하도록 한다.

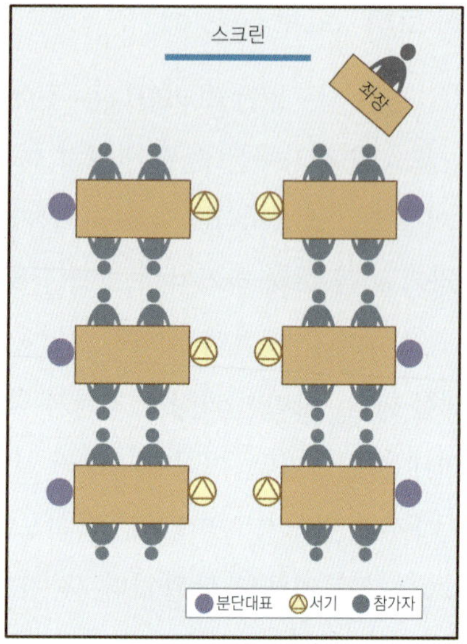

| 그림 4-7 | 분단토의

(5) 배석식 토의(패널 토의)

배석식 토의(panel discussion)는 4~8명의 전문가가 청중 앞에 마련된 단상에서 자유롭게 토론하고 토의내용을 소재로 참가자들과 질의토론을 하는 방법이다[그림 4-8]. 전문가들 간의 대화가 중심이 된다는 점이 심포지엄과 다르다. 먼저 좌장이 참가자들에게 토의의 주제와 진행방법을 설명하고 전문가들을 소개하면, 다음에 전문가들이 20~30분 정도 토의한 후 참가자들이 10분 정도 질의토론하는 것을 반복하여 전체 토의시간이 1시간 30분에서 2시간 정도가 되도록 한다. 패널 토의가 끝난 후에 종합토의 및 질의시간을 통해 의견을 정리하는 것이 바람직하다.

배석식 토의에서는 좌장의 역할이 중요한데, 단상에서 전문가 간에 일종의 좌담회를 하고 이를 토의재료로 삼기 때문에 좌장의 역할이 좌담회의 좌장과 매우 비슷하다. 좌장은 토의 종료 전 15분 동안 짧은 요약으로 토의를 마무리하고 강사들에게 토의내용에서 중요한 요점을 언급할 기회를 준 다음 전체적으로 종합하여 정리하도록 한다.

배석식 토의는 청중과 발표자 사이의 자발적 의사교환이 가능하고, 질의 응답이 빠르게 진행되며, 진행자의 능력에 따라 토의를 통해 다양한 문제를 다룰 수 있다는 장점이 있으나, 발표자 개개인이 의견을 발표하는 데 소요되는 시간을 통제하기 어렵고 패널토의 발표자에게 예리한 사고력과 신속한 답변 능력 등이 요구되는 어려움도 있다.

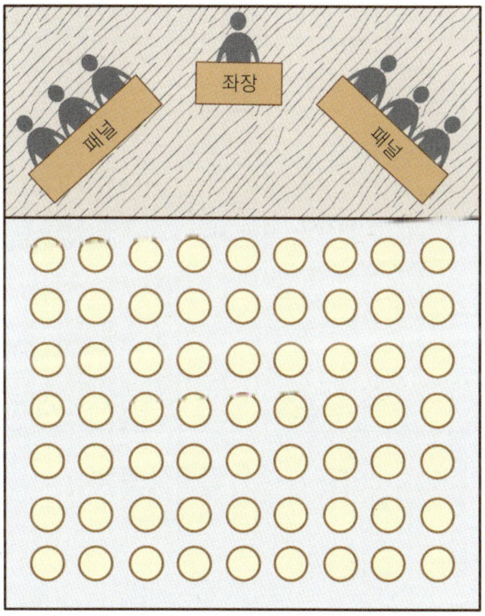

| 그림 4-8 | **배석식 토의**

(6) 공론식 토의

공론식 토의(debate forum)는 한 가지 주제에 대하여 의견이 다른 3~4명의 전문가들이 먼저 자기들의 의견을 발표한 다음, 참가자들의 질문을 받고 이에 대하여 다시 간추린 토의를 하는 방법으로 일종의 공청회와 같은 토의형식이다[그림 4-9].

공론식 토의는 전문가들의 의견을 충분히 들을 수 있으나 서로의 의견이 달라서 일정한 결론을 내리기 어려운 단점이 있다. 따라서 좌장의 능력과 역할이 매우 중요하므로 좌장은 의견이 서로 다른 전문가들의 발표내용을 요약해서 최종적인 결론을 내려야 한다.

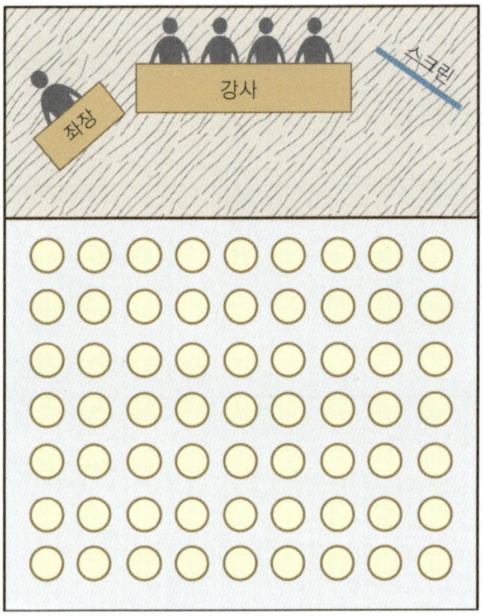

| 그림 4-9 | **공론식 토의**

(7) 연구집회

연구집회(워크숍, workshop)는 공통적인 문제를 가진 사람들이 모여 서로 경험하고 연구하는 것을 발표하고 토의함으로써 특별한 일을 수행하는 기술과 방법을 배우는 과정이다. 일반대중교육보다는 비교적 수준이 높은 전문가들 교육에 적합하여 영양교육자들의 훈련과정으로 많이 이용되며 참석인원은 대개 30명 이하의 소규모로 한다. 참석인원은 대개 30명 이하의 소규모로 하되 간단한 논제에 관한 연구집회는 하루 정도로 끝나는 경우가 많고 폭넓은 논제를 깊이 있게 다루는 데는 2~3일 또는 1주일 정도의 긴 시간이 필요하기도 하다.

연구집회를 하기 위해서는 연구집회 운영위원회를 조직하고 논제 선정을 우선적으로 해야 한다. 다음 논제에 관한 전문성과 경험이 많은 연사 2~3명에게 연구 결과나 사례 발표를 의뢰하고, 관련자들에게 홍보하고 집회에 필요한 시설과 장비 및 시청각 자료 등을 준비한다. 참가자들은 논제에 대한 자신의 체험이나 연구 자료를 준비하여 집회에 참석한다. 개회 시 논제와 세부논제를 밝히고 연사들의 연구 결과나 사례를 듣는다. 참가자들을 소집단으로 나누어 세부논제에 대한 연구 결과나 사례를 중심으로 토의하거나 직접 실행해 보는 활동을 한 후 결과를 분석토의하여 결론을 내린다. 다음, 전체 회의에서 소집단의 결론을 발표하고 다시 참가자 전원이 토의하여 최종 결론을 내린다.

(8) 영화토론회

영화토론회(film forum)는 영화를 보면서 문제를 제기하고 그것을 중심으로 질의 토의하는 방법이다. 1~2명의 교육자가 필요하고 교육자가 좌장의 역할을 겸하기도 한다. 영화 상영시간은 15~30분 정도가 적당한데, 좌장은 미리 영화의 내용을 충분히 알고 문제제기나 토의내용을 파악해야 한다. 좌장의 능력에 따라 토의를 통해 많은 문제를 다룰 수 있다. 일반적으로 문제를 제기하고 설명하는 시간을 영상시간에 맞추어 진행하기 어려우므로 영화를 보다가 도중에 중단하고 토의를 한 후 다시 영화보기를 계속하는 경우가 많다.

영화토론회는 대규모의 참가자들에게 정서적인 접근이 가능하고 참가자들과의 질의응답이 빠르게 진행되어 흥미롭지만 문제제기방법이 체계적이지 못하고 일방통행식 의사소통이 될 가능성이 있다. 따라서 대부분의 경우 참가자들의 질문에 완벽한 대답을 기대하기 어려우므로 즉석에서 명확하게 대답할 수 있도록 하는 사전준비가 필요하다.

(9) 두뇌충격법

두뇌충격법(brain storming)은 제기된 문제에 대하여 참가자 전원이 자신들의 생각이나 의견을 제시한 다음 그 가운데서 문제해결을 위한 가장 좋은 아이디어나 방안을 찾아내는 방법이다. 참가인원수는 보통 10명 정도로 자유롭게 아이디어를 주고받으면서 충분한 토의를 하고 이런 가운데 가장 좋은 아이디어나 새로운 착상 및 해결방안도 나오게 된다. 이 방법의 목적은 참가자들의 두뇌를 자극하고 모든 지식을 활용하여 다양하고 많은 아이디어를 창출해 내는 데 있다. 두뇌충격법에 필요한 시간은 집회의 규모나 문제의 복잡성에 따라 10분에서 20분까지 다양한데, 보통은 2~3번 반복 실시하여 전체 30분 정도 진행하는 것이 효과적이다. 좌장은 제시된 아이디어에 대하여 평가나 비판을 하지 않으며 좋은 착상들을 끌어내기만 하면 되므로 결정을 내리거나 결론은 없어도 된다.

두뇌충격법은 단시간에 다양하고 많은 아이디어가 나오는 장점이 있다. 또한 새롭고 좋은 착상이나 해결방안을 도출하도록 참가자들의 흥미를 유발시켜 적극적으로 참여하도록 유도할 수 있으며, 발언이 활발하고 사기가 높아지며, 단결이 잘 되고 실천의욕이 높아질 수 있다.

(10) 시범교수법

시범교수법(demonstration)은 실제 물건을 보여 주거나 경험이나 사례를 들어 방법이나 과정을 설명하면서 시범을 보이는 교육으로 방법시범교수법(method demonstration)과 결과시범교수법(result demonstration)의 두 가지가 있다.

① 방법시범교수법

방법시범교수법은 일종의 시연 또는 실습으로서 제기된 문제를 해결해 나가는 과정을 단계적으로 천천히 시범을 보이면서 교육하는 방법이다. 비교적 적극적인 참가자들이 실천적 교육을 받으므로 실천에 대한 자신감으로 인해 교육효과가 크며, 대상자들이 직접 참가하므로 흥미와 실천의지를 높일 수 있다. 교육자는 1~3명으로 참가자들의 이해도와 반응을 관찰해 가면서 진행속도를 조절하는데, 보통참가자들을 한 그룹당 3~5명, 많으면 10명으로 하여 소그룹으로 나누어 시범을 보인다.

교육자는 시범 전에 시범의 목적 및 내용과 절차에 관하여 간단한 설명을 하며, 반드시 사전 연습을 해 둔다. 강조할 점은 시범 도중에 반복하여 보여 주며, 내용과 절차는 명확하고 이해하기 쉬워야 한다. 시범 위치는 청중들이 편안한 자세로 앉아서도 잘 볼 수 있는 장소로 마련하며, 시범 후에 연습시간과 토의시간을 가지도록 한다.

② 결과시범교수법

결과시범교수법은 일종의 사례연구로서 영양교육자나 지역사회주민들의 활동을 하나의 결과로 놓고 그들이 문제를 해결해 나가는 과정이나 경험 등을 보여 주면서 토의하여 참가자들의 행동방향을 유노하는 방법이다.

결과는 성공한 예와 실패한 예를 모두 활용할 수 있다. 성공한 사례에 대해서는 참가자들의 문제와 비교해 가면서 그 과정이나 방법을 배우고 실패한 결과에 대해서는 그 원인을 파악하고 단점을 보완한다. 그러나 성공사례를 소개할 때 지나치게 과장하는 일은 없어야 하고 다른 지역의 활동사례를 토의재료로 삼을 때에는 사례상황이 그 집단에 현실적으로 맞는 적당한 것을 선택해야 한다. 강연과 함께 그림, 파워포인트 자료, 영화 등 시청각자료로 제작된 사례상황을 보여 주면서 진행하면 참가자들의 주의집중과 흥미를 일으켜 더욱 효과적인 교육이 될 수 있다. 방법시범교수법보다는 결과시범교수법이 시간, 노력, 비용 면에서 경제적이다.

3. 실험형 방법

실험형 교육(experimental education)은 교육대상자가 스스로 학습을 통해 터득하는 방법으로, 교육자료를 토대로 스스로 배우는 형태의 교육방법이다[그림

4-10]. 원 교육자료는 전시되어 있는 자료, 교육내용과 관련된 상황·모형 등을 전시한 시뮬레이션이 될 수도 있고 그 외에 역할놀이, 인형극, 그림극, 실험(새싹보리 키우기, 콩나물 길러 보기, 식품첨가물 실험 등), 조리실습 등이 포함될 수도 있다.

교육자는 교육목적과 목표에 맞는 원교육자료를 제공해 주고 대상자의 학습과정을 관찰하면서 때때로 격려하거나 조언한다. 대상자가 직접 참여하여 영양지식을 얻고 원리를 터득하는 등 스스로 학습하므로 활기차고 능동적인 교육을 할 수 있으나 대상자의 능력수준에 따라 교육효과가 크게 달라질 수 있고 시간과 비용이 많이 든다. 또한 자칫하면 흥밋거리로 끝날 우려가 있으므로 실험형 지도가 끝난 후에는 이를 토의 재료로 삼아 참가자들 사이에 토의가 이루어지도록 해야 효과적인 교육이 이루어진다. 교육대상자의 능력에 따라 교육의 효과는 달라진다.

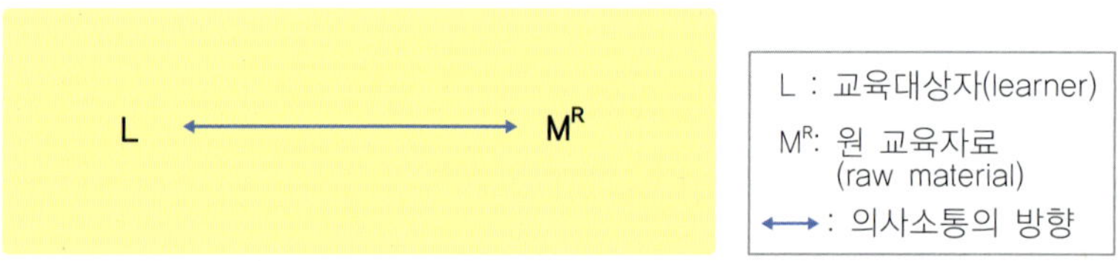

| 그림 4-10 | **실험형 방법**

1) 그림극

그림극(picture play)은 제작이 간단하고 경제적인 방법으로 유아나 초등학교 저학년 어린이들을 대상으로 20~25명 정도의 소규모 인원에 대해서 실행하는 것이 좋다. 그림극 속의 모든 인물들을 혼자 맡아서 수행하므로 표정이나 목소리 등을 인물의 특징에 맞게 익살스럽게 묘사해야 흥미롭게 진행할 수 있다. 그림극은 교육내용을 몇 장의 그림으로 만들어 그림을 넘기면서 전개하는 방법으로, 어린이들은 그림 제작과정에 참여할 수 있고 그림 속의 인물을 맡아 그림을 해설할 수도 있다. 움직이지 않는 그림을 소재로 하므로 입체감이 부족하고 사진에 비해 현실감도 떨어지지만 어린이들의 상상력을 자극할 수 있어 추상적인 표현이 가능하다는 장점도 있다. 그러나 하나의 장면 제시로 시간을 끌거나 극이 너무 길면 어린이들이 싫증을 느끼고 주의가 산만해지므로 10~20분 정도로 진행하는 것이 좋다.

2) 인형극

인형극(puppet play)은 손가락인형, 손인형, 막대인형, 줄인형 등과 같은 다양한 인형을 이용한 극의 형태를 통해 전개해 나가는 교육방법이다. 반투명 막에 오려낸 그림이나 소품 등에 빛을 비추어 그림자로 나타내면서 이야기를 전개하는 그림자극도 이 방법에 속한다. 이 방법은 특히 유아나 아동에게 강한 흥미와 간접적인 경험을 제공하는 유용한 교육방법으로 친밀한 인형을 소재로 다양한 내용을 극화함으로써 즐거운 분위기를 만들 수 있고 어린이들의 상상력과 창의력을 개발할 수 있으므로 활용가치가 크다. 어린이들을 인형극의 연기자로 참여시켜 연극을 보고 있는 어린이들에게 질문하고 대답하도록 한다면 이해도를 더욱 높일 수 있다. 어린이들이 인형 제작과 연출과정에도 참여하게 된다면 흥미와 동기유발로 효과는 더욱 커진다. 그러나 인형극은 15분 이상 진행하면 지루하여 효과가 떨어지므로 단막극 형태로 진행하는 것이 좋고 익살스러운 말이나 행동으로 어린이들의 주의를 집중시켜야 한다.

인형극 계획 시 주의할 점은 교육목적이 불분명하고 흥미 위주의 활동이 되지 않도록 하는 것이다. 극이 끝나면 반드시 토의를 거쳐 극의 준비상황, 진행상황, 결과 등에 대하여 평가하고 분석해야 한다.

3) 역할놀이

역할놀이(role playing)는 역할연기법이라도 하며, 문제가 되는 식사상황을 모의로 꾸며놓고 연기를 펼치며 간접경험을 해 봄으로써 해결방안을 찾는 방법이다. 같은 문제나 고민을 가진 사람들이 모여서 그중 몇 사람이 문제와 관련된 상황을 극화하여 역할을 연기하면, 나머지가 연기자들의 연기를 관찰하면서 그들의 입장을 평가하고 토의재료로 삼아 문제의 해결방안을 찾는 교육방법이다. 연기자와 참가자들은 이 과정을 통하여 서로의 감정을 탐색하고 이해하는 등 극중 문제상황을 실감할 수 있어 강한 인상과 흥미를 느껴 태도 변화를 통해 실천으로 이어지는 경우가 많다.

역할놀이를 진행할 때는 우선 참자들에게 토의의 주제와 진행방법을 설명하고, 참가자 중에서 연기자를 선정하고 역할을 배정한다. 역할연기의 대사 및 보조자료 등을 준비한다. 실제에 가까운 의상이나 상황을 묘사하도록 하면 더욱 효과적이다. 참가자들은 문제와 관련된 특정 상황을 연기로 나타내고, 이어서 연기자와 참가자들이 주제에 초점을 맞추어 그 상황을 토의하고 분석한다. 이후 결론을 도출하여, 문제해결방안을 선택하고 결정한다.

편식하는 어린이가 엄마와 역할을 바꾸어 연기하면서 평소 자신의 편식 때문에 속상했던 엄마를 이해하게 되는 경우와 같이 역할놀이에서는 특별한 상황에서 어떤 감정이나 행위의 결과로 일어난 상황을 실감하고 이해할 수 있으므로 식행동을 교정하는 데 좋은 결과를 얻을 수 있다.

4) 시뮬레이션

시뮬레이션(simulation)이란 실제의 문제상황을 단순 명료화시킨 모의상황 속에서 이루어지는 교육활동으로 실제상황 중 가장 기본적이고 중요한 부분만을 선택하여 설정한 교육상황 속에서 이루어지는 교육이다. 실생활을 간접적으로 경험하고 이를 통해 문제를 인식하여 생각이나 태도가 변화되는 교육방법이다. 실제상황을 경험할 때 소요되는 경비나 시간, 노력 또는 위험 등을 거치지 않고 모의상황을 통해 필요한 경험을 얻을 수 있다는 장점이 있다.

5) 실험

실험(experiment)을 통한 영양교육방법에는 연령대에 적합한 방법으로 동물이나 식물을 직접 키워 봄으로써 영양에 대한 지식뿐만 아니라 책임감과 협동심을 길러 줄 수 있는 방법이다. 채소를 싫어하는 어린이를 대상으로 채소의 종류별 이름 익히기, 재배와 성장과정 관찰하기, 채소 맛보기 등의 채소재배실험을 채소조리실습과 함께 진행한다면 편식 교정을 위한 효과적인 방법이 될 수 있다. 식품첨가물에 대한 과학실험을 진행해 봄으로써, 가공식품에 함유된 식품첨가물을 직접 확인해 보는 것도 교육효과가 높은 실험형 학습 방법이다.

실험을 할 때에는 그 과정을 관찰·기록하게 하도록 지도하고, 실험이 끝나면 그 과정과 결과에 대한 토의를 실시한다. 식품안전실험에서는 식품 포장지의 영양표시 읽는 방법, 안전하고 건강한 식품선택방법 등을 포함할 수 있고, 비만 어린이의 식생활 교정을 통한 비만 탈출 등의 인체실험도 좋은 교육이 될 수 있다. 초등학교 이상에서는 과학이나 실과 교과목과 연계하여 발표와 토론으로 진행한다면 효과적인 영양교육이 될 수 있다.

6) 조리실습

대상자가 직접 조리하는 과정을 통하여 교육이 이루어지는 조리실습은 방법시범교수법을 이용한 실험형 교육이라고 볼 수 있다. 이는 다양한 식재료의 소개와 함께 함유 영양소와 체내 기능 등 영양지식을 전달하면서 영양소 균형을 살리는 식재료들의 조화나 조리방법, 또는 대상자별 영양문제 개선을 위한 식재료 선택과 조리과정을 단계별로 교육하는 방법이다. 조리실습 후에는 만든 음식에 대한 평가와 토의를 진행하여 영양지식과 균형식 및 건강식에 대한 내용을 확실하게 정립하도록 한다. 조리실습을 통하여 대상자가 싫어하는 식품이나 조리법에 대하여 반감을 호감으로 바꿀 수 있고 새로운 식품이나 조리법을 접할 수 있는 기회를 제공함으로써 친밀감을 형성하여 대상자의 기호와 편견을 교정할 수도 있다.

7) 견학

견학(field trip)은 실제 현장을 방문하여 스스로 관찰하고 학습하게 하는 방법이다. 참가자들은 실제 그대로를 직접적이고 구체적으로 관찰하므로 학습내용을 쉽게 이해할 수 있고 풍부한 경험을 통해 지역사회와의 유대감도 증진되므로 태도를 변화시키기가 쉬워진다. 견학을 하기 전에 먼저 견학의 목적을 참가자들과 현장 담당자에게 알린다. 참가자들은 견학의 요점을 기억하고 현장 담당자는 참가자들의 관심사나 질문에 대하여 자세히 설명할 수 있도록 준비한다. 한 번에 많은 인원이 현장에 들어가면 견학효과가 떨어지므로 참가자들을 소집단으로 나누어 관찰하고 여러 명의 현장 담당자들이 설명하고 질문에 답한다면 이해도를 높일 수 있다. 견학 후에는 참가자들이 견학의 목적, 관찰내용, 결과 등을 기록한 보고서를 제출하도록 한다.

4. 기타 교육방법

1) 조사활동 참여

개인조사나 소규모 집단조사, 혹은 지역사회조사 등 대상자를 조사활동에 참여시켜 그 과정을 통하여 교육하는 방법이다. 개인조사의 예로 환자는 자신의 식생활을 직접 조사하여 질환과 관련된 영양문제를 인지할 수 있다. 소규모 집단조사의 예로는 어린이들이 학교급식의 잔반량 조사나 군것질 조사에 참여하여 이에 대한 문제점을 알아내거나 비만 어린이들과 정상체중 어린이들이 식생활 조사에 참여하여 그 차이를 비교할 수도 있다. 또한, 지역사회조사에서는 지역주민들이 조사에 참여하여 그들의 영양이나 건강문제를 알아낼 수 있다. 이와 같이 대상자들을 조사활동에 직접 참여시킴으로써 대상자들은 영양이나 건강문제를 확실하게 인지하여 생각과 태도를 바꿀 수 있고 이에 따라 문제해결에 대한 동기유발이 강하게 일어나 식생활 개선에 적극적인 자세를 보일 수 있다. 중요한 것은 조사 결과의 신뢰성을 위해 모든 조사과정을 계획하고 진행할 때 전문성을 가진 교육자의 조정이 필요하다는 것이다.

2) 캠페인

캠페인(campaign) 교육은 건강이나 영양에 관련된 특별한 목적을 정하여 비교적 단기간에 교육내용을 집중적으로 반복하고 강조함으로써 많은 사람에게 알리고 실천하도록 유도하는 방법이다. 캠페인 기간은 며칠에서 1개월까지가 보편적이다. 포스터, 유인물, 팸플릿 등 인쇄물의 가두 배포나 라디오, 텔레비전 등 대중매체를 통한 캠페인 표어 모집 공고 등의 전략을 통하여 많은 대상자들의 주의를 환기시키기도 한다.

CHAPTER 05

영양교육의 매체

영양교육의 목적과 목표 달성에 필요한 교육내용을 구성하고 교육방법을 선택한 후에는 교육에 활용할 매체를 선정하여야 한다.

Ⅰ. 교육매체

1. 교육매체와 의사소통

1) 교육매체의 의미

매체(media)는 고대 희랍어 medius에서 유래된 말로 '사이(between)'라는 의미를 가지고 있다. 즉, 매체는 어떤 것들 사이를 연결하는 역할을 하는 것으로, 의사소통에 있어서 송신자(sender)와 수신자(receiver) 사이를 연결하는 전달체라고 할 수 있다. 이러한 일반적인 매체들이 교육내용을 전달하는 데 사용될 때 교육매체라고 한다. 교육자와 교육대상자 사이에서 시각 및 청각을 비롯한 인체의 감각기관을 동원하여 교육의 효과를 극대화시키기 위한 모든 교육적인 방법 및 수단을 총칭한다.

2) 매체와 의사소통

교육매체는 목표 달성에 영향을 주는 매개체이지만 교육내용을 대신하지는 못 한다. 교육매체는 효율적이고 교육적인 의사소통을 위한 매개체 역할을 한다.

의사소통(communication)은 정보를 보내고 받는 과정으로 그 목적은 유형·무형의 어떤 바람직한 행위를 유발하는 것이다. 즉, 메시지를 만들어 전달하는 송신자와 메시지를 받아들이는 수신자 간의 메시지의 송수신 과정으로 정의할 수 있다. 송신자(교육자)가 지식이나 기술, 가치 등을 언어나 비언어적 또는 시청각 형태로 제시하면, 수신자(교육대상자)는 그 기호를 해독하여 이해하게 된다. 이때 메시지는 의사소통의 채널을 통해 전달되며 시각, 청각 등 다양한 매체, 즉 통신수단을 이용해 메시지를 전달하며 매체에 따라 정보의 의미와 정확도가 달라질 수 있다.

1950년대에 접어들면서 통신이론의 발달과 함께 교육과정을 일종의 통신과정으로 보게 되었다. 시청각교육의 발달은 오늘날 교육에 큰 변화를 가져오고 있다. 통신이란 교육자인 송신자와 교육대상자인 수신자 사이의 의사소통을 말하는데, 여기에는 서로의 지식, 사상, 태도 등을 전달하게 된다. 대표적인 통신이론으로는 벌로(D. K. Berlo)의 S-M-C-R 모형이 있다. 이모형은 [그림 5-1]과 같이 송신자(sender)로부터 수신자(receiver)에게 정보(message)가 통로(channel)로 구성된다는 기본 정보전달체계와 커뮤니케이션을 통한 정보 전달 시 다양한 감각기관을 통해 전달되는 통신과정을 분석해 놓은 것이다.

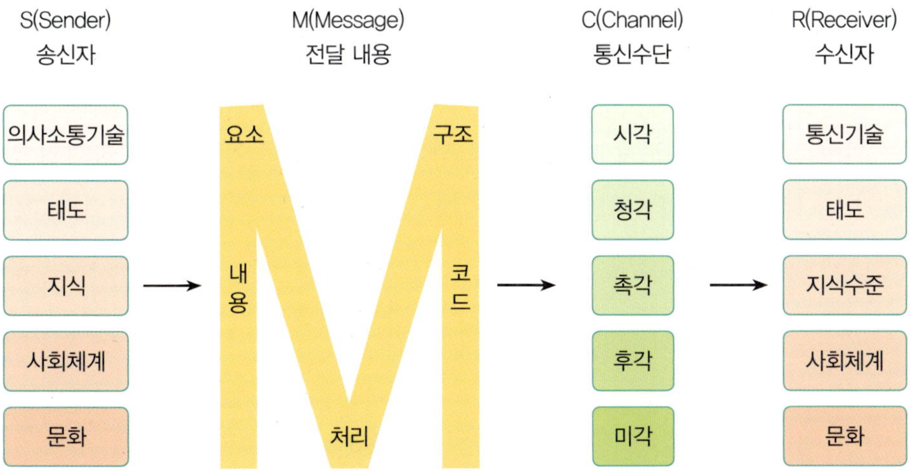

| 그림 5-1 | **벌로의 S-M-C-R 모형**

3) 의사소통 과정

시청각교육은 통신이론의 발달로 1963년 시청각통신으로 그 명칭이 바뀌게 되었다. 시청각통신이란 시청각매체를 효과적으로 이용하여 교육대상자가 가지고 있는 능력을 최대한 개발시킬 수 있는 통신과정을 의미한다. 통신과정, 즉 의사소통 과정이란 일차원적인 정지상태가 아니고 역동적인 과정에 의한 쌍방적인 관계이다. 즉, 교수-학습이 이루어지는 영양교육은 교육자와 교육대상자의 의사소통 과정이 일방적인 형태가 아니라 쌍방적인 상호관계이다.

효율적인 의사소통이 이루어지기 위해서는 정보, 매체, 교육자, 방법, 환경 등이 고려되어야 한다, 정보는 전달되는 교육내용이나 개념 등을 말하고 매체는 정보를 전달하는 도구로서 시청각 교재에 해당한다. 교육자는 정보를 제시하고 매체를 활용하는 등 교육을 실행하는 전문인을 말하고, 방법은 효과적인 교육이 실시되는 데 필요한 구체적인 절차를 의미하며, 환경은 능률적인 교육에 필요한 교육장소의 시설, 교구, 물리적 요인 등 제반사항을 뜻한다. 의사소통 과정에는 메시지를 전하는 수단인 채널이나 매체가 반드시 존재한다. 그것은 목소리일 수도 있고, 만화, 연극, 동화, 텔레비전일 수도 있다. 모든 의사소통은 의도적이든 비의도적이든 그 결과가 있는데, 이를 효과라고 한다. 피드백은 의사소통의 과정을 계속 반복, 순환하게 만드는 요소이다. 즉 일방적인 전달이 아니라 수용자가 다시 전달자가 되어 메시지를 되돌려 보내는 것이다[그림 5-2].

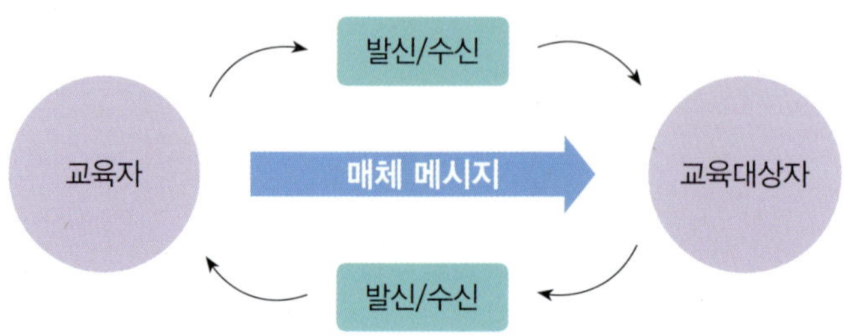

| 그림 5-2 | 의사소통 과정

2. 교육매체의 역할

교육매체는 교육목적을 달성하면서도 교육현장에서의 다양한 효과를 발휘하고 있다. 넓은 의미로는 교육 자료를 포함하는 일체의 교육환경을 의미하지만, 좁은 의미로는 대개 시청각자료를 의미한다. 즉, 언어에 치중하는 전통적인 교육방법 대신에 시각·청각·후각·미각·촉각의 구체적인 감각활동을 통하여 효율화를 꾀하는 방법을 뜻한다. 교수-학습 과정에서 교수매체의 기여도는 다음과 같다(Kemp & Smellie, 1989).

| 표 5-1 | 교육매체의 역할

역할	내용
교육의 표준화	모든 대상자에게 같은 매체를 통하여 동일하고 보편된 정보를 제공함
흥미 유발	보다 재미있는 교육을 통하여 학습동기를 유발하고 교육내용의 수용도를 향상시킴
상호작용의 용이성	학습자의 참여, 피드백, 강화 등 지속적인 상호작용 가능함
교육시간의 단축	정보전달 효과를 높여 다량의 정보를 단시간 내에 전달함
교육의 질 향상	교육내용에 적합한 교육활동이 가능하여 교육목표 달성이 용이함
시공간 접근의 용이성	대상자에게 편리한 시간과 장소에서 교육이 가능하게 함
긍정적 학습태도 형성	교육에 대한 호감과 만족감, 교육자에 대한 신뢰감을 향상시킴
교육자 역할의 다양화	교육자는 지식의 전달자 및 상담자로서의 역할도 가능해짐

영양교육에 쓰이는 매체는 교육목적에 도달하기 위한 보조적인 수단으로 단순히 보고 듣는 것에만 목적을 두는 것이 아니고, 충분한 이해와 반복적인 체험을 통해 교육효과를 얻기 위한 도구적 보조물로 볼 수 있다. 또한 매체는 교육보조도구이므로 일방적으로 보여 주거나 들려주는 것에 그치지 말고 그것을 소재로 하여 대화가 이루어지도록 해야 한다. 교육자는 자신에게 알맞은 효과적인 매체 활용 방법을 고안하여 사용하는 것이 바람직하고, 자기 자신에게 맞는 방법을 고안해서 효과 있는 사용 방법을 꾸준히 연구해야 한다.

3. 교육매체의 이론적 근거

교육매체를 체계적으로 활용하기 위한 이론적 근거로 데일(Dale, 1946)의 '경험의 원추'와 브루너(Bruner, 1966)의 '지식의 표상양식'을 함께 소개한다. 데일은 시청각매체를 구체성과 추상성을 기준으로 분류한 경험의 원추 이론을 통하여 시청각 교육효과를 설명하였고, 브루너는 경험의 원추에서 제시하는 11단계의 학습을 추상화의 정도에 따라 직접적 경험은 행동적 단계, 매체를 통한 간접적 경험은 영상적 단계, 언어와 시각기호를 통한 학습은 상징적 단계와 연결하여 3단계로 나누어 설명하였다[그림 5-3].

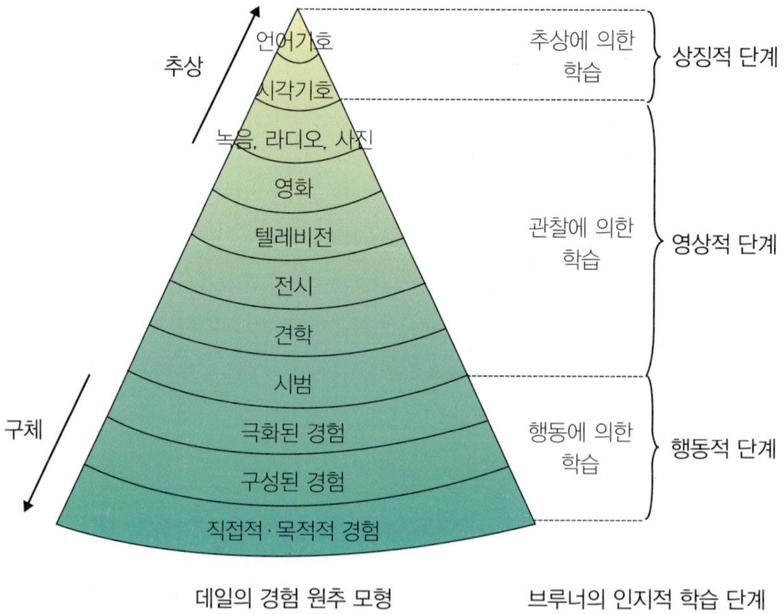

| 그림 5-3 | **데일의 경험 원추 모형과 브루너의 인지적 학습 단계**

원추의 아래쪽에 위치할수록 구체적이고 생생한 경험이 되며, 위쪽에 위치할수록 추상성이 높은 경험의 성격을 띠게 된다고 보았다. 경험 원추의 면적이 위로 올라갈수록 좁아지는 것은 추상적인 것일수록 적게 활용되고, 구체적인 경

험을 주는 것일수록 많이 활용됨을 의미한다. 그러나 구체적인 경험은 양도 많고 힘도 많이 들며, 추상적인 경험이 포함되지 않으면 사고판단 등의 정리가 잘 안 된다. 반면에 추상적인 경험일수록 같은 시간 안에 필요한 내용을 함축시켜 전달해야 하므로 구체적 경험을 통하여 얻을 수 있는 개념의 양보다 상대적으로 더 많다. 인식능력에서 추상적인 활동은 독립적이 아니라 상호 교차되면서 이루어지는데, 시청각 기자재를 이용함으로써 상호관계성을 증가시킬 수 있다.

영양교육자는 교육매체의 여러 특성을 잘 이해하고 교육내용과 대상자의 능력, 흥미, 경험, 교육현장의 상황적 특성을 고려하여 적절한 교육경험을 부여할 수 있는 매체를 이용해야 한다. 매체 사용 시 유의할 점은 무엇보다 설정된 교육목표 도달에 영향을 줄 수 있는 적합한 매체를 선택하는 것이다. 즉 무엇을 교육하느냐에 따라 보조매체가 선택되어야 하며, 내용뿐만 아니라 교육대상자의 다양한 특성과 교육목적 및 교육시간 등 교육현장의 상황을 고려하여 적절한 학습방법을 선택하고 이에 적절한 영양교육매체를 활용하는 것이 바람직하다. 데일은 구체적인 것과 추상적인 것을 적절히 통합하여 행동적·영상적·상징적 학습이 알맞게 상호작용할 때 가장 효율적인 교육이 이루어진다고 하였다.

II. 매체 개발의 단계

교수·학습 현장에 사용되는 다양한 매체들은 교육목적을 달성하기 위하여 꼭 필요한 상황과 적절한 때 이용되어야 한다, 교수목적 또는 학습자 등에 따라서 매체의 제작, 선택과 활용에 영향을 준다, 교수-학습의 과정에서 특정한 학습내용과 그 대상학습자가 결정되면 기대되는 최대의 변화를 유도할 수 있는 최적의 방법을 고안해 내어야 한다. 원하는 교수목적에 도달하기 위하여 교수매체를 언제, 어떻게 활용하고 어떻게 제작을 계획하는 것이 효과적이면서도 효율적인가를 검토하여야 한다.

1. ASSURE 모형

매체는 대상자의 특성, 교육목표, 교육방법 등을 고려하여 선택하게 된다. 하이니히(Heinich, 1996) 등은 교수·학습과정에서 교수매체의 체계적인 활용을 위하여 6단계의 모형을 개발하였다. 영양교육을 위하여 효과적인 매체를 개발할 때 고려해야 하는 요소들을 단계적으로 선택하고 각 단계의 영어 첫 글자를 따서 'ASSURE 모형'으로 제시하였다〈표 5-2〉.

| 표 5-2 | 매체개발의 단계: ASSURE 모형

A	교육대상자에 대한 분석(Analyze learner characteristics)
S	목표 설정(State objectives)
S	매체의 선정 및 제작(Select or design materials)
U	매체의 활용(Utilize materials)
R	교육대상자의 반응 확인(Require learner response)
E	매체의 통괄평가(Evaluate)

2. 매체개발의 단계

1) 교육대상자에 대한 분석(A)

영양교육에서의 가장 중요한 것은 교육자가 전달한 정보를 대상자들이 실생활에서 실천할 수 있어야 한다는 것이다. 매체를 통하여 전달하고자 하는 내용과 수준은 대상자의 특성에 알맞게 결정되어야 하므로, 대상자의 특성분석이 필요하다. 교육자는 교육대상자의 연령·학력·직업·지위·지적능력·기호·문화·사회·경제적 요인 등의 일반적인 특성과 그들의 문제점·요구 등을 파악하고 있어야 한다. 교육의 주체에 대한 대상자들의 지식, 태도, 행동수준이나 잘

못된 지식, 대상자의 행동변화에 대한 장애요인 등을 사전에 인지하는 것이 필요하다.

대상자의 특성을 파악하기 위해서는 전화·우편·인터넷을 통한 조사, 초점집단을 통한 조사, 면담에 의하여 조사할 수도 있다. 또한 이미 공개된 정부나 단체의 각종 통계자료를 함께 이용한다.

2) 목표 설정(S)

교육의 목표를 제시하는 것으로, 이는 교육내용, 교수·학습 전략 및 매체를 선정하는 지침이 된다. 영양교육 목표 진술은 가능한 한 명확하고 구체적이어야 하며, 목표의 유형이 지적 기술과 능력개발을 위한 인지영역인지, 흥미 또는 태도와 관련되는 정의적 영역인지, 운동 기능적 영역인지를 밝히는 것이 매체개발에는 도움이 된다. 그러나 행동의 변화는 지식, 태도 등의 동기유발 요인과 관련되고 그 외에 행동변화 가능요인이나 강화요인에도 관련되므로 이들 관련요인의 변화에 대한 목표도 포함시키되 행동목표에 초점을 맞추어 단계적으로 설정해야 실천으로 이어질 확률이 높아진다.

3) 매체의 선정과 제작(S)

(1) 매체의 선정

매체는 영양교육의 목적과 목표를 달성하는 데 필요한 정보를 대상자들에게 충분히 전달해 주어야 한다. 적절한 매체를 개발하는 것도 좋지만 교육목표 달성에 적합한 기존의 매체가 있다면 시간, 경비, 노력의 절약 면에서 그것을 선택하여 이용하는 것도 좋다. 브라운(Brow, 1972)이 『교육매체관리(*Administering Educational Media*)』에서 제시한 매체의 일반적인 선택과 평가의 기준은 다음과 같다〈표 5-3〉.

| 표 5-3 | 교육매체의 선정 기준

선정기준	내용
적합성	매체의 목표는 영양교육의 목적과 목표에 적합하여야 하며, 매체의 내용 및 난이도가 대상자의 특성에 맞아야 함
구성과 균형	매체의 내용이나, 삽입된 배경, 그림, 음악 등이 한쪽으로 치우치지 않고, 전체적으로 잘 구성되고 균형 잡혀 있어야 함
신뢰성	매체를 통해 전달되는 정보는 과학적 근거가 충분한 올바른 정보여야 함
경제성	책정된 예산범위 내에서 매체의 구입비용과 제작비용에 적합한 가격 책정을 해야 함
효율성	매체 제작이나 활용에 소요되는 시간과 노력에 비해 교육의 효과가 높아야 함
편리성	매체를 활용할 때 교육자나 교육대상자 모두에게 사용이 용이해야 함
기술적인 면	전체적인 완성도로서 매체의 색상, 재질, 크기, 음질, 견고성, 안전성 및 제작연도 등을 확인함
흥미도	교육대상자의 흥미와 호기심을 충족시켜 교육에 관심을 보이고 동기유발이 가능한지 확인함
기타	교육환경, 교육 형태(소집단 · 대집단), 교수전략(교사중심, 학생중심, 설명수업, 실습수업 등에 따라 선정함

(2) 매체의 제작

① 수준 결정

교육대상자의 특성, 매체의 목표, 매체의 종류 및 특성 그리고 매체를 활용하는 영양교육 방법 등을 검토하여 결정한다.

② 내용 구성

행동변화에 초점을 맞추고, 실제 적용 가능한 것으로 수집하며, 내용 구성 시에는 단순성과 통일성에 맞추어 한두 가지 정보만 제시하고, 전문용어는 가능한 한 적게 사용한다. 간단한 것에서 복잡한 것으로 구성하며, 중요한 것은 매체의 처음이나 마지막에 위치하게 한다.

③ 사전평가 및 수정보완

개발한 매체의 이해도, 흥미도, 수용도 측면에서 평가하여 수정·보완한다.

4) 매체의 활용(U)

교육매체를 효과적으로 활용하기 위해서는 사전 준비과정이 필요하고 영양교육자는 이를 통하여 매체와 그 활용에 친숙해져야 한다. 활용을 위해서 다음과 같은 사항을 점검해야 한다.

(1) 실제 교육에 전 매체에 대한 검토

교육하기 전에 매체를 다시 면밀히 검토한다. 대상자의 특성, 매체의 종류, 제목, 목표, 목차 및 내용, 활용방법, 제시시간, 제작자 및 출처, 제작일 등을 기록하여 매체에 첨부해 누고 활용하면 편리하다.

(2) 매체의 시험적 활용

효과적인 사용방법을 잘 익히고 여러 종류의 교재를 준비했을 때에는 소요시간을 잘 배정하여 단계적으로 제시하며, 사용하는 방법을 미리 연습하여 능숙하게 익힌다. 이는 대상자에게 교재나 교육내용에 대한 신뢰감을 준다.

(3) 교육환경 준비

안락한 의자, 적절한 환기, 온도, 밝기 등의 쾌적하고 조용한 환경이 잘 제공되어 있는지, 또한 교재의 활용에 필요한 시설이나 장비 등이 잘 준비되어 있는지 확인한다.

(4) 실제 교육활동 시작

대상자들에게 영양교육의 목적 및 목표에 대해 설명한다. 활용할 매체의 종류와 내용에 대하여 간략하게 소개하고 교육을 시작한다.

(5) 매체를 제시 및 활용

교육내용에 따라 다양한 매체를 체계적이고 단계적으로 제시하고 활용한다. 교육자가 매체를 능숙하게 이용하여 교육하면 교육효과가 높아진다.

5) 대상자의 반응 확인(R)

매체를 활용하면서 교육대상자의 반응을 확인한다. 대상자의 반응에 대한 피드백이 빠를수록 교육효과는 커지므로 교육자는 교육을 진행하는 동안에 대상자들의 주의집중도 및 표정을 관찰하여 중간평가를 해 나가면서 적절히 대처한다. 또는 휴식시간을 이용하여 대상자들의 이야기를 듣고 서로 의견을 나누거나 관찰하여 그들의 반응을 평가한다. 때로는 대상자에게 질문을 하여 이해도를 점검하기도 한다.

6) 매체의 총괄 평가(E)

평가는 크게 형성평가(formative evaluation)와 총괄평가(summative evaluation)로 나눌 수 있다. 형성평가는 교육이 진행되는 동안에 대상자의 반응을 살펴 매체사용이 대상자에게 어느 정도 도움이 되고 있는지 알아보도록 적절히 피드백을 제공함으로써 효과적인 교육이 진행되도록 하는 것이다. 총괄평가는 대상자가 교육목표를 어느 정도 달성했는지, 즉 성취도 측면과 매체의 효율성, 매체활용 방법의 적합성과 교육활동에 관련된 모든 요인에 대해 전반적으로 검토하는 평가형태이다.

평가 후의 미비점은 수정 · 보완하여 다음 교육에 활용한다.

Ⅲ. 매체의 종류

영양교육의 매체는 여러 가지 기준으로 분류할 수 있다. 최근에 발달된 통신기술에 접목한 각종 매체가 만들어지고 이에 따라 인쇄매체, 전시 · 게시매체, 입체매체, 전자 · 영상 매체 등으로 분류하고 있으며, 매체에 따른 종류는 다음과 같다.

- 인쇄매체
  - 팸플릿, 리플릿, 유인물, 광고지, 신문, 잡지, 통신문, 포스터, 만화, 스티커, 달력, 카드 등
- 전시 · 게시매체
  - 전시 · 게시판, 괘도, 도판, 도표, 그림, 사진, 탈부착 자료(융판이나 자석판 자료) 등
- 입체매체
  - 실물, 표본, 모형, 인형, 디오라마 등
- 전자 · 영상 매체
  - 텔레비전, 라디오, 파워포인트(PPT), 동영상, 영화, 다큐멘터리, 웹사이트 등

또한 교육매체는 이용 시 이해에 필요한 감각기관에 따라 시각 매체, 청각매체, 시청각 매체로 나눌 수 있다. 시각을 주로 이용하는 게시판 · 융판 · 그림 · 만화 · 신문 · 사진 · 실물 · 표본 · 모형 등과, 청각을 주로 이용하는 녹음자료 · 라디

오·방송 등과, 시청각을 주로 이용하는 녹음된 슬라이드 세트·영화·인형극·그림극·견학·텔레비전 방송 등으로 분류할 수 있다. 각각의 매체마다 전달대상과 내용의 한계가 달라지며, 불특정 다수인을 대상으로 대량의 정보를 일시에 신속히 전달하는 대중매체도 있다.

1. 인쇄매체

역사가 오래되어 교육자와 교육대상자 모두에게 친숙한 인쇄매체는, 종류가 다양하므로 용도에 맞게 선택하여 활용하는 것이 중요하다.

인쇄매체 제작 시 유의사항

① 대상자가 쉽게 이해하도록 쉬운 단어로 문장을 구성한다.
② 어디에 사용할 것인지를 명확히 한다.
③ 호감과 흥미를 갖도록 그림, 사진, 도표 등을 적절히 구성한다.
④ 문자나 문체를 읽기 쉽게 구성한다.
⑤ 모양이나 배색 등을 고려하여 시각적으로 아름답게 만든다.
⑥ 매체의 크기와 분량을 적당히 한다.

1) 책자, 팸플릿, 그리고 리플릿

집단지도, 개인지도 등에서 모두 활용할 수 있는 매체로, 대상자들이 교육내용을 이해하기 쉽게 만들었으며 학습교재용, 영양상담용 등의 양식이 있다.

(1) 책자

교육내용이 구체적이면서 일관성 있게 진행될 수 있도록 주제별로 기획 구성이 된 서책이 형태이거나 영양식생활 관련 정보를 이해하기 쉽게 구성된 자료로 30쪽 이상 제작된 것이 많다.

| 그림 5-4 | **책자의 예**

출처: 식품의약품안전처 / abbott / 키즈플러스.

(2) 팸플릿(pamphlet)

팸플릿의 크기는 보통 13×20cm 정도로 제작하지만 다양한 크기로 제작되고 있는 추세이고, 20페이지 내외로 제작한다. 팸플릿은 책이 아니므로 세세한 설명이나 문장 등은 피하고 주요 사항만을 전달하는 형식으로 제작해야 한다.

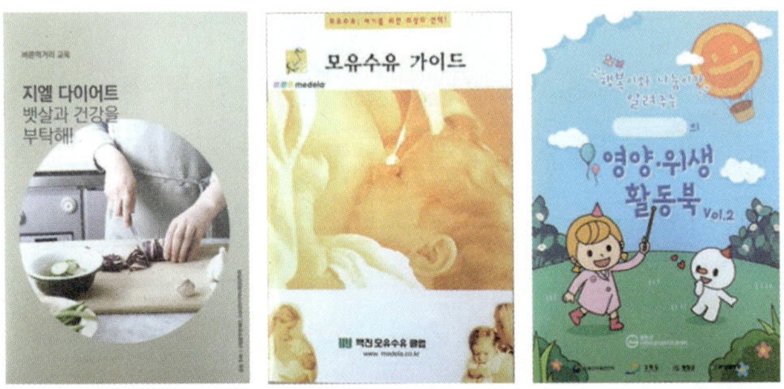

| 그림 5-5 | **팸플릿의 예**

출처: 대한지역사회영양학회 / 맥진모유수유클럽 / 평창군어린이급식관리지원센터.

(3) 리플릿(leaflet)

리플릿은 보통 20×30cm 정도의 종이를 2~3번 접어서 만든 인쇄물로, 펴 보면 한 장이 되는 형태이다. 요즈음은 접지 않고 한 장으로 만들거나 사물을 형상화하여 만들기도 한다. 손쉽게 휴대 가능하되 접어진 면에서 교육내용을 쉽게 정리·요약하여 만든 교재로, 누구든지 쉽게 이용할 수 있는 장점이 있다.

| 그림 5-6 | 리플릿의 예

출처: 대한영양사협회.

책자, 팸플릿, 그리고 리플릿은 글자 수가 너무 많으면 읽는 데 부담을 주므로, 내용이 많아질 경우에는 시리즈식으로 내용을 세분화하여 한 자료의 분량을 감소시킨다. 이러한 소구분 자료를 단계적으로 배포하여 교육하고, 교육 후에 이들을 모아 한 나로 합치면 훨씬 이해도가 높아질 것이다. 여러 종류의 자료를 배부할 때에는 봉투 또는 케이스에 포장할 수 있도록 배려한다.

| 그림 5-7 | **케이스 포장 예**

출처: 서울특별시.

2) 전단지

전단지는 한 장의 종이에 간단히 인쇄한 것이며, 회람이나 신문 속에 끼워 배포한다. 불특정 다수를 대상으로 배부하는 것이고, 일회용 사료라는 점이 팸플릿이나 리플릿과 다른 점이다.

많은 지식을 보급하는 것이 목적이 아니라 영양주간 행사, 영양교육 일정 및 요리경연 등을 알리는 데 사용되므로 알리고자 하는 사항을 간단하고 명확하게 파악할 수 있도록 해야 한다. 주로 고정된 독자를 대상으로 하여 정기적으로 발행되므로 전달내용이 연결성과 지속성이 있어야 한다. 어린이집이나 학교 등에서 가정으로 보내는 학부모 대상 영양 및 위생교육 가정통신문, 식단표 등도 전단지에 속한다.

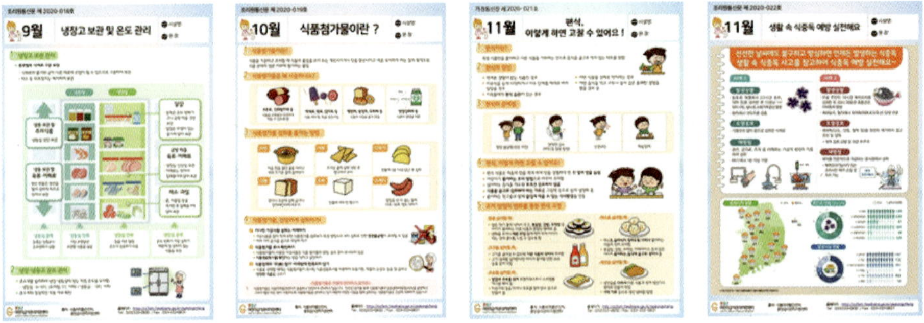

| 그림 5-8 | 통신문의 예

출처: 평창군어린이급식관리지원센터.

3) 포스터

포스터는 전하고 싶은 내용을 간단하고, 빠르게 기억하도록 사용하는 함축적인 영양교육 매체다. 실내외 게시판이나 벽 등에 부착되므로 대상자가 원하는지의 여부에 관계없이 보게 되므로 행동변화를 목표로 동적이고 인상적이어야 지나가는 사람들의 주의를 환기시킬 수 있고, 교육하고자 하는 정보를 전달할 수 있다.

포스터 내용은 간단명료해야 하고, 한 장의 포스터에 너무 많은 내용을 담으려고 하지 않아야 하며 중요한 문구는 글자의 크기, 색, 그림 등으로 강조하여 한눈에 무엇을 나타내는지 알 수 있도록 내용과 잘 맞아야 한다. 포스터는 장기간 붙일 수 있다는 점을 활용해 영양에 관한 정보나 지식을 장기간 알려야 할 때 유용하다.

| 그림 5-9 | 포스터의 예

출처: 식품의약품안전처.

4) 표어

표어는 짧고 가장 단순한 문장으로 교육대상자들이 실천의지를 갖도록 유도하는 호소력을 지녀야 한다. 간단명료하게 눈에 띄는 글씨와 색깔로 구성하고, 실행이 가능하도록 구체적이고 단순하며 외우기 쉬운 어구가 좋다.

5) 벽신문

벽신문은 보통 포스터와 비슷한 형태인데, 내용이 간단한 신문과 같이 해설적이어서 읽는 데 다소 시간이 걸린다. 사람들이 많이 모이는 보건소, 병원, 회사, 학교, 도서관, 식당, 정류장, 대합실 등의 대중이 일상적으로 이용하는 장소에 게시한 것으로 글씨의 크기가 먼 거리에서도 읽을 수 있고 글씨의 수가 적어야 한다. 문장은 이해하기 쉽도록 짧게 하고 내용은 대중이 관심을 갖는 것을 선택하며 그림이나 사진, 만화 등을 삽입하여 흥미로운 내용으로 구성한다. 포스터보다 읽는 데 시간이 더 걸리지만 흥미를 갖게 하면 계속해서 다음의 벽신문을 읽게 된다.

6) 스티커

스티커는 간단한 슬로건이나 그림, 도안 등을 인쇄한 것이다. 행사장이나 식당 앞의 보드에 붙여 놓거나 직접 가지고 다니면서 붙이게 한다. 스티커를 좋아하는 어린이들에게 영양교육 자료를 제작하여 제공하면 식품군, 어린이 식사지침 등을 학습하는 데 도움을 줄 수 있다. 또한 캠페인 등에서 활동을 하게 하는 스티커를 붙이게 함으로써 캠페인의 효과를 높일 수 있다.

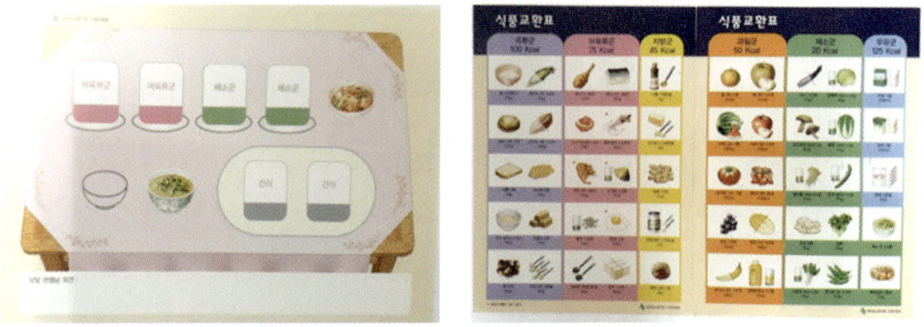

| 그림 5-10 | **스티커 예**

출처: 사노피 아벤티스.

7) 정기 간행물

정기 간행물은 일정한 내용들을 동시에 전달하므로 효과가 크다. 한 달에 한 번 정도 간행되는 것이 가장 흔하며 비용을 절약하기 위해 계절별로 만들 수도 있다.

건강이나 영양관련 지식, 또는 식생활 정보 등으로 대상자의 요구에 맞고 신뢰성과 설득력이 갖춘 것이어야 한다. 지역사회, 연구 집단, 병원 및 보건소의 외래환자들을 대상으로 제작, 배부한다. 주제에 알맞고 교육대상자들에게 적절한 수준의 내용을 선택하는 것이 중요하다.

8) 그 밖의 인쇄매체

그 밖의 인쇄매체에는 만화, 파일, 핸드북, 부채, 달력, 마우스패드, 식탁매트, 카드, 책갈피, 우표, 앞치마, 열쇠고리, 컵, 연필, 풍선 등 여러 용도의 매체가 있다.

2. 전시·게시매체

알리고자 하는 내용의 매체들을 일정한 장소에 전시하여 교육대상자에게 교육내용을 알리고자 하는 방법이다.

전시할 때의 유의할 점

① 행사나 교육 등의 주제에 맞는 내용과 정보를 전시한다.
② 주별, 월별, 계절별로 다양한 내용과 정보를 전시한다.
③ 그림이나 사진보다는 식품 모형이나 표본, 실물들을 이용하여 간단한 실

명과 함께 입체적인 전시를 한다.

④ 전시 장소는 회사, 식당, 강당, 교육 장소 등으로 너무 산만하지 않으면서 많은 사람이 모일 수 있는 곳을 정한다.

1) 게시판

게시판(bulletin board material)은 전달하고자 하는 내용을 간결하고 명확하게 제시하여 보는 사람의 관심을 유발하여, 전달내용에 대한 지식과 정보를 풍부하게 해 주는 매체이다. 시각을 통한 효과적인 교육 방법의 하나로 주제는 단일 주제로 교육목적에 맞게 정하고, 디자인은 단순화하며, 각 자료의 배열이 통일감과 균형을 갖도록 한다. 또한 전체적인 색상의 조화를 이루도록 하며, 특정 부분에 주의를 집중시키기 위해 색의 대비를 뚜렷하게 하여 강조하도록 한다.

2) 패널

패널(panel)은 그래프, 지도, 사진, 그림, 문장 등을 한 장의 종이에 들어가게 하며, 판에 발라 가장자리를 붙여서 튼튼하게 만든 것이다. 전시적 지도의 효과가 크며, 식단전시회, 캠페인 및 보건소의 대기실 등에서 많이 이용한다.

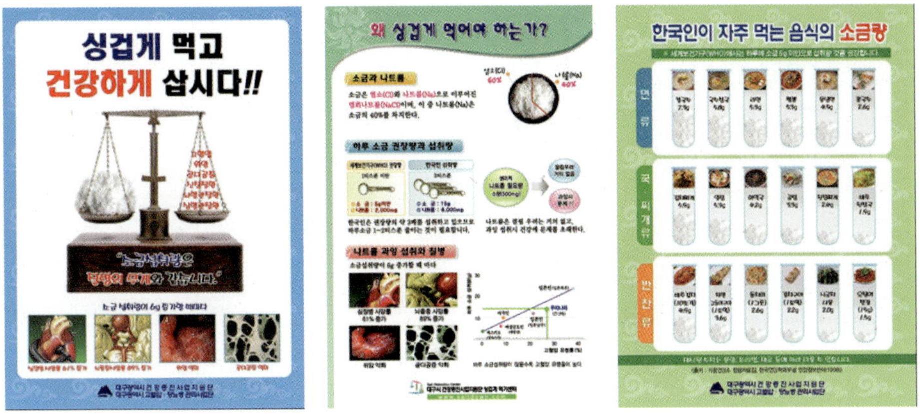

| 그림 5-11 | 패널의 예

출처: 싱겁게먹기센터.

3) 탈부착 자료

탈부착 자료는 융판이나 자석판에 사진, 그림 등의 자료를 자유로이 붙였다 떼었다 하거나 이동시키면서 영양교육 내용에 맞추어 설명하고 토의하는 데 활용되는 자료이다.

자료의 제시 순서가 정해져 있지 않으므로 대상자의 반응을 살펴가면서 자유로운 교육이 가능하며, 식품의 분류, 식품 구성, 기초식품군 등을 설명·지도하는 경우에 편리하다. 교육 시 판에 붙이는 그림을 자유롭게 움직일 수 있는 점과 대상자들이 자료를 직접 만들거나 탈부착 판에 붙이면서 흥미를 가지고 교육에 참여할 수 있다는 것이 장점이다.

| 그림 5-12 | **탈부착 자료의 예**

출처: 양주시어린이급식관리지원센터.

■ 탈부착자료 장점

- 주위에서 구할 수 있는 그림이나 자료를 이용하여 손쉽게 만들 수 있어 경제성이 높다.
- 반복해서 사용할 수 있다.
- 쉽게 전후 변화과정을 표현할 수 있다.
- 교육목적에 따라 어느 과정을 익히게 하거나 올바로 이해시킬 때 대상자들의 참여를 유도할 수 있다.
- 휴대가 편리하여 어느 곳이나 가지고 다니면서 활용하기 편리하다.

4) 괘도

괘도(flipbook, flipchart)는 차트, 그래프, 그림, 사진 등을 이용하여 여러 장에 담긴 정보를 넘겨 가며 전달하는 시각화한 매체이다. 전달할 정보를 체계적으로 구성하며 각 단계의 단일 정보를 한 장에 담는 것이 대상자의 주의집중에 효과적이며 이해와 흥미를 높이는 방법이다.

3. 입체매체

실물이나 표본, 모형, 인형 등의 입체자료는 실제적이고 구체적인 경험을 제공함으로써 이해도를 높여 주는 매체이다. 실제 경험에 가까운 실물에 해당하는 모형, 표본, 인형 등은 이해도를 높여 주므로 교육에 효과적이다. 어린이는 성인에 비해 생활경험이 부족하고 추측하여 이해하는 것이 어려워 더욱 더 효과적이라 할 수 있다.

1) 실물

실물(realia)은 직접적이고 입체적인 교육이 가능하므로 가장 효과적인 시각교육 매체이다. 실제 식품을 보여 주고, 조리과정을 관찰하도록 하면서 음식 맛을 보게 하는 것이 좋다. 그러나 휴대가 불편하고, 계절적으로 구하기 어려운 때도 있으며, 파손 및 보관 등의 어려움이 있어 경제성이 떨어진다.

2) 모형

모형(model)은 실물을 모방한 입체물로서 실물 일부분이나 전체를 원형 그대로 또는 알맞은 크기로 만들어 놓은 것으로, 실물의 직접적인 경험을 대신해 줄 수 있는 대용물이다. 대상자들이 직접 만져 보면서 크기나 색상, 모양 등을 제대로 인식하여 구체적인 경험을 얻을 수 있고, 오랫동안 보관할 수 있는 장점이 있으나 실물과 같은 촉감, 냄새 또는 맛을 느낄 수는 없는 단점이 있다.

1~2세/3~5세 간식량

근육 1kg/지방 1kg

| 그림 5-13 | 모형의 예

출처: 평창군어린이급식관리지원센터.

3) 인형

인형(puppet)은 어린이들에게 동화적인 세계를 다양하게 경험시키고 상상력을 자극하며 부드럽고 친밀한 정서를 키우는 등 그 교육적 가치가 큰 교육매체이다. 어린이들에게 교육내용에 대한 흥미를 더해 주고 활용이 쉬우며 다양한 주제를 다룰 수 있고, 어린이가 직접 참여하여 역할 연기를 할 수 있다.

인형의 종류로는 조작 방법에 따라 손가락 인형, 손 인형, 막대 인형, 줄 인형, 그림자 인형, 탈 인형 등이 있다. 또한 어린이들이 직접 가지고 놀 수 있는 입체적인 인형과 평면적인 인형도 있다.

| 그림 5-14 | 인형의 예

출처: 평창군어린이급식관리지원센터/양주시어린이급식관리지원센터.

4) 디오라마

디오라마(diorama)는 전시자료의 일종으로 실제 장면과 사물을 축소시켜 입체감 있게 제시해 놓은 것이다. 실제상황을 재현하기 때문에 현실감을 줄 수 있다. 또한 제작이 어렵지 않고 제작비가 저렴하여 쉽게 제작할 수 있고, 제작과정에 어린이들을 참여시킬 수 있어서 흥미를 불러일으킨다. 배경으로 이용되는 그림이나 사진과 같은 평면매체와 모형이나 표본과 같은 입체 매체를 함께 제시함으로써 입체감·원근감을 나타낼 수 있다.

4. 전자·영상 매체

전자·영상 매체는 녹음자료, CD-ROM과 같은 고전적인 것부터 프레젠테이션, 동영상, 영화, 다큐멘터리, 웹사이트 등 다양한 자료가 있다. 비교적 많이 사용되는 매체로 여러 환경에서 활용할 수 있고, 앞으로는 모바일을 기반으로 하는 다양한 교육이 더욱 보편화될 전망이며 컴퓨터를 이용한 가상현실도 주요 매체가 될 것이다. 전자·영상 매체만을 이용하여 교육하면 오히려 집중력을 떨어뜨리는 경우도 빈번히 발생하므로 교육에 맞게 필요한 요소만 적절히 활용하도록 한다.

1) 프레젠테이션 자료

프레젠테이션 자료는 교육매체 중 오랫동안 사용되어 온 방법이나 최근에는 파워포인트(power point)나 프레지(prezi) 컴퓨터 프로그램을 가장 많이 이용하고 있다. 특히 강연, 세미나, 연구발표, 학교, 기업체 등에서 대중 강연 시 가장 많이 사용된다. 문장, 그림, 사진, 소리, 동영상 등 다양한 자료를 담을 수 있어서 활용 폭이 넓으나 컴퓨터, 빔프로젝트, 스크린 등의 장비를 갖추어야 한다는 것이 단점이다. 요즈음은 스마트폰과 연동하여 프레젠테이션 자료를 활용할 수 있는 소형 프로젝터들이 출시되고 있어 활용도가 더 넓어질 것이다.

| 그림 5-15 | **프레젠테이션 예**

출처: 평창군어린이급식관리지원센터.

2) 동영상 자료

동영상 자료는 움직이는 매체로 보통 짧은 분량으로 만들어진 영상을 말하고, 파일의 형태로 저장·활용된다. 연속적인 작용이나 사건을 고속이나 저속도의 촬영기법으로 교육시간을 조절할 수 있고 사람 눈으로 볼 수 없는 미세한 부분까지도 보여 줄 수 있다. 방송에 나온 일부분을 활용하거나 테드(Technology, Entertainment, Design, TED)와 유튜브 등의 인터넷에 있는 무료 동영상 자료도 활용 가능하다. 앞으로의 교육은 현재의 강의와 같은 집단부터 인터넷과 동영상을 이용한 온라인 교육으로 이동하고 있으며, 미래의 동영상 자료 활용도는 지금보다 높을 것으로 예상된다.

| 그림 5-16 | **동영상자료 예**

출처: 양주시어린이급식관리지원센터.

3) 영화, 다큐멘터리

영화(film)와 다큐멘터리(documentary)는 기록된 모든 경험을 보고 들을 수 있어서 호소력을 가지고 있으며 주의집중에 효과적인 매체라고 할 수 있다. 영화나 다큐멘터리는 실물이나 실상황을 확대하거나 축소해서 보여 줄 수도 있으며, 교육자는 내용을 사전에 충분히 숙지하여 교육에 맞게 필요한 요소만을 축약해서 보여 줌으로써 대상자의 이해를 돕는 데 유용하다.

영화의 장점은 다음과 같다.

① 대상자 각각에게 같은 사물을 정확하게 같은 각도에서 볼 수 있도록 한다.
② 분명하게 설명을 들을 수 있도록 한다.
③ 자세하게 볼 수 있게 한다.
④ 대상자의 개인차를 최소화하면서 동일한 경험을 줄 수 있다.
⑤ 특히 특정 부분을 반복해서 보여 줄 수 있다.

4) 웹사이트

각종 웹사이트를 통해 건강과 질환관리, 체중조절, 영양교육, 건강식품, 조리, 위생교육 등 다양한 교육내용을 접할 수 있다. 웹사이트의 질이 낮거나 정보 업데이트가 되어 있지 않아 제작기관의 신뢰도가 떨어지므로 잘 만드는 것도 중요하지만 정기적인 관리도 매우 중요하다. 웹사이트는 다수에게 정보를 전달하지만 개인 미디어인 SNS(Social Network Service)에서 개인 맞춤형 정보를 전달할 수도 있다. 병원이나 보건소의 건강과 질병관리 프로그램에서도 행동 변화를 촉진하고 유지하기 위해 문자나 SNS 서비스가 실시되고 있다.

식품의약품안전처의 식품안전나라 사이트(https://www.foodsafetykorea.go.kr/)는 건강·영양정보, 생애주기별 정보, 영양·식생활 진단 및 상담프로그램, BMI 계산기, 운동칼로리 계산기, 영양성분 정보, 나의 영양식단관리, 외식 영양표시정보, 어린이·청소년 식생활 안전관리, 나트륨·당류 줄이기 등으로 구성되어 있다(CHAPTER 14 참조).

5) 가상현실

가상현실(virtual reality)이란 컴퓨터에 의해 만들어진 환경으로 '실제와 유사하지만 실제가 아닌 인공 환경'을 인터페이스(interface)를 이용하여 그 환경으로 들어가 현실세계처럼 움직이며 활동하게 된다. 교육이나 훈련에서는 이미 가상현실이 사용되고 있는데, 기술 발달로 가상현실을 구현하는 것이 보다 용이해지면서 그 활용영역이 넓어지고 있다. 예를 들어 외과의사 훈련과 같이 현실세계의 훈련이 너무 위험한 경우에는 가상현실을 이용한 훈련이 먼저 진행되거나, 심리치료에서 물에 대한 공포증을 이겨내는 훈련을 한다든지, 고고학 수업에서 구축된 고대 유적을 탐사하는 등 활용 가능성이 무궁무진하다. 영양교육이나 상담에서는 비만 환자의 몸속 여행을 한다든지, 벼, 채소, 과일 등의 식물이 성장하는 것을 경험하는 등 다양한 가상현실 활용방법을 생각해 볼 수 있다.

6) IT 기술을 활용한 방법

컴퓨터와 통신기술이 결합된 새로운 형태의 멀티미디어의 급속한 보급은 교육에 있어서 기존의 교육학에서 주장하는 다양한 학습자의 수준을 만족시킬 수 있는 교육매체로서 또한 교육의 효과를 최대로 끌어올리는 쌍방향 교육 수단으로서 그 위치의 중요성이 부각되고 있다. 최근에는 컴퓨터에서 노트북으로 나아가 전자 휴대용 스마트폰을 통한 쌍방향 교육프로그램의 개발과 전달도 매우 중요한 부분으로 부각되었다. 휴대용 전자패드는 교육 시 그 활용도가 점차 확대되고 있다. 2020년 코로나 19로 인한 비대면 원격수업이 확대됨에 따라 Zoom, Webex 등의 원격수업 프로그램을 활용한 영양교육 수업이 일반화되어 가고 있다.

교육 패러다임의 변화와 방향

기성세대와 청소년들의 가치 구조의 차이에 근거해 볼 때 앞으로 교육매체로서의 역할의 중요성이 변화 강조되어 가고 있다고 할 수 있다.

세대별 사고의 특성과 활용도가 높은 매체의 종류

<table>
<tr><th>분류</th><th>사고의 특성</th><th>익숙한 매체</th><th>세대별 매체 이동 방향</th></tr>
<tr><td>70세 이상</td><td rowspan="2">일방적, 수직적, 권위적, 이데올로기적, 이성적, 생존을 중시함</td><td>신문, 잡지</td><td rowspan="6">↓</td></tr>
<tr><td>60세</td><td>라디오, TV</td></tr>
<tr><td>50대</td><td>중간적 특성</td><td>TV</td></tr>
<tr><td>40대</td><td rowspan="3">쌍방향, 수평적, 탈이데올로기적, 감성적, 존재를 중요시 함, 다기능적 사고</td><td rowspan="2">멀티미디어</td></tr>
<tr><td>30대</td></tr>
<tr><td>20대</td><td>가상공간 (스마트폰, SNS)</td></tr>
</table>

출처: 이영미 외(2016).

CHAPTER 06

영양판정

Ⅰ. 영양판정(nutritional assessment)의 의의

1. 영양판정의 목적

개인 또는 집단의 영양 상태를 평가하는 것을 말한다. 즉 식품과 영양소의 섭취수준과 영양과 관련된 건강지표의 측정을 통해 영양 상태 손상 여부와 정도 및 손상 특징을 평가한다.

영양판정의 목적은 영양불량 상태에 있는 개인 또는 집단을 찾아내어 개인이나 집단의 영양위험 요인을 분석하여 영양문제를 진단하고, 효율적인 영양서비스를 제공함으로써 영양 및 건강 상태를 진단시키는 것이다. 또한 영양서비스의 효율적인 관리체계를 시행하기 위해서는 문제 규명을 위한 영양판정 방법의 결정과 영양서비스의 효과를 평가할 수 있는 관리체계가 필요하다.

2. 영양판정의 적용

영양판정의 자료는 개인이나 집단에 있어서 영양서비스 차원에서 적용이 가능하여야 한다. 병원이나 직장 등의 영양 및 건강관리프로그램에서 영양판정의 결과는 프로그램의 방향 설정 및 수행에 중요한 지침이 될 수 있다.

영양교육 현장에서 모든 피교육자의 영양 상태를 판정하는 것은 쉽지 않다. 우선 피교육자의 간략한 영양검진(nutritional screening)을 통하여 영양적으로 취약하거나 위험한 대상자를 선별해 내고 그들만을 대상으로 상세한 영양 상태를 판정하는 것이 효율적이다. [그림 6-1]은 개인 혹은 집단을 대상으로 영양섭취실태를 조사하고, 영양소 섭취에 의해 영향을 받는 요소들을 종합적으로 분석하여 건강 및 영양 상태에 대하여 진단을 내리고 문제점을 분석하여 해결해 나가는 영양평가 과정이다.

정보수집

병력 (medical history)	• 가족력 • 앓고 있는 급·만성 질환 등	• 현재 복용 중인 약물
영양력 (nutrition history)	• 체중변화/식사력 • 영양보충제 사용 여부	• 씹거나 삼키는 기능상태 • 흡연/음주/신체활동 여부
인체계측 자료 (anthropometric data)	• 신장과 체중/표준체중/비만도 • 체단백질분포: 상완위 근육둘레	• 체지방: waist-hip ratio/허리둘레
생화학 검사자료 (biochemical data)	• Blood urea nitrogen, BUN • Albumin • Transferrin • Prealbumin • Hb	• Nitrogen balance • Total lymphocyte count • FBS, TC, TG, HDl-chol, LDL-chol • Serum creatine, etc
임상증상 관찰 (clinical data)	• 〈임상조사 내용 참고〉	
섭취량 조사 (dietary data)	• 24시간 회상법 • 식품섭취빈도법	• 식사기록법 • 열량계산법

영양적인 문제점 분석 → 구체적인 영양 상태 평가 및 계획 → 영양계획 및 공급의 적절성 평가를 위한 모니터링

| 그림 6-1 | **영양평가 과정**

II. 영양판정의 분류 및 방법

영양판정 방법은 〈표 6-1〉과 같이 개인을 대상으로 평가하는 직접평가와 집단 전체를 대상으로 평가하는 간접평가로 분류한다. 직접평가방법에는 신체계측법(anthropometric method), 생화학적 조사(biochemical method), 임상조사(clinical method), 식이섭취조사(dietary method)가 있으며, 즉 'ABCD' 접근법이라고 한다. 간접평가방법에는 주로 집단 전체를 대상으로 하며 보건통계분석, 식품공급상황 조사 및 영양 관련 환경인자를 평가하는 식생태 조사로 이루어진다.

| 표 6-1 | 영양판정 방법

영양판정 방법	내용
직접평가	1. 신체계측법(anthropometric method) 2. 생화학적조사(biochemical method) 3. 임상조사(clinical method) 4. 식이섭취조사(dietary method)
간접평가	1. 보건통계분석조사 • 인구동태자료: 연령별·성별 인구구성, 출생률, 사망률 • 건강의학통계: 질병 발생률, 질병 사망률, 영유아 사망률 등 2. 식품 공급상황조사 • 식품별 수급실태, 식품가격, 식품강화, 급식지원 프로그램 3. 식생태조사 • 사회적 요인: 생활상태, 경제상태, 거주지역의 환경적 특성, 의료환경, 직업적 특성, 교육수준, 거주지역 내의 식품가격 수준 및 구매여건, 정부와 사회단체의 식품구매지원 및 급식프로그램 등 • 가족적 요인: 전체 가족구성원의 나이와 성별, 거주상태, 본인과 가족구성원의 병력, 결혼상태, 종교, 관습, 부엌의 상태, 식품저장시설, 가족과 개인의 식생활 지식과 태도 등 • 지리적 요인: 식품의 생산 및 유통과 관련된 자연환경 • 생활의 특징적 요인: 결혼, 배우자 사망, 실직, 이사 등 생활의 변화

1. 직접 평가

1) 신체계측법

체격의 크기와 신체 조성을 측정하고 이들로부터 여러 신체지수를 산출하여 기준치와 비교 평가하는 것이 신체계측법이다. 신체의 구성은 연령이나 에너지, 단백질 등의 영양 상태에 따라 달라지며, 결과적으로 신체 여러 부위의 크기가 달라진다. 특히 성장이 활발한 시기에 있어서 성장에 영향을 주는 요소는 생물학적 요인 이외의 영양적인 요인이 큰 영향을 주므로 신체계측조사는 성장기 영양 상태를 판정하는 데 유용한 방법이다. 또한 신체계측법은 과거 만성적인 영양불량을 파악하는 데 유용하므로 영양불량의 위험이 높은 개인을 분류해 내는 데 유용한 도구가 된다. 신체계측법의 장단점은 다음과 같다.

장점	• 방법이 간단하고 안전하며, 조사대상자에게도 부담이 적다. • 측정비용이 저렴하고, 운반이 용이, 오래 사용할 수 있다. • 다른 조사방법에 비하여 숙련되지 않은 조사원으로도 측정이 가능하다. • 표준화된 방법을 준수하여 측정하면 방법 자체는 비교적 정확하다. • 과거 장기간에 걸친 영양 상태에 대한 정보를 얻을 수 있다. • 중등도 이상의 심한 영양불량 상태를 판정하는 데 유용하다. • 영양불량의 위험도가 높은 대상자를 찾아내기 위한 선별검사에 적합하다.
단점	• 단기간의 영양 상태는 반영되지 않는다. • 어떤 특정 영양소의 결핍을 규명해 내기가 어렵다. • 질병, 유전, 생리상태, 열량소모량의 감소 등에 의해 예민도나 정밀도가 변화될 수 있다.

영양 상태 판정을 위해 신체계측을 할 때에는 성장 측정 시 신장, 체중, 머리둘레 등을 이용하고, 신체조성 측정 시 피부두겹두께, 허리둘레, 허리-엉덩이 둘레비, 상완위, 체지방과 제지방의 양 및 비율 등을 이용한다.

(1) 신장, 체중, 머리둘레, 가슴둘레, 허리둘레 측정

영양 상태가 좋으면 발육이 우수하다는 사실에 근거하여 성장의 정도를 측정하고 표준치와 비교함으로써 영양 상태를 판정할 수 있다. 성장의 척도로 많이 이용되고 있는 것은 신장, 체중, 머리둘레, 가슴둘레이다.

① 신장(height)과 체중(weight)

신장과 체중은 가장 중요하고 기본적으로 계측되는 것으로 영유아의 성장 정도와 성인의 경우 신장은 과거, 체중은 현재의 영양 상태를 반영한다. 특히 성장기의 신장과 체중은 발육의 정상 여부뿐만 아니라 신체 조성 또는 조직의 소모 여부도 판정해 준다.

신장은 골격의 발달을 반영하므로 연령별 신장의 측정치는 그 집단 내에서 개인의 영양 상태를 반영하는 간접지표로 이용될 수 있다. 성장기 어린이는 키가 작은 경우 일반적으로 영양불량과 관련이 있으나, 유전적인 요인에 따른 영양도 함께 고려해야 한다. 성인의 경우에는 과거 성장기의 영양 상태를 반영하기는 하나 성장이 완료된 현재의 영양 상태와는 무관하기 때문에, 신장이 의미하는 바가 어린이의 경우와는 매우 다르다.

체중은 골격, 근육, 피하지방의 양 등을 종합적으로 나타내며, 영양 상태의 평가에 활용되는 가장 중요한 지표 중의 하나이다. 체중만으로 영양 상태를 판정하기보다는 연령과 키를 함께 고려하여 판정하는 것이 중요하다.

② 머리둘레(head circumference)와 가슴둘레(chest circumference)

머리둘레와 가슴둘레는 영유아의 성장과 영양판정에 유용하다. 머리둘레는 생후 36개월 이내에 영유아에게 적용되는 평가도구로서 특히 12개월 이내에는 성장속도가 빨라서 연령별 기준치를 참고로 두뇌 성장의 이상 여부 판정에 유효하다. 가슴둘레는 근육, 피하지방의 발달에 따라 좌우되며 가슴둘레의 증가는 체중과 거의 평행관계에 있는데, 질병이나 영양불량이 되면 체중보다 민감하게 감소하고 회복속도도 체중보다 빠르다. 만 1세 때 가슴둘레/머리둘레비가 1보다 작으면 영양불량 혹은 성장부진을 의미한다.

③ 허리둘레(waist circumference)

최근 들어 성인 비만이 증가하고 복부비만과 심혈관 질환의 관련성이 높아짐에 따라 허리둘레의 중요성이 증가하고 있다. 허리둘레는 신장에 관계없어 복부비만 정도를 잘 반영한다. 그러나 내장지방량보다는 전체 지방량의 영향을 더 크게 받기 때문에, 비만 정도가 심해질수록 내장지방량을 잘 반영하지 못하는 단점이 있다. 성인 남자의 경우 95cm, 성인 여자의 경우 80cm를 넘어가면 심혈관 질환의 관련성이 높아진다.

(2) 신장-체중 지수(height-weight indices)

신장-체중 지수는 어린이에게는 영양 상태를, 성인에게는 비만도를 나타내는 지표로 주로 쓰인다.

종류	계산식
상대체중	실제체중÷표준체중×100
체질량지수	체중(kg)÷신장$(m)^2$
뢰러지수	체중(kg)÷신장$(cm)^3$×10^7
카우프지수	체중(kg)÷신장$(cm)^2$×10

① 상대체중(relative weight, Percent of Ideal Body Weight, PIBW)

상대체중은 실제체중을 표준체중으로 나눈 후 100을 곱해서 백분율로 표현한 것이다. 상대체중이 90~110%이면 정상, 110%이상이면 과체중, 120%이상이면 비만으로 판정한다.

상대체중 계산식	구분	
실제체중÷표준체중×100	< 80	매우 마름
	80~< 90	마름, 저체중
	90~< 110	정상 체중
	110~< 120	과체중
	≥ 120	비만

출처: 대한비만학회.

② 체질량지수(Body Mass Index, BMI)

체질량지수는 가장 널리 이용되는 신장-체중 지수로서 퀘틀렛지수(Quetelet's index)라고도 한다. 체질량지수는 키와 몸무게만 알면 되므로 누구나 쉽게 이용할 수 있다. 체질량지수는 키와 몸무게만 알면 누구나 쉽게 이용할 수 있다. 또한 대부분의 사람에게서 체지방량과 높은 상관관계를 나타내므로 간편하게 비만을 판정하는 지표로 전 세계적으로 많이 활용되고 있다.

체질량지수 계산식	구분	
체중(kg)÷신장(m)^2	< 18.5	저체중
	18.5~22.9	정상
	23.0~24.9	과체중
	25.0~29.9	경도비만
	30.0~34.9	중등도비만
	≥ 35.0	고도비만

③ 뢰러지수(Rőhrer index)

뢰러지수는 학령기 어린이의 영양 상태를 나타내는 데 주로 사용되며 신체충실지수라고도 한다.

뢰러지수	구분	
체중(kg)÷신장(cm)^3×10^7	< 92	매우 마름
	92~109	마름
	110~140	정상
	141~156	비만
	≥ 157	고도비만

④ 카우프지수(Kaup index)

영유아(5세 미만의 유아 중 특히 2세 미만)의 비만판정에 많이 사용되는 지수로서 성인의 체질량지수와 같은 방법으로 계산한다.

카우프지수	1세 미만	구분	1~2세
체중(kg)÷신장(cm)^2×10	< 15	영양불량	< 14
	15~18	정상	14~17
	18~20	비만경향	17~18.5
	> 20	비만	> 18.5

(3) 제지방조직(fat free mass) 측정

제지방조직이란 주로 근육을 말하고 이외의 연조직과 골격이 포함된다. 근육조직은 주로 단백질로 구성되므로 제지방조직의 평가는 체단백질 보유상태의 지수가 될 수 있다.

상완위 측정은 피하지방 두께 측정과 함께 지역주민이나 병원 환자의 만성적 영양부족 또는 과잉 여부 평가와 장기적 영양보충에 의한 체조성 변화 점검에 적용될 수 있다.

(4) 체지방 측정

체지방은 생리적으로 필수적인 지방과 저장지방으로 나뉘며, 저장지방은 근육 내 또는 사이에, 내장을 둘러싸거나 피하에 존재한다. 이 중에서 특히 저장지방은 가장 변화가 많은 성분으로서 장기간의 에너지 결핍 또는 과잉을 예민하게 반영한다.

① 피부두겹두께(skinfold thickness)

피하지방 두께로서 캘리퍼를 사용하여 상완삼두근 후면, 복부, 견갑골 아래의 등, 장딴지, 옆구리 부위의 피부두겹두께를 측정한다. 계측 부위에 따라 차이가 있으나 상완삼두근 후면이 가장 흔히 계측되며 연령별 기준치와 비교 평가된다. 저장에너지의 지표로 사용된다.

② 허리-엉덩이 둘레비(Waist Hip circumference Ratio, WHR)

허리-엉덩이 둘레비는 피하지방과 복강 내 지방의 분포를 반영하는 것으로 성인 남자는 0.9~1.0, 여자는 0.8보다 크면 심혈관 질환의 위험률이 급증하는 지표가 된다.

(5) 정밀기기를 이용한 체지방의 측정

최근 과학 측정기기의 발달로 보다 새롭고 직접적인 측정기기 등이 개발되어 체지방 측정에 사용되고 있다. 체지방 함량뿐만 아니라 체지방의 분포도까지도 정확한 측정이 가능한 기기들이 많으나, 장비가 매우 고가이므로 사용에 제한이 따른다.

① 초음파(ultrasound) 이용법

기계로부터 초음파가 방출되어 지방조직에 침투하면 지방조직과 근육조직의 경계면으로부터 초음파가 반사되는 원리를 이용하여 체지방조직의 두께를 측정할 수 있으며, 이는 화면에 투영되므로 체지방의 두께 및 분포도를 알 수 있다.

② 생체전기저항법(Bioelectrical Impedance Analysis, BIA)

체내에서 전해질은 주로 제지방조직에 존재한다. 지방조직이 제지방조직에 비해 전기저항이 크다는 사실에 근거하여 체지방량을 측정한다. 주로 사용되는 생체 전기저항법은 대상자의 손발에 작은 전류를 흐르게 한 후 그 저항을 측정하여 체지방을 측정한다. 측정방법이 비교적 편리하며, 측정기기가 운반 가능하고 상대적으로 다른 기기에 비하여 범위가 넓은 집단을 조사할 경우에 적당하다.

③ 컴퓨터 단층촬영(Computerized Tomography, CT)

밀도가 서로 다른 체조직에 X-선을 통과시켜, 각 조직에서 통과되는 X-선의 차이를 컴퓨터를 통해 고도로 자세한 횡단 영상으로 만들어 내는 영상기법이다. 복부를 컴퓨터 단층 촬영하면 지방을 내장형과 피하형으로 구분할 수 있어 좋은 방법이고 심혈관 질환에 좀 더 직접적으로 영향을 주는 내장형 지방량을 알 수 있는 장점은 있으나 비용이 많이 든다는 단점이 있다.

④ 핵자기공명영상법(Magnetic Resonance Imaging, MRI)

인체에 가장 많이 존재하고 있는 수분을 구성하는 수소원자의 자기적 특성을 이용한 방법이다. 자기장을 이용한 고주파를 쏘여 인체 내 각 조직과 구조물들의 공명 현상의 차이를 계산하여 영상을 구성하는 것으로, 방사선 노출 없이 체지방의 분포 및 양을 측정하는 효과적이고 안전한 방법으로 평가된다. CT에 비해 영상이 좋으나 촬영시간이 오래 걸리고 비용이 많이 든다.

2) 생화학적 방법(Biochemical method)

대상자로부터 채취한 소변, 혈액, 조직 등을 중심으로 특정 성분을 분석하는 것으로 다른 방법에 비하여 객관적이고 정확한 자료를 얻을 수 있다. 혈액 성분의 변동으로부터 장기의 대사 활성이나 기능을 알 수 있으며, 또한 영양소의 과부족으로 인해서 생기는 대사 이상을 간접적으로 조사할 수 있다. 임상에서 환자 대상으로 짧은 기간 내 영양치료의 효과를 판정하거나 영양불량의 정도 변화를 조사하는 데 유용하게 이용된다. 그러나 일반 인구집단을 대상으로 한 생화학적 검사의 적용은 대상자에게 많은 불편을 주기 때문에 다른 영양판정 방법의 보완적인 역할이 필요한 경우에 선별적으로 사용된다.

생화학적 검사는 다른 방법들에 비해 가장 객관적이고 정량적인 영양판정법이지만 시설, 기기, 전문요원, 비용, 시간, 시료 채취의 어려움이 있고 더욱이 판정을 위한 지역기준치의 확보도 쉽지 않아 검사의 수행과 결과 해석에 제한점이 많다.

생화학적 분석방법은 크게 두 종류로 분류할 수 있는데, 성분검사 또는 직접 검사법은 조사하고자 하는 영양소나 그 대사물을 측정하는 것이고 기능 검사법은 영양소의 기능을 측정하는 것이다.

| 표 6-2 | 생화학적 검사 항목 및 판정 기준치

측정항목		정상기준치		임상적 의의
간기능검사	혈청단백질 (g/dℓ)	1세 미만	: ≥5	· 총단백은 80종 이상의 단백 성분의 총화로서 전체적인 영양 상태를 평가하고, 병적 증가나 감소를 평가하는 검사이다. ▲ 증가: 탈수, 고감마글로불린혈증 ▼ 감소: 영양불량, 합성장애(심한 간질환), 신증후군, 발열, 염증, 악성종양, 만성질환, 갑상샘기능항진증, 수액투여
		1~5세	: ≥5.5	
		6~7세	: ≥6.0	
		성인	: ≥6.5	
		임신부	: ≥6.0	
	혈청알부민 (g/dℓ)	1세 미만	: ≥2.5	· 총단백의 60% 정도가 알부민이며, 주로 간에서 합성된다. 간의 단백 합성기능을 평가할 수 있으며, 최근 한달 이내의 영양 상태를 반영한다. ▲ 증가: 탈수, 간염 회복기 ▼ 감소: 영양불량, 흡수장애, 간질환, 임신, 갑상샘기능항진증, 종양, 감염, 신증후군, 수액투여
		1~5세	: ≥3.0	
		6~7세	: ≥3.5	
		성인	: ≥3.5	
		임신부	: ≥3.5	
	총빌리루빈 Total bilirubin	0.2~1.5mg/100mℓ		· 적혈구가 파괴되면서 유리된 헴(heme)으로부터 합성되며 간의 분비기능을 파악할 수 있다. ▲ 증가: 선천성황달질환, 담도계질환, 간질환, 용혈성빈혈, 악성빈혈, 혈종 ▼ 감소: 임상적 의의 없음
	알카리포스파타제 ALP (U/L)	35~129		· 여러 조직에 분포하는 효소로서 주로 골질환 및 간담도계질환 시 증가할 수 있다. ▲ 증가: 부갑상샘기능항진증, 골질환, 갑상샘기능항진증, 간담도계질환, 악성종양, 임신, 소아 ▼ 감소: 비타민 D 과다섭취, 갑상샘기능저하증, 영양불량, 갱년기여성(호르몬 치료 시)
	감마지티피 Gamma GTP (U/L)	10~47		· 주로 간에서 유래하는 효소이며, 간질환 시 ALP와 비슷하게 변화하므로 ALP 증가 시 그 기원이 간인지 뼈인지를 감별하는 데 유용한 검사이다. ▲ 증가: 담도폐색, 급성간염, 만성활동성간염, 간경화, 지방간, 췌장염, 알코올 과다섭취, 알코올성 간장애, 비만 ▼ 감소: 임상적 의의 없음
	혈청지피티 ALT(GPT) (U/L)	≤ 35		· 간기능을 평가하는 기초검사항목으로서 급성 간염 시 주로 증가한다. ▲ 증가: 간질환, 심근경색, 지방간, 비만 ▼ 감소: 임상적 의의 없음

측정항목		정상기준치	임상적 의의
당뇨검사	공복혈당 Glucose (fasting)	< 100	· 당뇨 질환의 진단 및 치료 효과를 반영하는 검사이다. ▲ 증가: 당뇨, 쿠싱병, 스트레스, 췌장염, 두개뇌질환, 약물(스테로이드, 알코올) ▼ 감소: 췌장질환, 간질환, 뇌하수체기능저하, 갑상샘기능저하증, 에디슨병, 인슐린치료, 경구혈당강하제 복용, 알코올중독증
	당화혈색소 검사 HbA1c (%)	4.7 ≤ 당화혈색소 ≤ 6.9	· 당뇨환자 혈당치의 장기간 조절여부를 판단하기 위한 검사로서, 최근 2~3개월 동안의 혈중 평균 당농도를 반영한다. ▲ 증가: 당뇨병, 만성신부전, 알코올중독증, 고중성지방혈증 ▼ 감소: 임신, 출혈, 용혈성빈혈
혈중지질검사	총콜레스테롤 Total cholesterol (mg/dℓ)	< 200	· 고지혈증 진단의 선별검사이며, 동맥경화와 관련이 있고, 영양 상태를 반영한다. ▲ 증가: 고지혈증, 담도폐색, 갑상샘기능저하증, 신증후군, 만성췌장염, 당뇨, 임신 ▼ 감소: 중증간질환, 갑상샘기능항진증, 영양불량, 만성빈혈, 감염, 염증
	고밀도지단백 HDL cholesterol (mg/dℓ)	≥ 40	· 동맥경화와 관련이 있고, 여러 고지혈증을 진단하는 데 도움이 되는 검사이다. ▲ 증가: 심한 운동, 알코올중독증, 인슐린치료, 경구피임약복용 ▼ 감소: 스트레스, 기아, 비만, 운동부족, 흡연, 당뇨, 갑상샘기능이상
	저밀도지단백 LDL cholesterol (mg/dℓ)	< 100	· 동맥경화의 위험도 측정 및 치료 여부를 결정하는 검사이다. ▲ 증가: 고지혈증, 당뇨, 갑상샘기능저하증, 신증후군, 만성신부전, 임신 ▼ 감소: 경구피임약복용, 무베타지단백혈증
	중성지방 Triglyceride (mg/dℓ)	< 150	· 지질대사를 평가하는 기초검사이다. ▲ 증가: 가족성 고지단백혈증, 당뇨병, 동맥경화, 통풍, 췌장염 ▼ 감소: 영양불량, 최근 체중감소, 심한 운동, 간경변

측정항목		정상기준치	임상적 의의
빈혈검사	혈색소 Hb (g/dℓ)	여성: 12.0~16.0 남성: 13.0~17.0	· Hb은 조직으로 산소를 운반하는 역할을 담당하므로 감소될 경우 각 장기조직은 산소결핍으로 여러 가지 증상이 나타날 수 있다. 일반적으로 Hb 농도를 빈혈의 지표로서 사용한다. ▲ 증가: 다혈구증, 탈수 ▼ 감소: 빈혈, 혈액질환
	적혈구수 RBC count (백만개/mm^3)	여성: 4.0~5.4 남성: 4.2~6.3	· 적혈구수의 측정은 빈혈 또는 적혈구 증다증의 유무와 그 정도를 파악하는 것이다. 적혈구는 조혈장애, 출혈, 혈구파괴 등에 의해 감소하고, 골수의 적혈구계 과형성, 심한 설사로 인한 탈수 등에 의한 체액 상실 시 증가한다. ▲ 증가: 진성다혈구증, 탈수, 쇼크, 부신부전증, 심폐질환 ▼ 감소: 각종 빈혈, 골수기능부전, 출혈
	백혈구수 WBC count	혈액 1μℓ (마이크로리터) 당 4,000~10,000	▲ 증가: 급성감염증, 염증성질환, 급성출혈, 조직 괴사, 혈액질환 ▼ 감소: 바이러스감염, 중증감염, 약물복용, 재생불량성빈혈, 악성빈혈
	혈소판 Platelet	$130\sim400\times10^3$/μℓ	▲ 증가: 만성염증성질환, 감염성질환, 수술직후, 종양, 혈액질환 ▼ 감소: 감염성질환, 간경변, 특발성혈소판감소증, 각종 혈액질환
신장기능 및 전해질	혈중요소질소 BUN (mg/dℓ)	10~26	· 단백질의 주요 최종분해산물로서 간에서 요소회로에 의해 생성되어 신장으로 배출된다. ▲ 증가: 신기능장애, 심부전, 탈수, 장출혈, 심근경색, 폐쇄성요로병증 ▼ 감소: 중증간질환, 임신, 영양불량, 신증후군, 저단백식이
	크레아티닌 Cr (mg/dℓ)	< 1.5	· BUN보다 신질환에 더 특이적이고 예민한 검사로 신장기능의 평가를 위한 기초검사이다. ▲ 증가: 신기능장애, 폐쇄성요로병증, 근질환 ▼ 감소: 임상적 의의 없음, 임신

측정항목		정상기준치	임상적 의의
신장기능 및 전해질	무기인 P (mg/dℓ)	2.5~4.5	· P(Phosphorus)의 주요 기능은 골형성, 세포막형성, 에너지 저장과 교환에 관여한다. ▲ 증가: 신부전, 비타민 D 중독, 특발성부갑상샘기능저하증, 이차성부갑상샘기능항진증, 갑상샘기능항진증, 에디슨병, 골질환 ▼ 감소: 구루병, 원발성부갑상샘기능항진증, 비타민 D 결핍, 이뇨제복용, 칼륨감소, 투석, 통풍, 영양불량, 구토, 설사, 알코올중독증, 당뇨
	칼슘 Ca (mg/dℓ)	8.8~10.5	· Ca(calcium)의 주요 기능은 골형성, 혈액응고 및 신경근육 전달에 관여한다. 칼슘 항상성 조절에 관여하는 장기로는 소장, 신장, 뼈 등이 있으며, 호르몬으로는 부갑상샘호르몬, 비타민 D_3, 칼시토닌 등이 있다. ▲ 증가: 부갑상샘기능항진증, 비타민 D 중독, 신부전, 갑상샘기능항진증, 급성 골다공증, 악성종양, 탈수, 이뇨세복용 ▼ 감소: 부갑상샘기능저하증, 췌장염, 기아, 이뇨제복용, 수액투여
	소니움 Na (mg/dℓ)	135~145	· Na(sodium)은 세포외액의 주요 양이온으로 체액량과 삼투압 조절에 중요한 역할을 한다. 전해질 불균형 여부 판정 및 산염기 평형상태의 평가 시 이용할 수 있다. ▲ 증가: 탈수, 당뇨병, 요붕증, 원발성알도스테론증, 쿠싱병 ▼ 감소: 구토, 설사, 세뇨관성 산증, 에디슨병
	칼륨 K (mmol/L)	3.5~5.5	· 전해질 불균형 여부 판정 및 산염기 평형상태의 평가 시 이용할 수 있다. ▲ 증가: 신부전, 에디슨병, 소염제복용 ▼ 감소: 설사, 구토, 쿠싱병, 세뇨관성 산증, 갑상샘기능항진증, 이뇨제복용
	클로라이드 Cl (mmol/L)	98~110	· 전해질 불균형 여부 판정 및 산염기 평형상태의 평가 시 이용할 수 있다. ▲ 증가: 탈수, 설사, 세뇨관성 산증, 만성신장염 ▼ 감소: 구토, 급성신부전, 이뇨제복용
	요산 Uric acid (mg/dℓ)	3~7	· 퓨린(purine) 대사의 주요산물로 대부분 간에서 크산틴 산화효소(xanthine oxidase)에 의해 생성된다. 핵산 대사의 평가를 위한 기초검사이다. ▲ 증가: 통풍, 무증상고요산혈증, 신부전, 악성종양, 고단백식이, 알코올중독증, 이뇨제복용 ▼ 감소: 세뇨관재흡수장애(건강인), 임신, 수술직후

3) 임상조사(clinical method)

영양불량과 관련된 신체적 징후를 시각적으로 진단하는 방법이다. 임상증세는 주로 영양결핍이 만성적으로 심해진 단계에서 발견되므로 임상조사로는 영양결핍의 초기단계는 파악되기 어렵다. 또한 일부 임상증세는 특정 영양소에 특이적이지 않고 몇 가지 영양소 결핍과 관련되어 더욱이 기후, 위생, 질병과 관련되어 나타날 수 있다. 따라서 임상조사는 특정 영양소의 전형적인 결핍증이 현저하게 나타나는 경우를 제외하고는, 단독적인 영양 상태 판정보다는 체위조사나 생화학적 검사, 식사조사 등의 다른 영양판정 방법의 결과와 함께 검토되는 것이 바람직하다.

| 표 6-3 | 영양 상태를 나타내는 대표적 신체 증후

신체부위	영양이 좋은 상태	영양불량상태
머리카락	· 윤기가 흐르고 단단하며 쉽게 빠지지 않음	· 윤기가 없고 건조해 보임 · 쉽게 빠지고 색깔이 변함 · 숱이 적음
얼굴	· 피부색이 균일하고 건강해 보이며 붓지 않음	· 안색이 변해 있으며 피부가 벗겨지기 쉬움 · 피부가 벗겨지거나 부스럼이 있음
눈	· 점액은 물기가 있고 건강한 분홍색임 · 눈가가 붓지 않고 핏발이 없음 · 눈동자가 맑음	· 눈 점막이 창백하고, 눈가에 핏발이 있으며, 건조하고 염증이 있음 · 비토 반점이 있고 점막이 건조되어 있음
입술	· 부드럽고 터지거나 붓지 않았으며 촉촉함 · 색깔이 좋음	· 입안의 점막이 붉고 푸석푸석하며 피가 잘 남 · 건조하여 껍질이 벗겨짐
혀	· 분홍색이며 붓거나 너무 반반하지 않음 · 표면이 오돌오돌함	· 부어 있고 주황색이 나는 붉은색이며 혀의 돌기가 충혈되어 있음
치아	· 충치가 없고 통증이 없으며 아래턱이 반듯함 · 색깔이 변해 있지 않음	· 충치, 빠진 이가 있으며, 표면이 닳고 치아가 고르지 않음 · 반점이 있음
잇몸	· 출혈이 없고 부어 있지 않음	· 피가 잘 나며, 염증이 있고 잇몸이 가라앉아 있음

신체부위	영양이 좋은 상태	영양불량상태
피부	· 반점이나 부종이 없고 피부색이 좋음	· 거칠고 말랐으며 각질화되었음 · 창백하고 염증이 있음 · 멍과 염증이 있음
손톱	· 단단하고 분홍색임	· 손톱이 휘었음 · 잘 부러지며 울퉁불퉁함
근육, 골격	· 근육이 잘 발달되어 있으며 단단함	· 근육이 연약하고 무기력함 · 근육활동이 좋지 않음
심혈관계	· 정상적인 심장박동, 리듬, 부정맥이 없고 혈압이 정상임	· 비정상적인 맥박, 비대한 심장, 고혈압
소화기계	· 식욕과 소화기능이 좋고 규칙적인 배변이 있음	· 식욕감퇴, 소화불량, 변비, 간 비대
신경계	· 정신적으로 안정된 상태, 정상적인 반사를 보임	· 주의가 산만, 손발의 지각 이상으로 감각의 위치를 분별 못함 비빈사 직용을 보임

출처: 보건복지부(1990).

4) 식이섭취조사(dietary method)

일차적인 영양불량의 원인은 식이섭취조사에 의해 확인될 수 있다. 이차적인 영양불량은 영양요구량을 만족하는 것처럼 보여도 약물복용, 식사구성내용, 질병상태와 같은 관련요인들이 흡수, 운반, 이용 또는 배설을 방해하는 경우이다. 영양불량이 시작되는 초기 상황에서 판별이 가능하다는 점에서 식이섭취조사법이 널리 이용되고 있다.

개인은 대상으로 하는 식이섭취조사로는 식사기록법, 24시간회상법, 식품섭취빈도법, 식사력 등이 있다. 집단을 대상으로 할 때는 가구나 동일 소집단을 위한 식품계정법, 식품목록회상법 및 식품재고조사법이 있고, 국가 단위의 식이섭취조사로는 식품수급표를 이용할 수 있다.

(1) 24시간회상법(24-hour recall)

24시간회상법은 현재 우리나라 국민건강영양조사에서 식이섭취조사에 사용하고 있는 방법이다. 24시간회상법이란 훈련된 조사원이 대상자를 면담하여 조사 전날 하루 동안 섭취한 식품의 종류와 양을 기억해 내도록 하여 섭취량을 추정하는 방법이다. 조사기간을 24시간으로 하는 이유는 섭취한 식사내용에 관한 기억은 하루나 이틀 이상이 지나면 현저히 사라지기 때문이다. 이때 섭취한 식품의 종류와 양은 물론, 상표명, 조리방법, 섭취한 장소와 시간, 영양 보충제의 복용까지도 포함하여 상세히 조사하도록 한다. 일반적으로 24시간 회상법으로 섭취량을 조사할 때 소요되는 시간은 15~30분 정도이다.

장점	단점
· 수행시간이 20분 내로 소요시간이 적다. · 비용이 저렴하다. · 조사대상자의 부담이 적다. · 식습관 변화를 가져오지 않는다.	· 일상적인 식품섭취조사가 어렵다. · 기억이 분명하지 않거나 면접상태에 따라 섭취한 식품의 종류와 양 측정에 정확도가 떨어질 수 있다. · 숙련된 조사원이 필요하다. · 어린이, 노인, 장애인에게는 적합하지 않다.

(2) 식사기록법(food record)

식사기록법은 조사대상자가 조사기간 동안 식사를 할 때 섭취한 식품의 종류와 양을 스스로 기록하도록 하는 방법이다. 이는 각각의 음식을 실측하여 기록할 수도 있으며, 눈대중량(목측량)을 이용할 수도 있다. 실측하는 방법을 실측량 기록법이라 하고, 눈대중량을 이용하는 방법을 추정량 기록법이라고 한다.

이 방법은 식품섭취에 대한 정확한 양적 정보를 제공하며 조사대상자에게 사전훈련을 실시하여, 섭취한 분량은 가정용 조리기구나 식기, 계량컵, 계량스푼 등을 이용하여 표현하도록 한다. 조사원은 조사대상자가 기록한 응답 내용들을 점검하고 미비한 점이 없는지 확인한다.

장점	단점
· 기억력에 의존하지 않는다. · 비교적 상세한 정보를 얻을 수 있다. · 조사대상 본인이 기록하므로 많은 수의 조사원이 필요 없다.	· 대상자의 교육수준이 높고 협력이 되어야 한다. · 측정과 기록과정이 식품섭취에 영향을 미칠 수 있다. · 시간이 많이 소요된다. · 조사대상자에게 부담을 준다.

(3) 식품섭취빈도법(food frequency questionnaire)

식품섭취빈도법은 장기간에 걸쳐 일상적으로 섭취하는 식품의 내용을 질적으로 알아보기 위한 목적으로 사용하는 조사방법이다. 역학연구에서 대규모 집단을 대상으로 식사섭취와 질병과의 관계를 알아보는 데 많이 이용한다.

대개 100여 종류의 식품을 정해 놓고 일정기간에 평상적으로 섭취하는 빈도(횟수)를 조사하는데, 조사대상 집단에서 많이 소비하는 식품에 대한 자료가 미리 준비되어야 한다. 이 방법은 피조사자의 부담이 거의 없고 빠른 시간 내에 큰 집단에 대해 조사할 수 있어 비교적 경제적인 방법이다. 조사방법이 간단하여 편지를 통해서도 가능하다. 그러나 이 방법으로 양적 정보를 얻기는 어렵다.

장점	단점
· 조사대상자가 스스로 조사할 수 있다. · 시간, 비용이 적게 든다. · 대상자에게 부담이 적은 편이다. · 짧은 시간에 전반적인 식품섭취형태를 파악할 수 있다.	· 조사대상자의 능력에 좌우된다. · 대상 집단의 다소비 식품에 대한 자료가 있어야 한다. · 설문 목록에 대해 타당성 검증이 필요하다. · 영양소 섭취량으로 전환하려면 많은 기초자료가 있어야 한다.

(4) 식사력조사법(dietary history method)

식사력조사법은 비교적 장기간의 식사섭취 행태를 알기 위한 방법이며 개인의 과거 일상적 식이섭취경향을 설문지를 통해 조사하는 방법이다. 오랜 기간의 양적인 식품섭취를 조사할 수 있어 상세한 자료조사가 가능하다.

장점	단점
· 오랜 기간의 양적인 식품섭취를 조사할 수 있다. · 상세한 자료가 가능하다.	· 훈련이 잘된 조사원이 필요하다. · 시간, 경비가 많이 든다. · 대상자의 협력이 많이 요구된다.

2. 국민건강영양조사

국민건강영양조사는 국민건강증진법에 의거하여 우리나라 정부가 주도하는 전국 규모의 영양조사로서 1998년부터 매 3년 정기적으로 시행되고 있다. 질병예방, 영양개선 및 건강수준 향상을 위한 보건정책의 기초가 되는 자료를 수집하기 위하여 국민의 주관적·객관적 영양 상태, 건강에 관한 의식 및 식품섭취 현황을 종합적으로 파악하고, 식품섭취 및 영양 상태가 주요 질병과 어떤 연관이 있는가를 통합적으로 분석할 수 있도록 고안된 조사이다.

이것은 1969년부터 1995년까지 실시되었던 국민영양조사를 보완한 것이다. 기존에 별도로 수행되어 왔던 국민건강 및 보건의식행태조사를 통합하고 과거의 국민영양조사에 포함되었던 건강조사부문을 발전시킨 건강검진조사를 추가하여 통합조사를 실시하고 있다.

1) 국민건강영양조사의 목적

우리 국민의 건강상태, 식품 및 영양섭취실태에 대해 전국 규모의 조사를 통해 신뢰성이 있는 국가통계자료를 산출하고, 이 결과에 근거하여 궁극적으로는 우리나라 국민의 질병예방, 건강증진과 영양개선을 위한 국가차원에서의 보건 및 영양정책을 계획하고 실천·평가하는 데 기여하는 것이다.

2) 조사규모 및 표본가구

우리나라 전역을 16개 시·도를 대상으로 다단계 층화표본추출법에 의해 조사구별로 20개 표본가구를 선정하여 건강면접조사의 대상으로 한다. 2010년부터 매년 192개 조사구 약 4,000가구를 대상으로 영양조사, 검진조사, 보건의식행태를 조사한다.

3) 국민건강영양조사의 구성

검진조사는 신체계측, 혈압 및 맥박 측정, 임상검사(혈액 및 소변검사), 구강검사, 폐기능검사, 시력검사, 악력검사로 구성되어 있다.

| 표 6-4 | 검진조사 항목

조사구분	조사항목
신체계측	신장, 체중, 허리둘레
악력검사	악력
혈압 및 맥박	수축기혈압, 이완기혈압, 맥박수
혈액검사	(혈당) 공복 혈당, 당화혈색소 (지질) 총콜레스테롤, 중성지방, HDL콜레스테롤 (신장) 혈중요소질소, 크레아티닌 (간염) B형간염표면항원, 지오티, 지피티, C형간염항체 (빈혈) 헤모글로빈, 헤마토크리트, 적혈구수, 백혈구수 (기타) 요산 (금속) 납, 수은, 카드뮴 (비타민) 비타민A, 비타민E, 엽산
소변검사	(흡연) 코티닌 나트륨, 칼륨, hs-CRP, 단백, 당, 잠혈, 비중, 산도, 크레아티닌, 유로빌리노겐, 케톤, 빌리루빈, 아질산염
구강검사	치아상태, 보철물 상태, 치주조직 상태 등
폐기능검사	FVC(노력성 폐활량), FEV1(1초간 노력성 호기량)
안검사	시력 및 굴절이상
이비인후과	소음노출 설문

출처: 질병관리본부(2018).

건강설문조사는 연령에 따라 조사항목에 차이가 있으며, 흡연, 음주 등 건강행태영역은 자기기입식으로 조사하며, 이 외에 교육 및 경제활동, 이환, 의료이용 등 전체 항목은 면접 방법으로 조사한다.

| 표 6-5 | 건강설문조사 항목

조사구분	조사항목
가구조사	성, 연령, 결혼상태, 가구원수, 세대유형, 가구소득, 건강보험 가입, 민간보험가입, 출생 시/현재 국적, 치매특별등급용 의사소견서 발급 여부
교육	학력, 수학여부
경제활동	경제활동여부, 미취업사유, 취업형태, 종사상지위, 근로시간형태, 직업, 직장 내 지위, 최장 직업, 부모 학력
이환	주관적 건강수준, 최근 2주간 이환, 만성질환별(27개) 이환
의료이용	(병의원/치과) 미충족 의료, 외래이용, 입원이용
건강검진	건강검진 수진, 암검진 수진
예방접종	인플루엔자예방접종 여부, 횟수, 시기, 장소
활동제한	활동제한여부, 활동제한이유, (월간/연간) 와병경험/일수, (월간/연간) 결근결석경험/일수
삶의 질	EQ-5D(운동능력, 자기관리, 일상활동, 통증/불편, 불안/우울)
손상	손상경험, 사고중독발생기전, 손상치료처, 손상으로인한와병, 손상으로 인한 결근결석
흡연	평생흡연, 현재흡연, 과거흡연, 처음흡연시작연령, 흡연량, 금연시도, 금연계획, 금연방법, 금연기간, 직장/가정/공공장소 실내 간접흡연, 전자담배/담배종류별 사용, 전자담배 사용이유, 니코틴의존, 니코틴대체용품사용
음주	평생음주, 음주시작연령, 음주빈도, 음주량, 폭음빈도, 간접폐해
신체활동	(일/여가) 고강도·중강도 신체활동, 이동 시 활동, 앉아서 하는 활동 시간, 걷기, 근력운동, 가속도계 측정(만 19~64세)

출처: 질병관리본부(2018).

영양조사는 식생활 행태, 식이보충제, 영양지식, 식품안정성 등에 관한 현황과 조사 1일 전 식품섭취내용(24시간 회상법) 등으로 구성하였으며, 19~64세를 대상으로 112항목의 음식에 대한 식품섭취빈도조사를 추가로 실시하고 있다.

| 표 6-6 | 영양조사 항목

조사구분	조사항목	
식생활조사	만 1세 이상	식사빈도, 외식빈도, 동반식사 여부 및 동반대상 식이보충제 복용경험
	초등학생 이상	영양표시 인지·이용·영향 여부 및 관심항목, 영양교육 및 상담 경험
	만 1~3세	출생체중, 수유 방법 및 기간, 일반 우유 및 이유식 시작시기, 영아기 식이보충제 복용 여부 및 종류
식품안정성조사	식생활관리자	가구별 식품안정성 확보
식품섭취빈도조사	만 19~64세	112개 음식항목의 섭취빈도와 1회 섭취량
식품섭취조사	만 1세 이상	조사 1일 전 섭취 음식(식이보충제 포함)의 종류 및 섭취량(24시간 회상법)
	조리자	조사 1일 전 가구에서 섭취한 음식에 대한 조리 내용

출처: 질병관리본부(2018).

승인번호 제 117002 호

국민건강영양조사 제7기
- 식품섭취조사표 I (가구별 조리기록지) -

이 조사표에 기재된 내용은 통계법 제33조에 의하여 비밀이 보장됩니다.

조사표 종류	조사연도		
식품섭취조사표 I	16	17	18
조사일			조사원
월	일	요일	

대상자	조사구	거처	가구	가구원	성명	성별	만나이	응답자	거처	가구	가구원	성명	비고

▪ 어제 하루 동안 조리하신 음식의 내용과 분량을 말씀해 주십시오.

식사구분	음식명	조리총량			식품재료명(상품명)	가공여부	식품상태	식품재료량			음식코드	식품코드	비고		
		눈대중분량	부피	중량				눈대중분량	부피	중량			참고사항	제품명	제조회사명

보건복지부
질병관리본부

| 그림 6-2 | 식품섭취조사표 I

출처: 질병관리본부(2018).

승인번호 제 117002 호	국민건강영양조사 제7기 - 식품섭취조사표 II (개인별 24시간 회상법) - (만 1세 이상)	이 조사표에 기재된 내용은 통계법 제33조에 의하여 비밀이 보장됩니다.	조사표 종류	조사연도		
			식품섭취조사표 II	16	17	18
			조사일	조사원		
			월 일 요일			

대상자	조사구	거처	가구	가구원	성명	성별	만나이	응답자	거처	가구	가구원	성명	비고

1. 어제 하루 동안 섭취하신 식사 내용과 분량을 말씀해 주십시오.

식사구분	식사시간	식사장소	매식여부	타인동반여부	음식명	조리종량			음식섭취량			식품재료명(상품명)	가공여부	식품재료량			음식코드	식품코드	비고		
						눈대중분량	부피	중량	눈대중분량	부피	중량			눈대중분량	부피	중량			참고사항	제품명	제조회사명

2. 특별한 이유로 인해 식사조절을 하고 계십니까? □① 예 □② 아니오

2-1. (2번 문항에 '①예'로 답한 경우) 그 이유는 무엇입니까?

□① 질환이 있어서 (질환명 :) □② 체중을 조절하기 위해서 □③ 기타 ( )

3. 어제 섭취하신 식사 분량은 평소의 식사에 비해서 어떻습니까?

□① 평소에 비해서 많이 섭취하였다. □② 평소와 비슷하였다. □③ 평소에 비해 적게 섭취하였다.

4. 하루에 물(생수, 보리차, 결명자차, 옥수수차 등)을 얼마나 섭취하십니까? ( )컵(200㎖)

5. (가임기 여성의 경우) 임신 또는 수유 중이십니까? □① 임신 중 □② 수유 중 □③ 비해당

6. (영유아의 경우) 모유를 수유하고 있습니까? □① 예 □② 아니오

보건복지부
질병관리본부

| 그림 6-3 | 식품섭취조사표 II

출처: 질병관리본부(2018).

승인번호 제11702호

국민건강영양조사 제7기 식품섭취빈도조사표[만 19-64세]

※ 이 조사표에 기재된 내용은 통계법 제33조에 의하여 비밀이 보장됩니다.

	조사구				거처		가구		가구원		조사일 ____년 __월 __일	조사원 성명 ____		
대상자											성명		성별 남 / 여	만나이 만 세
응답자											성명		대상자와의 관계	

▪ 기초조사

1. 최근 1년 동안 식사의 종류와 양에 변화가 있었습니까? [식사 속도나 시간의 변화는 해당되지 않음]
   ① 예 (   )달 전부터 식습관이 바뀌었다.   ② 아니오
2. 최근 1년 동안 평균적으로 하루에 몇 끼 식사를 하셨습니까?
   ① 1끼   ② 2끼   ③ 3끼   ④ 4끼   ⑤ 기타(____________)

▪ 식품섭취빈도조사

다음 각 항목의 음식을 최근 1년 동안 얼마나 자주 섭취했는지 응답해주시고, 1회 평균 섭취량도 답해주십시오.

섭취빈도(회) / 음식명	거의 안 먹음	1개월 1	1개월 2-3	1주 1	1주 2-4	1주 5-6	1일 1	1일 2	1일 3	기준분량	1회 평균 섭취량			
1. 쌀밥	①	②	③	④	⑤	⑥	⑦	⑧	⑨	1공기 [illegible]	① ½	② 1	③ 1½	④ 2
2. 잡곡밥(콩밥 포함)	①	②	③	④	⑤	⑥	⑦	⑧	⑨	1공기 [illegible]	① ½	② 1	③ 1½	④ 2
3. 비빔밥, 볶음밥	①	②	③	④	⑤	⑥	⑦	⑧	⑨	1인분 (외식제공량~500ml)	① ½	② 1	③ 1½	
4. 김밥	①	②	③	④	⑤	⑥	⑦	⑧	⑨	1줄 [illegible]	① ½	② 1	③ 1½	④ 2
5. 카레라이스	①	②	③	④	⑤	⑥	⑦	⑧	⑨	1인분 (외식제공량~500ml)	① ½	② 1	③ 1½	
6. 라면, 컵라면	①	②	③	④	⑤	⑥	⑦	⑧	⑨	1개	① ½	② 1	③ 1½	
7. 국수, 칼국수, 우동	①	②	③	④	⑤	⑥	⑦	⑧	⑨	1인분 (외식제공량~1000ml)	① ½	② 1	③ 1½	
8. 짜장면, 짬뽕	①	②	③	④	⑤	⑥	⑦	⑧	⑨	1인분 (외식제공량~1000ml)	① ½	② 1	③ 1½	
9. 냉면	①	②	③	④	⑤	⑥	⑦	⑧	⑨	1인분 (외식제공량~1000ml)	① ½	② 1	③ 1½	
10. 떡국	①	②	③	④	⑤	⑥	⑦	⑧	⑨	1인분 (외식제공량~1000ml)	① ½	② 1	③ 1½	
11. 만두(찐만두, 군만두)	①	②	③	④	⑤	⑥	⑦	⑧	⑨	1인분 [illegible]	① ½	② 1	③ 1½	
12. 식빵	①	②	③	④	⑤	⑥	⑦	⑧	⑨	2장	① 1	② 2	③ 3	
12-1. 버터, 마아가린	①	②	③	④	⑤	⑥	⑦	⑧	⑨	2ts (10ml)	① 1	② 2	③ 3	
12-2. 잼	①	②	③	④	⑤	⑥	⑦	⑧	⑨	2ts (10ml)	① 1	② 2	③ 3	
13. 단팥빵, 호빵, 크림빵	①	②	③	④	⑤	⑥	⑦	⑧	⑨	1개	① ½	② 1	③ 2	
14. 카스테라, 케이크, 초코파이	①	②	③	④	⑤	⑥	⑦	⑧	⑨	1개 (조각)	① ½	② 1	③ 2	
15. 피자	①	②	③	④	⑤	⑥	⑦	⑧	⑨	2조각 [illegible]	① 1	② 2	③ 3	
16. 햄버거, 샌드위치	①	②	③	④	⑤	⑥	⑦	⑧	⑨	1인분 (외식제공량)	① ½	② 1	③ 1½	
17. 백설기, 시루떡, 인절미, 절편	①	②	③	④	⑤	⑥	⑦	⑧	⑨	백설기½개 [illegible]	① ¼	② ½	③ 1	
18. 떡볶이	①	②	③	④	⑤	⑥	⑦	⑧	⑨	1컵 (200ml)	① ½	② 1	③ 1½	
19. 시리얼	①	②	③	④	⑤	⑥	⑦	⑧	⑨	1대접 [illegible]	① ½	② 1	③ 1½	

* 식품섭취빈도조사는 2016년까지만 조사 진행

| 그림 6-4 | 식품섭취빈도조사표

출처: 질병관리본부(2018).

CHAPTER 07

영양상담

Ⅰ. 영양상담 개념 및 이론

1. 영양상담의 개념

영양상담은 상담자가 내담자와의 개별적인 상담과정을 통해 스스로 영양관리를 할 수 있는 능력을 갖도록 하는 것이다. 영양상담을 통해 올바른 영양지식 및 식생활 실천방법을 알려 주고, 문제가 되는 식습관에 대한 변화를 유도하여 올바른 식습관을 갖도록 도와줌으로써 내담자가 스스로 건강을 위한 영양관리를 할 수 있도록 한다.

영양상담은 상담자와 내담자 간의 상호작용을 통해 상담의 내용과 결과가 달라지기 때문에 상호 간에 신뢰할 수 있는 관계의 형성이 중요하다. 다양한 영양문제와 영향요인을 가진 내담자를 만나 도움을 주는 역할을 하는 영양상담자는 전문적인 지식뿐 아니라 원활한 의사소통 능력과 다양한 사례에 대한 경험이 중요하다. 영양상담은 현재 영양문제를 가지고 있는 사람뿐 아니라 잠재적인 영양문제 발생 요인을 가지고 있는 사람과 건강한 사람에게도 실시할 수 있다.

상담의 결과는 상담자 요인, 내담자 요인, 상담자와 내담자의 상호작용 요인에 의해 달라지게 되는데, 상담자 요인은 상담자의 경험과 숙련도, 성격, 지적 능력 등 상담자가 갖춘 역량이 영향을 준다. 내담자 요인은 상담에 대한 기대, 문제의 심각성, 상담에 대한 동기, 지능, 정서상태, 방어적 태도 등 내담자의 상담에 대한 태도와 상황에 따라 상담의 결과에 영향을 주는 요인을 말한다. 상담자와 내담자 각각의 요인뿐 아니라 둘 간의 상호작용, 즉 성격적 상호 유사성, 협력 및 의사소통 방식 등에 의해서도 상담 결과는 달라질 수 있다.

2. 영양상담의 이론

1) 내담자 중심요법

내담자 중심요법 영양상담 진행 시 내담자를 중심으로 상담을 진행하는 방식이다. 상담자가 상담을 주도해 가는 것이 아니라 내담자가 상담을 주도하여 스스로 본인의 영양문제를 인식하고, 목표를 설정하고, 해결방안을 찾아가는 과정을 주도적으로 진행하고 상담자는 내담자가 필요로 하는 정보를 제공하고 정서적으로 지지해 주는 역할을 한다.

2) 합리적 정서요법

합리적 정서요법은 영양상담을 통해 내담자가 가지는 사고의 방향성을 합리적이고 긍정적인 방향으로 유도해 줄 수 있다는 이론이다. 이 이론은 인간은 합리적이고 긍정적인 사고를 하는 측면과 비합리적이고 부정적인 사고를 하는 측면 모두를 가지고 있음을 전제로 한다. 합리적 정서요법은 부정적인 사고를 하는 내담자를 긍정적인 사고를 할 수 있도록 변화를 유도하는 방법이다. 내담자가 가지고 있는 비합리성에 근거한 부정적인 사고를 합리적 사고를 통해 긍정적으로 전환할 수 있도록 이끌어 줌으로써 내담자의 인식, 감정, 행동 변화를 유도한다.

3) 행동요법

행동요법은 내담자의 행동은 학습된 것으로 내담자가 처한 환경이나 주변 사람들의 영향에 의해 달라진다고 보는 접근방법이다. 행동요법은 상담을 통해 내담자가 살아오면서 받은 잘못된 방법이나 내용에 의해 형성된 생각이나 감정을 수정하여 바람직한 행동을 할 수 있도록 한다. 행동요법은 내담자가 행동 수정의 목표를 스스로 설정하고 변화하고자 하는 문제행동을 구체적으로 진술하도록 상담해 줌으로써 내담자의 부적절한 행동을 수정하고 바람직한 행동을 강화하도록 한다.

II. 영양상담의 기본원칙과 기술

1. 영양상담의 기본 원칙

영양상담은 상담자와 내담자 간에 대화를 통한 조력관계를 형성하며 영양교육의 다른 방법에 비해 개인적이고 개별적인 상황에서 진행되기 때문에 상담의 기본원칙들이 지켜져야 한다.

- 상담 내용의 비밀 유지를 철저히 지킨다.
- 내담자에 대해 긍정적인 태도를 갖는다.
- 내담자가 상담자를 신뢰하고 마음을 열 수 있도록 수용의 자세를 취한다.
- 적절한 상담 환경을 조성하여 조용하고 편안한 분위기에서 상담이 이루어질 수 있도록 한다.
- 내담자가 원하지 않을 경우 대답을 강요하지 않는다.
- 내담자의 부정적인 감정이나 견해도 수용해 준다.
- 내담자에게 지시, 충고, 훈계, 명령을 하지 않고 지나친 조언도 삼간다.

2. 영양상담의 기술

영양상담은 상담자와 내담자 간의 대화를 통해 상호작용 속에 이루어지므로 상담자에게는 전문적인 지식뿐 아니라 상담 기술이 필요하다. 상담 기술은 상담과정에서 내담자에게 상담에 대한 신뢰와 안정감을 주어 원활하게 상담이 진행되게 하고 보다 효과적인 상담 결과를 얻을 수 있도록 해 준다.

1) 수용

상담자가 내담자의 이야기를 듣고 받아들이고 있다는 태도를 보여 주는 것으로 특히 영양상담의 전 과정에서 중요한 상담기술이다. 내담자가 이야기를 하면서 상담자가 수용하고 있다는 것을 느낄 수 있도록 시선을 맞추어 주고, 이해하고 있다는 얼굴 표정이나 고개를 끄덕이는 행동, 수용하고 있다는 어조와 억양을 보여 주는 것이다.

2) 반영

반영은 수용보다 더 적극적으로 상담자가 내담자가 한 이야기를 다른 표현으로 다시 말해 줌으로써 내담자가 본인의 이야기가 이해 받고 있다고 느낄 수 있도록 해 주는 것이다.

3) 명료화

명료화는 상담과정에서 상담자가 내담자가 이야기한 내용 중 다소 모호하거나 표현 중에 내포되어 있는 바를 명확하게 표현해 줌으로써 내담자가 말하고자 하는 의미가 잘 전달되고 있고 상담이 원활히 진행되고 있다는 느낌을 받을 수 있게 해 주는 상담 기술이다.

4) 질문

상담이 진행되면서 상담자는 다양한 형태의 질문을 사용하여 상담의 진행을 원활하게 하고 내담자가 더 많은 이야기를 꺼내도록 도와줄 수 있다. 또한 내담자가 이야기한 내용 중 확인이 필요한 경우나 내담자가 이야기를 계속할 수 있도록 독려하는 용도로도 사용할 수 있다. 질문은 개방형 질문과 폐쇄형 질문으로 구분할 수 있는데 개방형 질문은 답변의 형태와 내용이 제한되어 있지 않은 경우이고, 폐쇄형 질문은 질문의 답이 '예/아니오'와 같이 정해져 있는 경우를 말한다. 질문은 간단 명료하게 하여 내담자가 질문 내용을 이해하기 쉽게 해 주어야 하며, 질문 후 답변을 잠시 생각해 볼 수 있도록 기다려 주는 것이 좋다.

5) 요약

요약은 상담의 진행과정에서 상담자와 내담자 사이에 나눈 이야기를 중간에 또는 상담의 종료 시점에 정리해 줌으로써 상담의 내용 흐름을 파악하고 내담자가 인식하지 못한 부분을 깨닫도록 도와주는 역할을 한다.

6) 조언

상담과정에서 조언은 매우 주의해서 사용해야 하는 상담기술이다. 내담자가 질문을 하거나 조언을 구할 때 그에 대한 응답으로 사용하거나 내담자의 막연한 생각을 정리해 주거나 모르는 것에서 오는 불안감을 줄여 주기 위해 사용할 수 있다. 그러나 상담자의 조언은 자칫 잘못하면 내담자가 지시나 명령으로 받아들일 수 있고 이로 인해 반발과 저항을 일으킬 수도 있기 때문에 지나친 조언은 삼가야 한다.

Ⅲ. 영양상담의 실시과정

영양상담의 실시과정은 영양교육의 실시과정과 전반적으로 크게 다르지 않다. 다만 차이가 있는 부분은 첫 단계인 '친밀관계 형성' 단계가 있다는 점이다. 영양상담은 상담자와 내담자 간의 개별적인 상호작용 속에서 이루어지기 때문에 상담이 시작되는 첫 단계에 친밀관계 형성 단계가 매우 중요하다. 그 다음 영양문제를 파악하기 위한 자료를 수집하여 분석하고 목표를 설정하여 상담을 진행하고 상담이 끝난 후에는 효과를 평가하는 과정으로 진행된다.

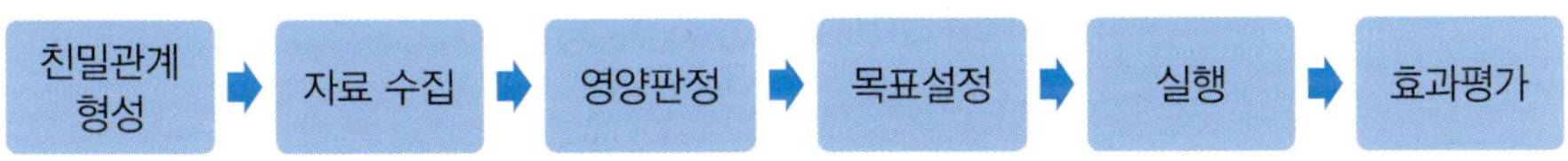

| 그림 7-1 | **영양 상담의 실시과정**

일반적인 영양 상담의 실시과정은 위와 같으나 영양상담이 이루어지는 상황에 따라 실시과정은 일부 달라질 수 있다. 학교, 병원, 산업체, 보건소 등에서 진행되는 영양상담은 목적과 대상이 다르기 때문에 각 상황에 맞는 세분화된 진행과정이 있을 수 있다. 또한 최근에는 상담자와 내담자가 직접 만나는 대면 상담뿐 아니라 비대면 온라인 상담도 늘어나고 있어 상담 실시과정도 목적과 방법에 맞게 기본적인 실시과정을 응용하여 사용할 수 있다.

사업흐름도

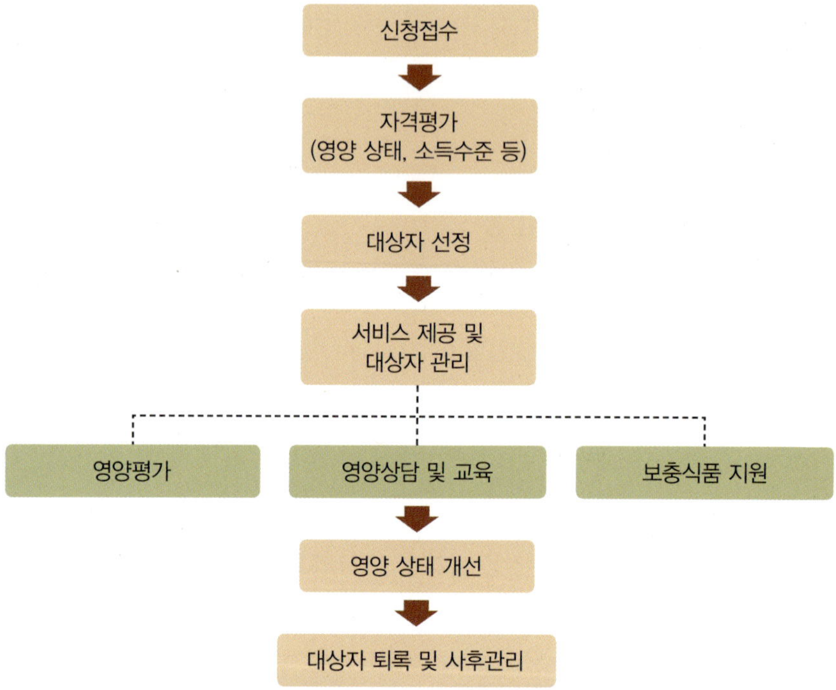

| 그림 7-2 | 보건소 영양플러스사업 영양상담 업무 흐름도의 예

출처: 보건복지부·한국건강증진개발원(2020).

영양상담 수행체계

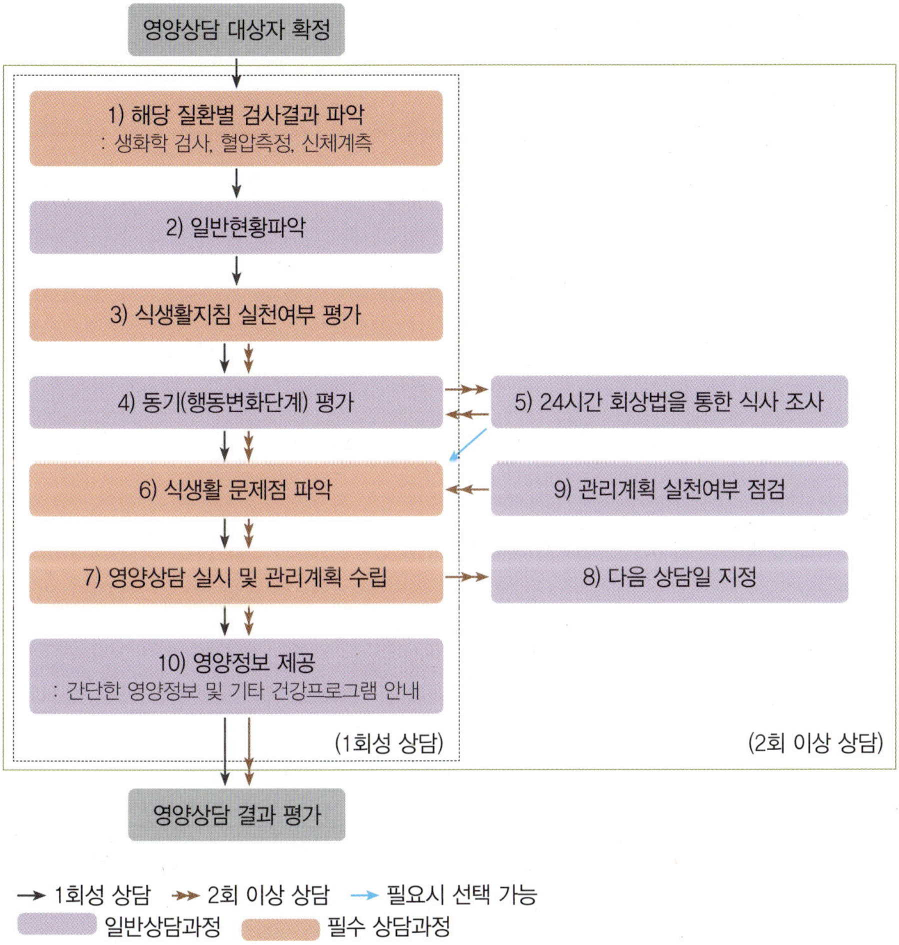

| 그림 7-3 | **보건소 건강위험요인 개선을 위한 맞춤 영양관리사업 업무 흐름도의 예**

출처: 보건복지부·한국건강증진개발원(2020).

Ⅳ. 영양상담의 도구

영양상담을 진행하기 위해서 여러 도구들을 사전에 준비하여 상담 시 적절히 활용하면 상담의 효과를 더욱 높일 수 있다. 일반적인 영양교육에서 사용되는 매체와 유사하나 영양상담은 개별적인 대화의 과정을 통해 진행되기 때문에 내담자의 특성과 주요 상담 내용에 따라 맞춤형으로 사용될 수 있다.

1. 영양소 섭취기준 및 식사구성안

영양교육뿐 아니라 영양상담에서도 가장 기초가 되는 도구는 영양소 섭취기준과 식사구성안이다. 영양소 섭취기준은 하루에 섭취해야 할 각 영양소의 양에 대한 기준으로 보건복지부와 한국영양학회에서 5년마다 개정하여 발표하고 있다. 영양소 섭취기준과 함께 식사구성안도 국가적인 차원에서 발표되는데, 식사구성안은 일반인이 복잡하게 영양가 계산을 하지 않고도 영양소 섭취기준을 충족할 수 있도록 식품군별 대표 식품과 섭취 횟수를 이용하여 식사의 기본 구성 개념을 설명한 것이다. 식사구성안의 영양목표를 충족시키는 1일 식사 구성을 제시한 권장식사패턴도 영양상담 시 유용하게 사용될 수 있다.

| 표 7-1 | 2020 한국인 영양소 섭취 기준 – 에너지 적정비율

성별	연령	에너지 적정비율				
		탄수화물	단백질	지질		
				지방	포화지방산	트랜스지방산
영아	0~5(개월)	-	-	-	-	-
	6~11	-	-	-	-	-
유아	1~2(세)	55~65	7-20	20~35	-	-
	3~5	55~65	7-20	15~30	8 미만	1 미만

출처: 보건복지부·한국영양학회(2020).

| 그림 7-4 | 한국인 영양소 섭취기준(에너지 적정 비율)과 식품 구성 자전거

출처: 보건복지부·한국영양학회(2015).

2. 식품교환표

식품교환표는 일상생활에서 섭취하고 있는 식품들을 영양소의 구성이 비슷한 것끼리 여섯 가지 식품군으로 구분하여 모아 놓은 것으로 같은 군 안에서 비슷한 열량을 제공하는 식품들의 양을 파악하기 쉽도록 제시한 것이다. 특히 당뇨병 환자 등 식사요법에서 열량을 조절해서 식사를 해야 하는 대상에게 영양상담을 할 때 유용하게 사용되는 도구이다.

식품군		1교환 단위의 예	밥 1/3공기 당질	단백질	지방	열량 (kcal)
곡류군		밥 1/3공기, 감자(중) 1개, 식빵 1쪽, 삶은국수 1/2공기, 떡 3개	23	2		100
어육류군	저지방군	소, 돼지, 닭고기의 살코기(40g 탁구공 크기), 흰살생선(소) 1토막, 새우(중하) 3마리, 멸치(잔것) 1/4컵, 조갯살 1/3컵		8	2	50
	중지방군	계란(중) 1개, 두부 1/6모, 순두부 1컵, 햄 1쪽, 등푸른생선(소) 1토막		8	5	70
	고지방군	갈비 40g, 치즈 1.5장, 프랑크소시지 1과 1/3개		8	8	100
채소군		당근 70g (1/3토막), 시금치 70g (익혀서 1/3컵), 양송이버섯 60g, 오이 70g (1/3토막), 콩나물 70g (익혀서 2/5컵), 포기김치 70g, 무우 70g, 김 2g(1장)	3	2		20
과일군		사과(중) 1/3개, 귤(중) 1개, 배(중) 1/4개, 바나나(중) 1/2개, 딸기(중) 10개	12			50
우유군		우유 200ml, 두유 200ml, 분유 5큰술(25g) (맘마QT한스푼=2.6g)	11	6	6	125
지방군		땅콩 1큰술, 잣 1큰술, 마요네즈 1.5작은술, 식용유, 들기름, 참기름 1작은술			5	45

| 그림 7-5 | 식품교환표

출처: 국가건강정보포털(2020).

3. 식생활 및 영양섭취 평가지

영양상담 시 내담자의 건강과 영양정보에 대한 자료수집 단계에서 식생활 및 영양섭취 상태를 파악하기 위한 다양한 평가지가 상담 도구로 사용될 수 있다. 평가지는 영양상담 중에 사용될 수도 있으나 영양상담이 시작되기 전에 내담자가 자가 평가해 보도록 함으로써 스스로의 식습관을 체크해 볼 수 있도록 할 수도 있다. 사전에 평가지를 작성하도록 하면 상담자가 미리 내담자의 식습관 및 영양섭취 문제점을 파악할 수 있다는 장점이 있다.

| 표 7-2 | 식생활 지침 실천여부 평가지 예시

지난 일주일동안 다음 식생활 항목을 실천하셨는지 표시해 주시기 바랍니다.			
식생활 지침 항목	0~1일	2~4일	5~7일
	0점	0점	0점
나는 곡류를 다양하게 먹고 전곡을 많이 먹습니다.			
나는 여러 가지 색깔의 채소를 매끼 두 가지 이상 먹습니다.			
나는 다양한 제철과일을 매일 먹습니다.			
나는 우유, 요구르트, 치즈와 같은 유제품을 매일 먹습니다.			
나는 매일 세끼 식사를 규칙적으로 합니다.			
나는 밥과 다양한 반찬으로 균형 잡힌 식생활을 합니다(한식 위주).			
나는 짠 음식, 짠 국물을 적게 먹습니다.			
나는 음식을 먹을 때 소금, 간장을 더 넣지 않습니다.			
나는 고기를 먹을 때 기름을 떼어내고 먹습니다.			
나는 튀긴 음식(전이나 부침 포함)을 적게 먹습니다.			
총점(※작성하지 마시오)			점

출처: 한국건강증진개발원(2014).

| 표 7-3 | 식습관 평가지 예시

Q1. 하루에 식사를 몇 회나 하십니까?
○ 3회 ○ 2회 ○ 1회 ○ 불규칙하다

Q2. 아침식사를 제대로 하십니까?
○ 꼬박꼬박 먹는다 ○ 가끔 거른다 ○ 먹지 않는다

Q3. 늘 일정한 시간에 식사를 하십니까?
○ 일정한 시간에 먹는다 ○ 가끔 불규칙하다 ○ 먹지 않는다

Q4. 식사속도는 어떻습니까?
○ 느린 편이다 ○ 보통 ○ 빠른 편이다

Q5. 과식을 하는 경우가 있습니까?
○ 거의 없다(주 0~1회) ○ 가끔 있다(주 2~3회) ○ 자주 있다(주 4회 이상)

Q6. 곡류음식(밥, 빵, 국수, 감자, 고구마 등)을 하루에 몇 회 드십니까?
○ 3회 ○ 2회 ○ 1회 이하

Q7. 생선, 고기, 계란, 콩, 두부 등으로 만든 반찬을 하루에 몇 회 드십니까?
○ 3회 ○ 2회 ○ 1회 이하

Q8. 채소류, 해조류, 버섯 등으로 만든 반찬을 하루에 몇 회 드십니까?
○ 3회 ○ 2회 ○ 1회 이하

Q9. 튀김, 전, 볶음 같은 음식이나 기름, 마요네즈를 사용한 음식을 하루에 몇 번 드십니까?
○ 1회 이상 ○ 거의 먹지 않는다

Q10. 우유나 유제품(치즈, 요플레)을 얼마나 드십니까?
○ 거의 매일(주 6~7일) ○ 가끔(주 3~5일) ○ 거의 먹지 않는다(주 0~2일)

Q11. 과일을 얼마나 드십니까?
○ 거의매일(주 6~7일) ○ 가끔 (주 3~5일)

Q12. 단 음식(과자, 초콜릿, 꿀, 아이스크림, 청량음료, 설탕이 많이 들어 있는 음식)을 많이 드십니까?
○ 아니오 ○ 예

Q13. 짠음식, 밑반찬, 젓갈류, 장아찌, 자반 등을 많이 드십니까?
○ 아니오 ○ 예

Q14. 기름이 많은 고기(삼겹살, 갈비), 가공식품(햄, 소시지), 생크림케이크, 버터 등을 많이 드십니까?
○ 아니오 ○ 예

Q15. 계란노른자, 어육류의 내장(간, 곱창), 오징어 등을 자주 드십니까?
○ 아니고 ○ 예

Q16. 술을 자주 드십니까?
○ 아니오(주 1회 이하) ○ 보통(주 2~3회) ○ 예(주 4회 이상)

Q17. 일주일에 운동을 얼마나 하십니까?
○ 주 3회 이상 ○ 주 2회 이하

Q18. 담배를 피우십니까?
○ 아니오 ○ 예

출처: 대한영양사협회 홈페이지(2020).

4. 영양상담기록지

영양상담기록지는 영양상담 과정에서 수집된 영양 상태에 대한 기초 자료와 영향을 미칠 수 있는 여러 요인을 기록하는 양식이다. 특히 여러 회차에 걸쳐 상담이 이루어지는 경우 지난 회차의 상담 내용을 확인할 수 있어 전반적으로 상담이 어떻게 전개되고 있는지 확인할 수 있다. 또한 영양상담이 의사, 간호사, 운동처방사 등 다른 전문가와 협업으로 이루어지는 경우 영양상담기록지는 전문가들 간의 의사소통 도구가 되기도 한다.

| 표 7-4 | 영양상담기록지 예시

행동변화단계 설문지

1. 귀하는 건강생활습관을 실천할 계획이 있으십니까?
   ① 생활습관개선활동에 참여할 계획이 없다.
   ② 6개월 이내에 생활습관개선활동에 참여할 계획이다.
   ③ 1개월 이내에 생활습관개선활동에 참여할 계획이고, 조금씩 준비 중이다.
   ④ 생활습관개선을 시작한 지 1~6개월 되었다.
   ⑤ 생활습관개선을 시작한 지 6개월 이상 되었다

행동변화단계 선정기준

항목명	정의	판정
계획 이전 단계	건강생활 실천 의지가 없는 경우	☑ 생활습관개선활동에 참여할 계획이 없다. ☐ 6개월 이내에 생활습관개선활동에 참여할 계획이다. ☐ 1개월 이내에 생활습관개선활동에 참여할 계획이고, 조금씩 준비 중이다. ☐ 생활습관개선을 시작한 지 1~6개월 되었다. ☐ 생활습관개선을 시작한 지 6개월 이상 되었다.
계획+준비 단계		☐ 생활습관개선활동에 참여할 계획이 없다. ☑ 6개월 이내에 생활습관개선활동에 참여할 계획이다. ☑ 1개월 이내에 생활습관개선활동에 참여할 계획이고, 조금씩 준비 중이다. ☐ 생활습관개선을 시작한 지 1~6개월 되었다. ☐ 생활습관개선을 시작한 지 6개월 이상 되었다.
행동+유지 단계		☐ 생활습관개선활동에 참여할 계획이 없다. ☐ 6개월 이내에 생활습관개선활동에 참여할 계획이다. ☐ 1개월 이내에 생활습관개선활동에 참여할 계획이고, 조금씩 준비 중이다. ☑ 생활습관개선을 시작한 지 1~6개월 되었다. ☑ 생활습관개선을 시작한 지 6개월 이상 되었다.

영양상담 기록지

1차시	▪ 날짜: 월 일 요일 시 ▪ 식생활 문제점 ▪ 영양상담 내용 ▪ 영양처방 ▪ 과제 및 목표 ▪ 다음 예약일: 월 일 요일 시 ▪ 제공자료:
2차시	▪ 날짜: 월 일 요일 시 ▪ 식생활 문제점 ▪ 영양상담 내용 ▪ 영양처방 ▪ 과제 및 목표 ▪ 다음 예약일: 월 일 요일 시 ▪ 제공자료:
3차시	▪ 날짜: 월 일 요일 시 ▪ 식생활 문제점 ▪ 영양상담 내용 ▪ 영양처방 ▪ 과제 및 목표 ▪ 다음 예약일: 월 일 요일 시 ▪ 제공자료:
4차시	▪ 날짜: 월 일 요일 시 ▪ 식생활 문제점 ▪ 영양상담 내용 ▪ 영양처방 ▪ 과제 및 목표 ▪ 다음 예약일: 월 일 요일 시 ▪ 제공자료:
5차시	▪ 날짜: 월 일 요일 시 ▪ 식생활 문제점 ▪ 영양상담 내용 ▪ 영양처방 ▪ 과제 및 목표 ▪ 다음 예약일: 월 일 요일 시 ▪ 제공자료:
6차시	▪ 날짜: 월 일 요일 시 ▪ 식생활 문제점 ▪ 영양상담 내용 ▪ 영양처방 ▪ 과제 및 목표 ▪ 다음 예약일: 월 일 요일 시 ▪ 제공자료:

한국건강증진개발원(2014).

5. 식사일기

식사일기는 내담자가 스스로 하루 동안 섭취한 음식을 일기 형태로 쓰는 것으로 식사뿐 아니라 간식이나 음료 등 섭취한 모든 음식을 기록하도록 한다. 식사일기는 상담 시 상담자가 내담자가 하루 동안 섭취한 음식의 종류와 양을 파악할 수 있도록 할 뿐만 아니라 내담자도 직접 작성하면서 스스로의 음식 섭취 패턴의 문제점을 발견하고 이를 효과적으로 개선할 수 있는 방법을 생각해 볼 수 있게 해 준다. 최근에는 모바일앱을 통해 식사일기를 손쉽게 작성할 수 있고, 사진 촬영을 통해 섭취한 것을 기록하여 상담 시 활용하기도 한다.

| 표 7-5 | **식사일기 예시**

나의 식사일기

식사관리 시작 일째

오늘 날짜: 년 월 일 요일

오늘의 기분:

식사	식사시간	식사 장소 및 상황	음식명과 재료	눈대중량, 크기 및 그림	식사 후 배부른 정도
식전					□ 아주 부르다 □ 부르다 □ 적당하다 □ 부족하다 □ 아주 부족하다
아침					
간식					
점심					
간식					
저녁					
간식					
취침 전					

◎영양사의 의견

| 그림 7-6 | 모바일앱 식사일기 예시

출처: 다이닝노트.

6. 식품 모형

식품모형은 음식을 실제 모양과 같이 제작해 놓은 것으로 3차원 입체로 제작되어 있기 때문에 내담자들이 실제 양을 파악하기 용이하다. 개별 식품이나 음식의 모양뿐 아니라 대상별 영양소 섭취기준에 맞는 상차림의 예시도 모형으로 제작되고 있다. 식품 영양상담 시 섭취해야 하는 식품 및 음식의 양을 설명할 때 유용하게 사용되어 교육효과를 높일 수 있다.

| 그림 7-7 | 식품모형 예시

출처: ㈜올림.

7. 소책자, 리플릿 등 시청각 자료

영양상담 도구로 다양한 시청각 자료가 활용될 수 있다. 보건복지부 식생활지침은 가장 일반적인 기준으로 대상별 식생활지침이 제시되고 있기 때문에 상담시 내담자의 연령에 맞는 식생활지침 내용을 사용하면 된다. 소책자나 리플릿 같은 자료는 직접 제작할 수도 있지만 보건복지부, 식품의약품안전처, 대한영양사협회 등 공신력 있는 기관에서 제작한 자료를 활용할 수도 있다.

| 그림 7-8 | 시청각 자료의 예시

출처: 식품안전나라 홈페이지(2020).

V. 영양상담의 실제

1. 병원 영양상담

병원에서의 영양상담은 담당 주치의 선생님의 처방에 의해 진행됩니다. 당뇨병, 신장질환, 비만, 고지혈증, 암, 기타 질환 등 영양상담의 필요성이 있을 때 영 양상담에 대한 처방이 이루어질 수 있다. 병원 환자들을 대상으로 한 개별화된 영양상담을 통해 질환에 따른 증상을 완화시키고 치료 효과를 높일 수 있고 만성질환을 예방하거나 진행을 늦추는 데 도움을 줄 수 있다. 환자들의 경우 주변에서 식사요법에 대한 조언을 듣게 되는데 이 중에는 정확하지 않은 정보도 있기 때문에 전문가에게 올바른 식사요법에 대한 정보를 제공받는 것이 중요하며 질환 상태의 개선뿐 아니라 퇴원 후에도 좋은 영양 상태를 유지하고 바람직한 식습관과 생활습관을 갖도록 함으로써 삶의 질을 높일 수 있도록 도움을 줄 수 있다.

〈재원환자 영양관리〉

〈재원환자 영양관리〉

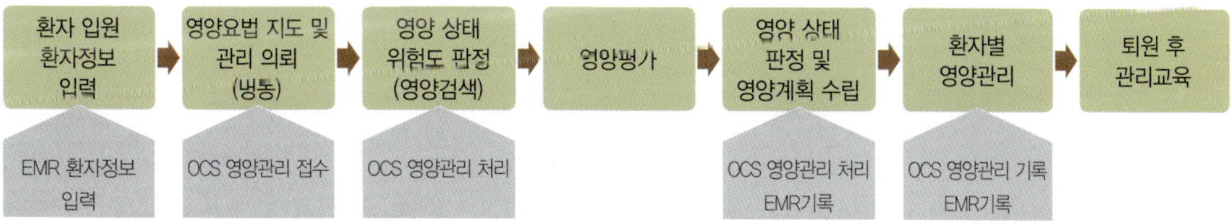

| 그림 7-9 | **재원 및 외래 환자 영양관리 흐름도 예**

출처: 분당서울대학교병원 홈페이지(2020).

2. 학교에서의 영양상담

학교에서 영양교사 또는 영양사에 의해 이루어지는 영양상담은 그 중요성이 더욱 강조되고 있다. '학교급식 기본방향'을 통해 제시된 방향성 중 '영양상담 내실화'가 포함되어 있으며 영양상담 내실화와 내담자의 건강관리 능력 배양 및 삶의 질 극대화와 체계적인 영양상담으로 학생의 건강증진과 올바른 식사선택

능력 배양을 목적으로 한다. 이를 위하여 영양상담실을 설치하여 비만, 당뇨, 고혈압, 식품알레르기 등 식사조절이 필요한 학생 및 교직원을 대상으로 상담을 실시하고 학생 비만예방 프로그램을 활용하여 학교 영양상담 프로그램을 운영하도록 하고 있다. 또한 학교 홈페이지 및 급식관리실 등에 '영양상담실'을 개설·운영하여 온라인 영양상담도 진행하도록 하고 있다.

3. 보건소 건강검진 사후 영양상담 서비스

보건복지부 '제2차 국민영양관리기본계획'의 일환으로 '보건소 모바일 헬스케어 사업과 연계한 건강검진 사후 영양상담 서비스 사업'이 도입되어 추진된다. 근로계층인 청년기, 중·장년기는 암·심뇌혈관질환 등 주요 만성질환의 발현시기이므로 만성질환의 관리와 예방을 위한 적극적인 영양관리가 필요한 시기로 보건소 만성질환 예방·관리를 위한 사업에서 영양관리체계를 강화한다. 이를 위해 모바일 영양관리 도구 및 프로그램이 개발되어 이를 통해 건강 위험도를 평가하고 개인 식생활 영양평가 결과를 토대로 영양상담이 진행되게 된다.

보건소 모바일 헬스케어 서비스는 전문가 팀 내에서 영양사가 영양상담자 역할을 담당하게 된다. 영양사는 수집된 건강정보를 통한 개별 식습관 진단 및 관리 목표를 설정하고 온라인 영양 상담·교육, 맞춤정보 제공의 역할을 한다.

팀구성 코디네이터, 의사, 간호사, 영양사, 운동전문가 등 5인 1팀 이상으로 구성

| 그림 7-10 | 보건소 모바일 헬스케어 서비스 전문가 팀 구성

출처: 보건복지부·한국건강증진개발원(2020).

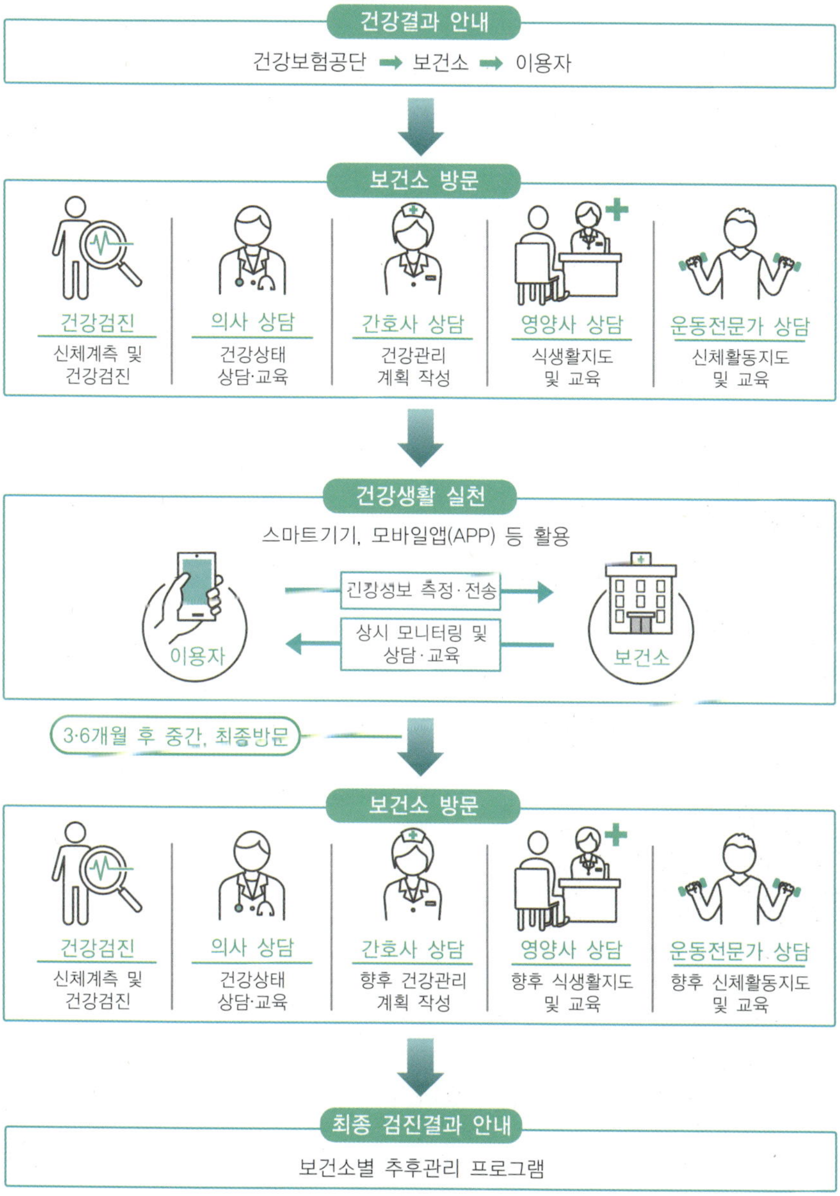

| 그림 7-11 | **보건소 모바일 헬스케어 기본서비스(24주) 체계도**

출처: 보건복지부·한국건강증진개발원(2020).

CHAPTER 08

임신수유부의 영양교육

Ⅰ. 임신수유부의 영양교육의 중요성과 목적

1. 영양교육의 중요성

임신은 정신적·심리적 그리고 정서적인 변화를 주고, 동시에 임신부 자신에게는 여러 가지 생리적 변화를 가져온다. 임신부가 식사로 섭취했거나 모체 조직에 저장되어 있던 영양소로부터 태아는 성장·발달에 필요한 모든 물질을 모체 혈액으로부터 얻는다. 임신부의 건강은 물론 건강한 출산, 그리고 태아의 건강을 위해서는 임신준비기부터의 건강관리가 매우 중요하다. 태아 성장과 밀접한 관련이 있는 임신부의 영양은 유전과 환경적 요인에 의해 영향을 받지만 환경적 요소, 특히 영양관리에 대한 의식적인 결정들이 아이의 미래를 결정한다. 임산부는 증가된 필요영양량을 충족하기 위해서는 식생활 전반에 관한 정보를 알아야 한다. 임신과 분만에 대한 기본지식은 성공적인 임신을 할 수 있도록 도우며 태아의 성장·발육을 순조롭게 진행시키는 데 도움이 된다. 따라서 임신부 영양과 임신 시의 위해요인을 파악하고, 충분한 영양공급과 올바른 영양관리를 하는 것이 중요하다.

모유는 영아에게 최상의 영양원으로, 위생적이고 안전하며 질병으로부터 영아를 보호해 주는 역할을 한다. 여성들의 사회생활 증가와 조제유의 보급 등으로 모유를 수유하는 비율이 현저히 저하되었으나, 최근에 모유수유의 장점이 널리 알려지면서 다시 증가하고 있는 추세이고, 모유수유 증진이 국가적 목표로 제시되고 있다. 따라서 수유부가 모유수유를 잘할 수 있도록 수유부의 특성과 영양관리, 수유 저해요인 등을 파악하는 것이 필요하다.

이에 임신수유부는 생리적 특성상 영양결핍·과잉문제로 인해 평생 건강에 영향을 받을 수 있으며, 이러한 문제는 본인뿐만 아니라 사회 국가적으로 큰 손실로 이어지기 때문에 건강한 임신출산과 영유아의 정상적인 성장발달을 위한 사전 예방적 영양관리를 위한 영양교육이 중요하다.

2. 교육목적

임신·수유부를 위한 영양교육은 임신·수유부의 건강, 건강한 아이 출산 및 모유수유를 목표로 한다. 구체적인 목표는 다음과 같다.

1) 임신기

① 임산부들이 올바른 식습관을 가실 수 있도록 한다.
② 임신기 동안 적당한 체중증가가 이루어지도록 한다.
③ 임신 중 음주와 흡연을 금하고, 카페인 섭취를 절제하도록 한다.
④ 임신 중에 임신중독증, 임신성당뇨병, 빈혈, 변비 등이 나타나지 않도록 한다.
⑤ 입덧, 변비, 빈혈, 임신중독증, 임신성당뇨병 등이 있는 경우에 적절하게 식생활을 관리할 수 있도록 한다.
⑥ 분만 후 모유수유를 할 수 있도록 준비시킨다.

2) 수유기

① 수유부들이 올바른 식습관을 가질 수 있도록 한다.

② 수유 중 음주와 흡연을 금하고 카페인 섭취를 절제하도록 한다.

③ 영아기의 영양공급 방법: 수유법과 이유식을 올바로 시행할 수 있도록 한다.

II. 영양소섭취기준 및 영양문제

1. 영양소섭취기준

1) 임신부의 영양소섭취기준

임신을 하면 모체조직의 변화와 생리적 변화가 나타나는데, 이는 모체의 새로운 조직 합성과 임신의 유지, 태아의 성장과 발달, 그리고 분만 후 신생아기에 필요한 영양소 공급을 위한 수유준비를 위한 것이므로 임신부는 지속적인 에너지와 영양소를 공급받아야 한다. 임신 전반기는 태아의 영양소 요구량은 적으나 임신 후반기의 급격한 태아 성장과 분만, 수유를 위한 에너지와 영양소를 축적하는 시기이다.

정상적인 임신의 유지와 태아의 성장을 위하여 충분한 영양공급을 하기 위해서는 필요한 주요 영양소의 작용과 영양소섭취기준을 잘 알고 영양관리에 적용해야 한다.

2) 수유부의 영양소섭취기준

수유부의 영양소섭취기준은 모유생성과 직접적으로 관련된다. 성숙유 분비가 자리 잡게 되는 수유 1개월 이후부터 수유기 전반기 6개월의 모유분비량은 매일 780mℓ 정도이다. 영아가 이유보충식을 섭취하게 되면서 모유 분비량은 점차 감소하므로 수유 후반기 6개월의 모유 분비량은 약 600mℓ로 본다.

수유기간 중에는 비타민 D와 엽산, 마그네슘과 철 그리고 식이섬유를 제외하고는 임신기에 추가로 요구되는 양보다 많다. 특히 수분, 비타민 A, 비타민 E, 비타민 C, 비타민 B_2, 비타민 B_{12}, 칼륨, 아연, 구리, 요오드, 셀레늄이 증가한다.

출생 후 4~6개월이 되면 아기는 몸무게가 태어날 때의 두 배가 되면, 모체는 이러한 아기의 빠른 성장을 뒷받침하기 위해 에너지, 단백질, 지질, 무기질, 비타민 등을 모유를 통해 공급해야 하므로 수유부의 영양공급이 매우 중요하다. 약간의 예외가 있지만 수유부의 영양필요량은 임신기보다 더 크며, 사실상 일반적으로 여성의 어느 생애에서보다도 높다. 모유분비량, 모유성분 조성, 수유 시작 시의 모체 영양 상태, 모체의 기본적 영양필요량 등 여러 요인이 수유부의 영양필요량을 결정하는 데 영향을 미친다.

| 표 8-1 | 임신·수유부의 영양소섭취기준

연령 (세)	에너지[1] (kcal)	단백질 (g)	비타민A (μgRE)	비타민D[2] (μg)	비타민E[2] (mg α-TE)	비타민C (mg)	비타민B_1 (mg)	비타민B_2 (mg)
19~29	2,000	55	650	5	10	100	1.1	1.2
30~49	1,900	50	650	5	10	100	1.1	1.2
임신부	+0/340/450[*]	+0/15/30[*]	+70	-	-	+10	+0.4	+0.4
수유부	+340	+25	+490	-	+3	+40	+0.4	+0.5

연령 (세)	니아신 (mg NE)	비타민B_6 (mg)	엽산 (μgDFE)	비타민B_{12} (μg)	칼슘 (mg)	철 (mg)	아연 (mg)	요오드 (μg)
19~29	14	1.4	400	2.4	700	14	8	150
30~49	14	1.4	400	2.4	700	14	8	150
임신부	+4	+0.8	+220	+0.2	-	+10	+2.5	+90
수유부	+3	+0.8	+150	+0.4	-	+0	+5	+190

[1] 필요추정량, [2] 충분섭취량

*임신 3분기별 영양소섭취기준

출처: 보건복지부·한국영양학회(2020).

2. 임신·수유부의 영양·식생활·건강문제

임신부의 칼슘, 철, 에너지, 비타민 A, 엽산, 식이섬유의 섭취 상태가 불량한 경우가 많으며, 임신부 빈혈은 가장 중요한 영양문제 중 하나이다. 또한 임신성 고혈압과 당뇨, 비만 등의 문제는 임신기에 가장 주의해야 할 건강문제이다.

임신 중에는 태아의 산소와 영양소 요구량 증가와 배설물의 배출 등으로 모체의 폐, 심장, 그리고 콩팥(신장)의 부담이 증가된다. 비록 모체의 소화기와 신진대사가 효율적으로 작동하고 있지만, 속쓰림, 변비, 구토, 부종, 빈혈 및 임신성당뇨 등 임신으로 인한 불편한 증상이 여러 가지 나타난다. 특히 임신에 따른 고혈압은 치료가 되지 않으면 콩팥병 등 복합 질환을 야기하며 심지어 산모와 태아를 사망에 이르게 한다. 이러한 문제들은 식습관의 변화로 어느 정도 완화시킬 수 있다.

몇몇 조사에 의하면 우리나라 수유부들의 식생활은 밥, 미역국, 김치 위주의 다양하지 않은 음식 섭취로 영양소가 저조한 경우가 많으며, 산후 무리한 체중 감소가 수유부의 건강을 해치기도 한다.

Ⅲ. 영양교육 내용과 방법

1. 영양교육 내용

임신과 출산과정에서 임신부와 태아가 모두 건강하기 위해서는 특히, 임신과정 중의 영양 상태가 매우 중요한 역할을 한다. 임신·수유기 여성을 대상으로 하는 영양교육은 임신을 건강하게 유지하고 태아의 정상적인 발육과 성장을 도모하며, 출산 후의 모체의 건강유지와 충분한 유즙 생성 및 올바른 이유 실행방법을 포함한 영유아의 식생활 지침 등의 교육이 필요하다.

| 표 8-2 | 임신기와 수유기의 영양교육

임신기	수유기
· 임신기의 영양관리(적당한 열량, 단백질, 칼슘, 엽산의 섭취, 철분보충제 복용) · 임신기의 생리적 변화와 적절한 체중증가의 중요성 · 입덧관리 · 변비, 빈혈, 임신중독 시의 식사관리 · 태아 발육에 유해한 요인(음주, 흡연, 약물, 편식 등)	· 수유 생리와 올바른 수유관리 · 수유기의 영양 및 식사관리 · 수유 시 주의사항 · 영아기의 특성과 영양관리 · 올바른 실행방법

| 그림 8-1 | 임신·수유부를 위한 식생활 지침

출처: 보건복지부(2010).

| 표 8-3 | 영유아를 위한 식생활 지침

식생활 지침	실천 지침
생후 6개월까지는 반드시 모유를 먹이자	· 초유는 꼭 먹이도록 합니다. · 생후 2년까지 모유를 먹이면 더욱 좋습니다. · 모유를 먹일 수 없는 경우에만 조제유를 먹입니다. · 조제유는 정해진 양대로 물에 타서 먹입니다. · 수유 시에는 아기를 안고 먹이며, 수유 후에는 꼭 트림을 시킵니다. · 자는 동안에는 젖병을 물리지 않습니다.
이유 보충식은 성장 단계에 맞추어 먹이자	· 이유 보충식은 생후 만 4개월 이후 6개월 사이에 시작합니다. · 이유 보충식은 여러 식품을 섞지 말고 한 가지씩 시작합니다. · 이유 보충식은 신선한 재료를 사용하여 간을 하지 않고 조리해서 먹입니다. · 이유 보충식은 숟가락으로 떠먹습니다. · 과일주스를 먹일 때는 컵에 담아 먹입니다.
유아의 성장과 식욕에 따라 알맞게 먹이자	· 일정한 장소에서 먹입니다 · 쫓아다니며 억지로 먹이지 않습니다. · 한꺼번에 많이 먹이지 않습니다.
곡류, 과일, 채소, 생선, 고기, 유제품 등 다양한 식품을 먹이자	· 과일, 채소, 우유 및 유제품 등의 간식을 매일 2~3회 규칙적으로 먹입니다. · 유아 음식은 싱겁고 담백하게 조리합니다. · 유아 음식은 씹을 수 있는 크기와 형태로 조리합니다.

출처: 보건복지부(2010).

2. 영양교육 방법

임신수유부 영양교육은 보건소에서 운영하고 있는 영양플러스(한국형 WIC 프로그램)가 대표적이다. 병원에서는 집합교육과 영양상담이 이루어진다. 차병원의 예를 들면 임신부를 대상으로 산모대학을 운영하고 그중 영양관련 '엄마의 영양과 건강한 아이' 주제로 교육을 실시하고 있다. 심한 영양불균형이나, 임신오조, 빈혈, 임신중독증, 임신성당뇨 등은 의사의 처방에 따라 영양상담을 실시하는 경우도 있다.

Ⅳ. 임신수유부 영양교육의 실제

임신수유부 영양교육 중 보건소에서 운영하고 있는 영양플러스(한국형 WIC 프로그램)에 대하여 자세히 살펴보고자 한다.

1. 영양플러스 사업소개

1) 사업 정의

영양플러스사업은 생리적 요인과 환경 요건 등으로 인해 상대적으로 영양 상태가 취약해질 수 있는 임산부의 영유아의 영양개선을 위하여 생애주기 특성에 맞는 영양교육을 실시하고, 결핍 위험이 있는 영양소를 공급할 수 있는 특정 식품들을 일정 기간 동안 지원하는 제도이다.

2) 사업 목적

건강 관련 위험요인(health risk)이 있는 국민에 대해 그 위험인자를 감소시키거나 제거하여 건강을 증진시키고자 하는 공중보건을 향상하는 차원의 사업으로서, 국민 건강을 태아 단계부터 관리하여 전 생애에 걸쳐 건강한 권리를 보장하는 '평생 건강 관리형' 서비스를 제공하고자 한다.

3) 사업 목표

임산부와 영유아의 빈혈, 저체중, 영양섭취 불량 등의 영양문제를 해소하고, 자기 식생활 관리 능력 배양을 통한 국민의 장기적 건강을 확보하고자 함이다.

2. 영양플러스 주요 사업 내용

1) 영양교육 및 상담서비스

'영양교육 및 상담'은 영양플러스에서 가장 중요한 서비스로서 대상자 개개인의 영양문제를 해소하고, 장기적으로는 대상자가 스스로 식생활을 관리할 수 있는 능력을 향상시키도록 돕는 것을 목표로 한다.

2) 교육실시 원칙

- 교육방법: 집단교육, 개인상담, 가정 방문교육, 기타 온라인 교육 등
- 교육내용: 보건소별 지역 및 대상자 특성을 고려한 교육 커리큘럼 제공
- 교육횟수: 최소한 1개월에 1회 이상 대면 교육

3) 대상자별 교육 커리큘럼(권장)

기본교육(모든 대상)

1. 영양플러스사업 참여 방법
2. 보충식품을 이용한 음식
3. 식사 계획 방법(식사구성안)
4. 식품위생

주요 영양문제별 교육

1. 빈혈(모든 대상)
2. 저체중(영아, 유아)
3. 비만(영아, 유아)
4. 편식(영아, 유아)
5. 변비(영아, 유아)

임산부 식생활 · 영양관리

1. 임신부 식생활 지침
2. 임신 시 변화
3. 임신 시 체중변화 영양관리
4. 임신 중 위험요인
5. 모유수유
6. 산후조리

출산부 및 영아 식생활 · 영양관리

1. 수유부 및 영아 식생활 지침
2. 모유수유
3. 이유보충식 도입 원칙
   "우리 아이 무엇을 얼마나 먹일까?"
4. 이유식 만들기

유아 식생활 · 영양관리

1. 어린이 식생활 지침
2. 유아 영양관리
3. 우리 아이 간식으로 무엇이 좋을까?
4. 우리 아이 좋은 식습관 만들기
5. 치아 관리

4~5세 유아용 교육자료

1. 식품 이름과 유래 알기
2. 식사구성안 알기
3. 식품위생(손 씻기 등)
4. 기타(간식, 편식, 식사예절 등)

출처: 한국건강증진개발원(2019).

3. 영양플러스 임신출산수유부의 영양관리 절차

1) 대상자 맞춤형 영양관리

(1) 1단계: 영양검색

대상자의 주요 영양문제를 확인하여 심층 영양판정이 필요한 자는 다음단계로 이동

(2) 2단계

신체계측 자료, 생화학 검사 자료, 식사섭취 자료, 임상자료 등을 조사할 내상자 영양문제 판정

(3) 3단계

대상자 영양문제의 원인을 진단하고, 해결 가능한 우선 목표를 설정

(4) 4단계

대상자 영양문제 위험 정도에 따라 영양교육, 영양상담, 식품·영양소 지원, 다분야 연계 등을 계획하고 실행

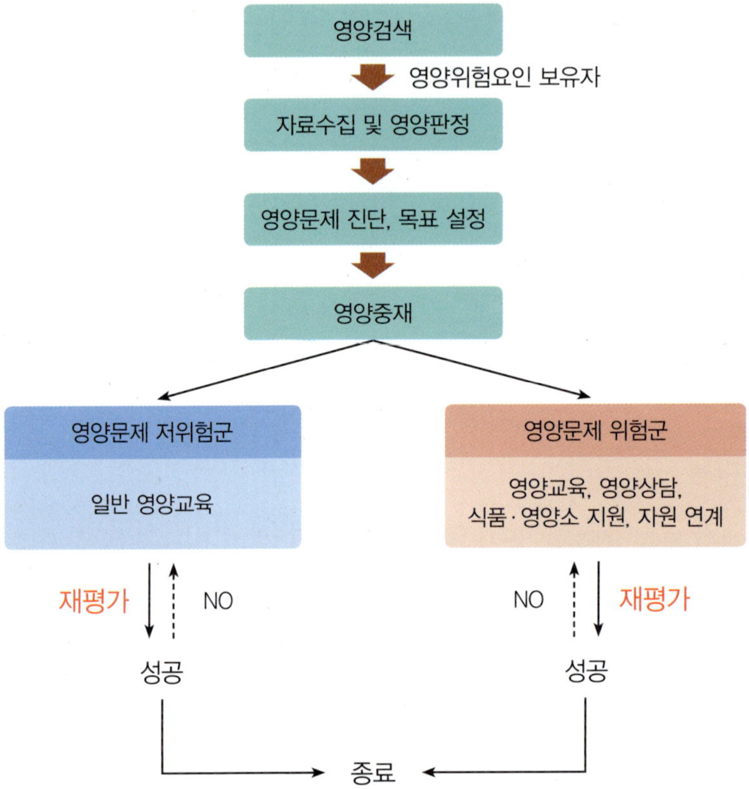

| 그림 8-2 | 영양플러스 임신출산수유부 영양관리 절차

출처: 한국건강증진개발원(2015).

2) 영양플러스 임신출산수유부의 영양관리의 구체적인 사례

(1) 임신부 빈혈: 철 함량이 불충분한 식사

임신 5개월의 임산부로서 신체계측 결과, 키 160cm, 몸무게 77kg로 체중이 임신 전보다 6kg 정도 증가하였으며, 헤모글로빈 수치는 10.0g/dℓ였다. 식품섭취조사 결과, 하루 1~2끼 정도의 식사를 하며, 비스켓, 사탕 등 당과 지방이 많은 간식을 자주 먹고 있었다. 이러한 간식을 통해 필요 에너지의 대부분이 충족되고 있었으며, 단백질 및 철 섭취가 부족하였다.

1) 자료 수집 및 영양판정
(필수: 임신 전 체중과 임신 기간 중 체중 변화 자료 수집)

- 신체계측 자료: 키 160cm
  임신 전 체중 71kg, 표준체중 53.7kg, BMI 27.7, 비만도 132%(비만)
  현재 체중(임신 20주) 77kg, 임신 5개월간 체중 증가량 많음(+6kg)[1)]
- 생화학 검사 자료: Hb 10.0g/dℓ(빈혈)
- 영양섭취 자료: 1일 섭취 에너지 2800kcaℓ, 1일 EER[2)]의 117%
  단백질, 철, 비타민 섭취 EAR의 75% 미만
  고기·생선·달걀·콩류 섭취 횟수 1일 3회 미만
  1일 1~2끼의 불규칙한 식사
  비스킷, 사탕 등 당과 지방이 많은 간식 자주 섭취
- 기타: 나이 30세, 임신 5개월, 20주

2) 영양진단 및 목표설정

문제(P)	병인/요인(E)	증상/징후(S)
단백질, 철 섭취 부족	· 식품영양 관련 지식 부족 · 식사보다 잦은 간식류 섭취	· 1일 1~2회 식사 · 빈혈(10.0g/dℓ) · 단백질, 철, 비타민 섭취 EAR의 75% 미만
단백질, 철, 비타민 부족	· 비스킷, 사탕 등 당, 지방이 많은 간식 잦은 섭취	· 임신중기 현재 체중 증가량이 많음 · 1일 EER 대비 116% 섭취

- 장기 목표
  - 임신 중 적정 체중 증가로 건강한 출산을 유도한다.
  - 임신 중 혈중 헤모글로빈 수치를 정상화한다(Hb 11.0g/dℓ)
- 단기 목표
  - 1일 2,400kcaℓ의 균형 잡힌 식사 실천
    (곡류 4회, 고기·생선·달걀·콩류 5회, 채소류 8회, 과일류 3회, 우유·유제품류 1회)
    - 간식은 1일 1~2회로 하며, 과일류와 우유·유제품으로 섭취
    - 철 보충제는 전문가의 지도하에 섭취

1) 비만 임신부 기준
2) 1일 에너지 필요추정(EER): 448−7.95×30+1.16(11.4×71+619×1.6)+340=2,428≒2,400kcaℓ

3) 영양중재계획

- (✓) 교육 (✓) 상담 ( ) 식품, 영양소 제공 (✓) 다분야 협의

	중재내용/계획		
	형태	중재내용	횟수
영양중재	교육	ㅁ 임신위험요인과 영양관리 ㅁ 빈혈관리와 식사요법 ㅁ 식사계획 방법	2차
	상담	1. 영양진단결과 설명(영양섭취 문제점) 2. 임신 중 빈혈의 문제점 설명 3. 빈혈 예방, 관리를 위한 식사요법 설명 4. 임신 중기 이후 적정 1일 식사 섭취량 5. 임신기 올바른 간식 실천 방법 6. 목표 설정 내용 배부 및 실천 계획 약속	1차
교육도구		ㅁ 임신위험요인과 영양관리 PPT ㅁ 식사구성안 PPT 및 임신부 1일 식사계획표 ㅁ 임신기 빈혈 ㅁ 식생활 개선 목표 ㅁ 임신부 영양관리 리플릿	
FOLLOW UP 일정		1~2개월 간격 상담(방법: 전화, 또는 대면상담)	

위 사례자의 영양상담 및 교육 필요성

임신기간 중에는 모체나 태아 조직 내 헤모글로빈과 철 함유 단백질 합성을 위해 철 필요량이 증가하게 되므로 임신 중 다양한 음식을 통하여 필요 영양소 및 철 섭취가 필요하다.

출처: 한국건강증진개발원(2015).

(2) 인스턴트 및 가공식품 위주의 식사를 하는 임신부(결혼이민자 가구)

결혼 이민자 가구의 여성으로서 임신 초기에 해당하였으나 한국 음식이 입에 맞지 않아 끼니를 거르거나 주로 라면 등 가공식품을 주식으로 먹고 있었다. 식품섭취 조사 결과, 여섯 가지 식품군을 고르게 섭취하지 않아 단백질, 철, 비타민 등의 주요 영양소 섭취가 부족하였다.

1) 자료 수집 및 영양판정

(필수: 임신 전 체중과 현재 체중 변화 자료 수집)

- 신체계측 자료: 키 162cm
  임신 전 체중 55kg, 비만도 100%
  현재 체중(임신 9주) 55kg, 체중 변화량 0kg
- 생화학 검사 자료: Hb 10.0g/dℓ(빈혈)
- 영양섭취 자료: 영양섭취 1,800kcal, 1일 EER[1]의 100%
  단백질, 철 비타민 섭취가 EAR의 75% 미만 섭취
  에너지 섭취비율 탄:단:지=75:10:15(탄수화물 섭취 비율 높음)
  1일 식품군별 섭취 횟수: 곡류 5회, 고기·생선·달걀·콩류 1회, 채소류 2회, 과일류 0.5회, 우유·유제품류 0회
  라면 등 가공식품을 주식으로 섭취
- 기타: 나이 22세, 결혼 이민자 가구

2) 영양진단 및 목표설정

문제(P)	병인/요인(E)	증상/징후(S)
탄수화물 섭취 비율 높음	· 인스턴트 및 가공식품 선호 · 주식으로 라면 등을 주로 섭취	· 에너지 섭취 비율: 탄:단:지=75:10:15
단백질, 철, 비타민 부족	· 불균형한 식사: · 여섯 가지 식품을 고르게 섭취하지 않음	· 단백질, 철, 비타민 EAR의 75% 미만 · 빈혈

- 장기 목표
  - 혈중 헤모글로빈 농도를 정상화한다. (11.0g/dℓ)
  - 태아의 정상적인 성장과 발달을 유도한다.
- 단기 목표
  - 1일 1,800kcal의 균형 잡힌 식사 실천
    (곡류 3회, 고기·생선·달걀·콩류 3.5회, 채소류 7회, 과일류 2회, 우유·유제품류 1회)
  - 탄수화물, 단백질, 지질의 적정 비율 섭취(탄:단:지=65:15:20)
  - 가공식품 섭취 줄이기

[1] 1일 에너지 필요 추정량(EER)
354-6.91×22+1.12(9.36×55+619×1.62)+0=1,894≒1,600kcal

3) 영양중재계획

- (✓) 교육 (✓) 상담 ( ) 식품, 영양소 제공 ( ) 다분야 협의

	중재내용/계획		
	형태	중재내용	횟수
영양중재	교육	ㅁ 임신부 식생활 지침 ㅁ 임신 시 체중 변화와 영양관리 요령 ㅁ 식사계획 방법 ㅁ 빈혈의 영양관리	1차~2차
	상담	1. 영양진단결과 설명 2. 임신기 적정한 체중증가와 식사관계 중요성 설명 3. 가공식품 및 인스턴트 식품의 문제점 설명 4. 임신 시기별 1일 영양섭취 기준 및 계획 5. 가공식품 대신 섭취할 수 있는 식품이나 조리법 소개 6. 목표 설정 내용 배부 및 실천 계획 약속	1차
		〈다문화가정 임신부 보호자〉 1. 임신부의 영양문제점 설명 2. 임신부(결혼이면 여성)의 보호자가 가족에게 모국 음식을 섭취할 수 있도록 지도	1차
교육도구		ㅁ 임신부 식생활 지침 PPT ㅁ 식사구성안 PPT ㅁ 임신부 적정체중 증가 곡선 그래프 ㅁ 임신부 1일 식사계획표 ㅁ 식생활 개선 목표 ㅁ 임신부 영양관리 리플릿	
FOLLOW UP 일정		1~2개월 간격 상담(방법: 전화, 또는 대면상담)	

위 사례자의 영양상담 및 교육 필요성

임신 중 불규칙적인 식사는 저혈당과 케톤증을 유발하여 태아 성장에 좋지 않은 영향을 끼친다. 가공식품이나 인스턴트식품은 열량이 높아 영양불균형을 초래하거나, 나트륨이 많아 부종이 있는 임신 후기 임부에게 증상을 더 심하게 할 수 있다. 또 식품첨가물이 많은 음식도 태아의 정상적인 성장 발육에 방해를 줄 수 있으므로 가급적 자연식품을 섭취한다.

출처: 한국건강증진개발원(2015).

(3) 영양플러스 단체교육 및 소그룹 교육

대상자별, 영양문제별, 가구 특성별 맞춤 영양·식생활 관리 집합교육 및 소그룹 교육을 실시하고 있다.

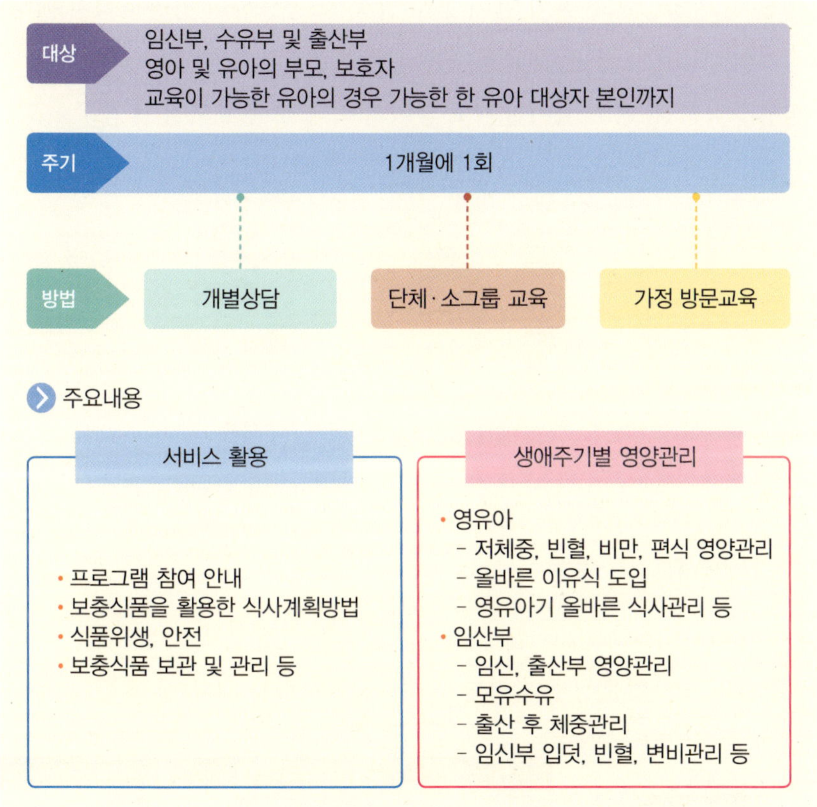

| 그림 8-3 | **영양플러스 영양교육 및 상담**

출처: 한국건강증진개발원(2017).

3) 영양정보 제공을 통한 식생활 관리 능력 향상

(1) 영양소식지 발간

- 매월 정기 영양교육 참여 안내 공문 발송 시 동봉하여 영양소식지 배부
- 정기영양교육이 끝난 후 교육내용과 관련성이 있는 주제를 격달로 선정
- 영양소식지 내 퀴즈 풀이놀이도 넣어서 복습 교육 효과를 높임

출처: 여주시 보건소: 2018년 1~12월, 매월 총 1,349명 876가구에 제공.
한국건강증진개발원(2019).

(2) 온라인커뮤니티 활용

- SNS(Social Network Services/Sites)를 활용한 건강정보 제공
- 영양플러스 사업운영 공지사항 안내, 대상자 정보 교류 실시 등

* "김포시 사랑가득 영양플러스" 밴드화면

출처: 한국건강증진개발원(2019).

(3) 영양플러스사업 관련 활용 가능한 매체

① 한국건강증진개발원(https://www.khealth.or.kr/) → 자료실 → 지침/교육자료 → 검색 → 영양플러스

② EBS육아학교(https://www.ebspin.co.kr/) → 검색 → 영양플러스

제목	표지	목차 및 주요 내용
임신·수유기 때 무엇을 얼마나 먹어야 할까?		1. 임신·수유기의 식생활 특성 2. 임신·수유기 단계별 영양소 섭취기준 3. 성인여성 권장식단에 임신·수유단계별 추가권장식품의 예 * 한국인 영양소 섭취기준을 활용한 식사 계획 임신·수유부편 PPT 자료
우리 아이 무엇을 얼마나 먹여야 할까?		1. 유아기의 식생활 특성 2. 유아기 권장식단 알아보기 3. 우리 아이에게 맞는 식단계획해 보기 * 한국인 영양소 섭취기준을 활용한 식사계획 유아 양육자편 PPT 자료
임신 중 변화와 관리 (임산부 대상)		1. 임신 중 엄마와 아기의 몸의 변화 2. 임신기 위험요인 * '건강한 임신과 행복한 출산을 위해' 시리즈 교육용 소책자
임신부 영양 및 식생활 관리지침 (임산부 대상)		1. 임신기 영양섭취 2. 임신기 체중관리 * '건강한 임신과 행복한 출산을 위해' 시리즈 교육용 소책자

제목	표지	목차 및 주요 내용
임신부 건강문제 (임신부 대상)		1. 임신기 건강문제 2. 임신기 운동 3. 산휴조리 * '건강한 임신과 행복한 출산을 위해' 시리즈 교육용 소책자
다문화 가정을 위한 이유식 가이드 소책자		1. Breastfeeding 2. What is baby food? 3. Preparatory baby foods(4~5 months) 4. Stage 1 baby foods(6~7 months) 5. Stage 2 baby foods(8~9 months) 6. Stage 3 Baby Foods(10~11 months) 7. Stage 4 Baby Foods(12~24 months) 8. Food Allergies and Eczema 9. Feeding Guide for Your Baby 10. Important notes and precautions * 영어, 중어, 캄보디아어, 필리핀어, 베트남어로 제작된 이유식 가이드

출처: 보건복지부·한국건강증진개발원(2019).

CHAPTER 09

영유아의 영양교육

Ⅰ. 영유아 영양교육의 중요성과 목적

영유아의 정상적인 성장과 발달을 위해서 균형 잡힌 식사의 제공과 올바른 식습관의 형성은 필수적인 부분이며, 영유아 시기에 형성된 좋은 식습관은 평생 동안 건강을 유지하는 데 중요한 근간이 된다. 이 시기에 아이들은 새로운 식품들을 접하면서 식품에 대한 수용과 선호가 형성되고 식생활에 대한 가치를 형성하게 되는데 유아기의 식생활은 사회적, 정서적, 지적 발달에도 중요한 요인이 된다. 이 시기의 영양은 기본적으로 가정에서 제공되는 식사와 부모님의 식사지도가 중요하지만, 과거와는 달리 영유아들이 보육시설에서 보내는 시간도 길어짐에 따라 보육시설에서의 영양교육의 중요성이 커지고 있다.

영유아 영양교육의 목적은 영유아들이 영양과 식품에 대한 기초지식을 배우고 올바른 식습관을 형성할 수 있도록 하는 것이다. 이 시기는 식습관이 형성되는 초기단계이기 때문에 영양교육을 시작하기 가장 좋은 시기이다.

영유아를 위한 영양교육은 영양전문가에 의해 이루어지는 것이 바람직하다. 우리나라는 100인 이상의 보육시설에 영양전문가인 영양사를 배치하도록 되어 있으며, 100인 미만의 시설은 지자체의 어린이급식관리지원센터에 등록하여 센터 소속 영양사에 의해 지도받도록 법적 근거를 가지고 있다. 어린이급식관리지원센터는 '어린이 식생활안전관리 특별법'에 의거 지자체별로 설치되어 있으며, 센터 소속 영양사를 통해 영양관리 및 위생관리를 지도하고 있다. 어린이를 포함하여 학부모, 원장, 교사, 조리종사자 등 다양한 대상별 교육이 이루어지고 있다.

II. 영유아 영양소 섭취기준 및 영양문제

영유아기는 두뇌, 신체, 인지, 사회성, 언어 발달 등 다양한 발달이 이루어지는 중요한 시기로 적절한 영양공급이 어느 때보다 중요하다. 영유아기 영양섭취기준을 이해하기 위해서는 우선 영유아의 연령구분을 정확하게 알아야 한다. 「영유아보육법」 제2조에서 영유아는 6세 미만의 취학 전 아동으로 규정하고 있으며, 어린이집에서는 2세까지는 영아, 3~5세는 유아로 구분하고 있다. 「유아교육법」 제2조에서는 유아는 만 3세~초등학교 취학 전까지의 어린이로 규정하고 있다.

| 표 9-1 | 영유아 연령 구분

<table>
<tr><th>구분</th><th colspan="3">설명</th></tr>
<tr><td rowspan="3">영아</td><td rowspan="3">만 12개월 전</td><td>이유기 초기</td><td>만 4~6개월</td></tr>
<tr><td>이유기 중기</td><td>만 7~9개월</td></tr>
<tr><td>이유기 후기</td><td>만 10~12개월</td></tr>
<tr><td rowspan="2">유아</td><td colspan="3">만 1~2세</td></tr>
<tr><td colspan="3">만 3~5세</td></tr>
</table>

보건복지부와 한국영양학회의 '한국인 영양소 섭취기준(2020)'은 영아(1세 미만)와 유아(1세 이상~5세)를 구분하여 영양소 섭취기준을 제시하고 있다.

| 표 9-2 | 연령별 1일 영양섭취기준

연령 구분		에너지 (kcal)	탄:단:지 에너지 구성 비율(%)	단백질 (g)	비타민A (μgRAE)	비타민C (mg)	티아민 (mg)	리보플라빈 (mg)	칼슘 (mg)	철 (mg)
영아	만 0~5개월	500	-	10[1)]	350[1)]	40[1)]	0.2[1)]	0.3[1)]	250[1)]	0.3[1)]
	만 6~11개월	600	-	15	450[1)]	55[1)]	0.3[1)]	0.4[1)]	300[1)]	6[1)]
유아	만 1~2세	900	55~65 : 7~20 : 20~35	20	250	40	0.4	0.5	500	6
	만 3~5세	1,400	55~65 : 7~20 : 15~30	25	300	45	0.5	0.6	600	7
아동[2)]	만 6~8세	1,600	55~65 : 7~20 : 15~30	35	425	50	0.7	0.85	700	9
	만 9~11세	1,900	55~65 : 7~20 : 15~30	48	575	70	0.9	1.1	800	11

*에너지는 연령별 필요추정량 적용
*에너지 외 영양소는 권장섭취량을 급식계획 기준량으로 적용
[1)] 권장섭취량 기준이 없어 충분섭취량 기준 적용
[2)] 아동의 경우 남녀 영양소 섭취 기준 평균값 적용

출처: 중앙어린이급식관리지원센터(2020).

영아기는 성장 속도가 일생 중 가장 빠른 시기로 생후 5~6개월까지는 모유 및 조제유로 성장에 필요한 에너지와 영양소를 공급하고 만 4~5개월이 되면 이유식 준비기를 거쳐 만 6개월부터 본격적인 이유식을 시작하게 된다. 이유식을 시작하는 시기는 개개인의 성장, 발달 정도와 건강 상태 등에 따라 다르다. 이유식 시작이 너무 빠르면 질식 위험, 알레르기, 감염 증가 등 문제가 발생할 수 있다. 반대로 너무 늦으면 빈혈, 성장지연, 섭식훈련이 늦어져 식행동에 문제가 발생할 수 있다.

유아기는 성장발육이 왕성한 시기로 성장과 활동에 따라 영양소 필요량이 많으나, 소화 능력은 한정되어 있어 간식이 필요하다. 또한 소화 및 흡수력이 떨

어져 소화하기 쉬운 식품과 조리법을 선택하고 잘게 잘라 먹기에 용이하도록 해야 한다. 유아기에 아이들은 기호가 형성되어 새로운 음식을 잘 수용하지 못할 수 있어 음식 선택과 섭취를 강요하지 않도록 해야 한다. 다양한 식품의 종류와 색, 모양 등을 통해 창의력 정서 발달에 도움이 될 수 있다.

유아기의 식행동 특성으로 유아기 중 만 1~2세의 경우 식성이 까다롭거나 음식을 삼키지 않고 입에 물고 있는 경우, 특정 음식을 탐닉하는 현상도 나타날 수 있다. 만 3세 이후에는 배고프지 않을 때는 식사속도가 느리거나 말하면서 먹거나 먹기 싫은 경우 울면서 거부하는 경우도 있다. 음식에 대한 선호가 생기고 친숙한 음식을 더 좋아하기도 한다.

유아기는 또래 집단의 식습관에 크게 영향을 받는 시기이다. 개인별, 연령별 발달 정도에 따라 식품 수용태도와 소화능력, 성장정도에 차이가 있다는 점을 이해하고 있어야 한다.

영유아가 어린이집이나 유치원을 다니는 경우 가정에서 부모와 보내는 시간보다 어린이 시설에서 생활하는 시간이 더 많을 수 있다. 이 경우 가정에서 나타나는 영양문제와 어린이 시설에서 나타나는 영양문제가 다를 수 있다. 아이들에게 나타나는 영양문제에 대해 어린이시설의 교사와 학부모 간에 원활한 의사소통과 협력이 중요하며, 전문적인 교육자가 별도로 있는 경우에는 교사나 학부모가 파악한 영양문제를 적극적으로 교육자에게 알려 줄 필요가 있다.

보건복지부는 2019년 생애주기별 식생활지침을 개정하여 발표하였는데 영유아 식생활지침에는 '생후 6개월까지는 반드시 모유를 먹이자', '이유 보충식은 선장단계에 맞추어 먹이자', '유아의 성장과 식욕에 따라 알맞게 먹이자', '곡류, 과일, 채소, 생선, 고기, 유제품 등 다양한 식품을 먹이자'의 내용으로 구성되어 있다. 영유아를 위한 영양교육 내용을 선정하는 단계에서 이와 같은 국가차원의 식생활 지침 내용을 참조하여 교육 내용을 선정한다.

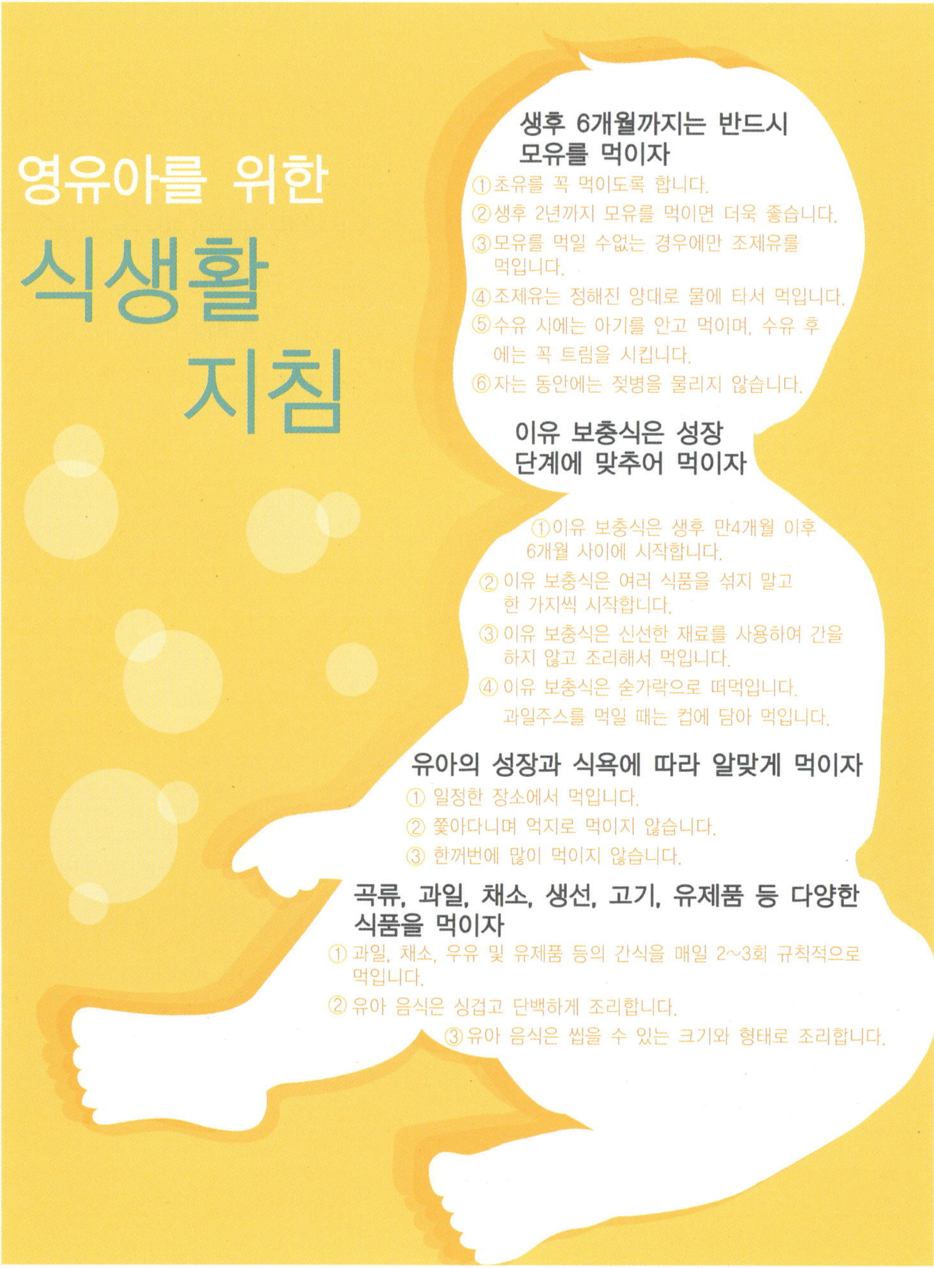

| 그림 9-1 | 영유아 식생활 지침

출처: 보건복지부(2019).

Ⅲ. 유아 영양교육 내용과 방법

실질적으로 영양교육은 영아보다는 유아를 중심으로 이루어지는 경우가 많으며, 유아를 대상으로 영양교육을 진행하기 위해 교수학습계획안을 작성한다. 교수학습계획안의 내용은 교육주제, 교육내용, 교육방법, 교육매체 등의 내용을 포함하여 연령별 발달 수준 및 인지수준을 고려하여 작성한다.

유아 영양교육의 주제는 즐거운 식사시간, 음식을 먹어야 하는 이유, 다양한 종류의 식품을 골고루 먹어야 하는 이유, 손 씻기 등 위생습관, 식사예절, 건강에 좋은 음식 또는 간식 선택하기 등 한 번에 하나의 주제를 다루어 연령별 인지수준에 맞게 선정한다. 식품의약품안전처 '유아식생활과 건강' 교사용 지침서에는 유아들을 대상으로 영양교육을 전개할 수 있는 다양한 주제가 소개되어 있다.

| 표 9-3 | 유아 영양교육 단원별 교육 내용 구성의 예

차시	소단원	개요
1	손을 깨끗이 씻어요!	언제 손을 씻어야 하는지와 손을 씻지 않으면 어떻게 되는지 등을 알아본다. 또 눈에 보이지 않는 세균이 우리 손에 얼마나 많은지를 풍선놀이를 통해 확인해 보고, 직접 선생님과 함께 손을 씻어 본다.
2	식사 예절을 지켜요!	좋은 식사예절을 가짐으로써 다른 사람들과 좋은 관계를 만들어 갈 수 있도록 가정과 어린이집, 식당에서의 식사예절을 살펴보고 상황별 식사예절을 체험해 볼 수 있도록 구성하였다.
3	환경을 생각하며 먹어요!	음식물쓰레기로 인해 낭비되는 자원과 환경오염으로부터 지구를 보존하기 위해 음식의 고마움을 생각하고 함부로 버리지 않는 생활습관을 가질 수 있도록 구성하였다.
4	이를 깨끗이 닦아요!	건강과 직접적인 관련이 있는 치아는 유아기부터 관리가 중요하다. 건강한 치아를 위한 영양관리, 칫솔질 방법을 직접 해 보도록 하고 플래시동화 '이 닦기 대장이야'와 '치카치카 이 닦이 대장'을 부르면서 흥미롭게 수업이 진행되도록 구성하였다.

차시	소단원	개요
5	생선을 자주 먹어요!	생선의 비린 맛으로 인해 잘 먹지 않는 유아들이 있다. 생선의 좋은 점을 알려 주고, 생선과 친숙해 질 수 있도록 하기 위해 생선과 관련된 동화를 들려주고, 낚시놀이를 하면서 생선과 친근감을 가질 수 있도록 유도하였으나 생선을 이용한 요리를 그려 보도록 구성하였다.
6	채소와 과일을 많이 먹어요!	다양한 채소와 과일을 가리지 않고 먹을 수 있도록 노래를 통해 수업에 대한 호기심을 유발하고 동영상을 통해 색깔채소와 과일들의 이점을 알 수 있도록 하였다. 다양한 채소와 과일들을 색칠해 보고 이것을 이용하여 샌드위치를 만들어 보거나 실제 식품을 준비하여 샌드위치를 만들어 보도록 제시하였다.
7	우유를 매일 마셔요!	우유가 몸에 좋은 점을 알려 주고 하루에 2컵 이상을 마실 수 있도록 지도한다. 소젖을 짜는 장면을 보여 주고 흥미를 유발한 후 우유의 좋은 점을 설명한다. 동영상과 노래 배우기를 통해 행동실천을 유도한다.
8	건강 간식을 먹어요!	우리 몸에 좋은 간식과 나쁜 간식을 알려 주고, 나쁜 간식을 좋은 간식으로 바꾸어 보는 연습을 하도록 하여 건강 간식을 선택할 것을 다짐하도록 구성하였다.
9	건강 음식을 먹어요!	몸에 좋은 음식을 먹는 식습관을 유아기부터 형성시켜 주기 위하여 한식 위주 밥상과 패스트푸드 위주 밥상을 제시하고 좋아하는 식단을 골라보게 한 후 동영상 '장금이'를 보면서 어떤 밥상인지 확인하도록 구성하였다.
10	꼭꼭 씹어 먹어요!	음식을 몇 번 씹고 삼키는지 자신의 습관을 확인하고, 꼭꼭 씹어 먹으면 좋은 점을 동영상을 이용하여 강조한다. 꼭꼭 씹어 먹으면 좋은 점과 관련된 동화를 읽어 주고 꼭꼭 씹어 먹을 수 있도록 구성하였다.
11	골고루 먹어요!	편식의 문제점을 다루어 골고루 먹는 식습관을 가질 수 있도록 구성하였다. 동영상을 통해 편식과 골고루 먹었을 때의 차이점을 비교할 수 있도록 하고 식품 구성 자전거에 해당하는 식품군에 음식 스티커를 붙여 보면서 골고루 먹도록 구성하였다.
12	알맞게 먹어요!	모래주머니와 풍선을 이용하여 비만을 간접적으로 체험하도록 하여 동기를 유발하였고, 동영상을 보면서 비만을 예방할 수 있는 식사법을 알도록 구성하였다.
13	아침을 꼭 먹어요!	아침을 먹지 않으면 우리 몸에서 어떤 일이 일어나는지를 동영상을 통해 일깨워 주고, 자신의 아침식사를 평가해 봄으로써 아침을 거르지 않는 식습관을 가질 수 있도록 구성하였다.

차시	소단원	개요
14	싱겁게 먹어요!	먹보공주 만화를 통해 동기를 유발하였고, '싱겁게 먹게 된 피노키오' 동영상을 통해 유아들이 싱겁게 먹는 것의 중요성을 깨닫도록 하였다. 영양표시에서 나트륨을 확인할 수 있는 능력을 키우고 노래와 구호로 싱겁게 먹을 것을 다짐하도록 구성하였다.
15	올바른 간식 습관을 가져요!	올바른 간식과 올바르지 못한 간식을 구분하여 선택하도록 하기 위해 동영상을 이용하여 올바른 간식의 중요성을 인식하도록 하였으며, 몸에 좋은 간식으로 바꿀 수 있는 능력을 키우도록 구성하였다.
16	올바른 식습관을 가져요!	동영상을 통하여 올바르지 못한 식습관으로 인한 문제점을 인식하도록 하였고, 각시가 제시하는 올바른 식사방법을 실천할 것을 약속하는 실천카드를 만들어 약속왕 상을 수요하도록 구성하였다.

출처: 식품의약품안전처(2012).

영양교육을 진행하는 교육자가 교육 주제와 내용을 직접 결정하기도 하지만 어린이 시설에서 영유아를 대상으로 영양교육을 진행하는 경우 원장 또는 교사의 의견 수렴을 통해 보육시설에서 진행되는 교육의 주제와 연계하거나 어린이 시설의 요구도에 따라 우선순위를 정해 단계적으로 교육을 전개할 수도 있다.

| 표 9-4 | **교육 요구도 조사표**

교육요구도 조사표

기관명		작성자	원장교사/조리원/기타( )

*각 대상별로 다음의 교육내용이 어느 정도 필요하다고 생각하시는지 교육 분류(영양, 위생 및 안전)당 2개씩 선택하여 ✓표해 주시기 바랍니다.

대상	분류	교육내용	✓	분류	교육내용	✓
어린이	영양	골고루 먹기		위생 및 안전	손 씻기	
		채소·과일 섭취하기			이 닦기	
		소화과정			안전한 음식 선택하기	
		싱겁게 먹기			식중독 예방	
		비만예방			가공식품의 위해성	
		식사예절 및 바른 식습관			급식실에서 안전사고 예방	
		올바른 간식 선택하기				
원장/교사	영양	편식예방		위생 및 안전	조리실 내 위생·안전관리	
		어린이 식습관 지도법			식중독 예방	
		영유아의 영양섭취기준			식품위생법(위생관련 법적 사항)	
		식품알레르기 교육			어린이 급식소에서 필요한 습식 시설·설비	
		당·나트륨·지방 저감화			가공식품의 위해성	
					위생·안전 배식방법	
					어린이 급식소에서 안전사고 예방	
조리원	영양 및 조리	영유아에 필요한 영양관리		위생 및 안전	식중독 예방	
		당·나트륨·지방 저감화			개인위생관리	
		메뉴 레시피 조리교육			식재료 관리	
		건강한 간식 만들기			조리 중 공정관리	
					급식시설·설비 위생관리	
					급식실내에 꼭 필요한 법적 위생 기준	
					급식실내 안전사고 예방	
부모	영양 및 조리	편식예방		위생	식중독 예방	
		올바른 식사지도			가공식품의 위해성	
		영유아 발달단계별 영양관리			안전한 식품 보관방법	
		당·나트륨·지방 저감화 교육				
		건강한 간식 만들기				
		우리 아이와 함께 요리하기				
기타 의견:						

출처: 식품의약품안전처(2020).

유아들은 장시간 집중해서 교육을 받기 어려우므로 활동 중심의 교육 방법이 주로 적용된다. 교육계획을 수립할 때 선정된 주제에 맞는 교육 방법과 매체를 선택하게 되는데 이때 교육대상 연령을 고려하여 적절하게 선택해야 하며, 동일한 교육 주제인 경우에도 연령에 따라 방법 및 매체가 달라질 수 있다.

| 표 9-5 | 유아 영양교육 단계별 교육 설계

단계	내용
도입 단계	교육주제와 관련된 재미있는 동영상 시청, 노래 부르기, 책 소개 등을 통해 유아들이 교육에 대한 흥미를 갖도록 유도하고 자연스럽게 교육 주제를 소개한다.
전개 단계	도입단계와 연결하여 주제와 관련된 일련의 활동들을 포함하여 구성한다. 동화 구연, 퍼즐 맞추기, 역할 놀이, 체험 등 활동을 통해 교육 내용을 전달한다.
정리 단계	교육 내용을 정리하고 실천하겠다는 의지를 다진다

Ⅳ. 유아 영양교육의 실제

유아 영양교육은 가정에서뿐 아니라 어린이 시설에서도 진행된다. 어린이집이나 유치원에 등원하는 유아들이 많아지면서 어린이 시설에서의 영양교육의 중요성이 더욱 커지고 있다. 현대사회의 식생활과 식습관이 빠르게 변화하면서 어린이들에게도 비만, 편식, 식생활 장애 등의 문제가 나타나 영양교육을 통해 올바른 식습관을 가질 수 있도록 지도하는 것이 필요하다.

1. 유아용 당류 줄이기 교육 프로그램 사례

식품의약품안전처는 당류 줄이기 교육 프로그램의 일환으로 유아용 영양교육 지침서, 교육활동지, 교구, 가정통신문을 개발하여 활용할 수 있도록 하고 있다. '유아용 당류 줄이기 교육 프로그램'은 동화, 교육활동지, 교구, 가정통신문 등으로 이루어진 4차시 교육용 프로그램으로 동화구연, 이야기 나누기, 미술활동, 실험 관찰 등 열 가지 활동으로 구성되어 있다. 프로그램의 교육 목표는 유아의 당류 섭취를 줄이기 위한 지식, 태도, 행동 기술(습관)의 변화를 통해 일상생활 속에서 행동으로 실천할 수 있도록 하는 것으로, 만 5세를 위한 교육활동으로 기획되었다. 이 프로그램은 유아들을 대상으로 한 효과적인 교육이 이루어지도록 하기 위해서 이론적 교육을 최소화하고 동화를 중심으로 하여 이야기 나누기, 교재·교구 활용 개별 활동, 미술 활동, 실험 활동 등 다양한 교육방법을 통해 당류 줄이기를 실천하기 위한 메시지를 반복적으로 전달하도록 구성되어 있다. 유아의 당류 줄이기 실천을 위한 어린이급식관리지원센터, 어린이집 또는 유치원, 학부모(가정) 간의 유기적인 연계 교육프로그램이다.

| 표 9-6 | 유아 당류 줄이기 교육프로그램 구성 사례

달쿵이, 맑음이와 함께하는 재미있는 유아 당류 줄이기 교육프로그램 개요

1. 교육 목표

유아의 당류 섭취를 줄이기 위한 지식, 태도, 행동 기술(습관)의 변화를 통해 일상생활 속에서 행동으로 실천할 수 있도록 한다.

2. 교육대상

유아 당류 줄이기 교육프로그램은 만 5세를 위한 교육 활동으로 기획 제작되었으며, 본 교사용 지침서는 만 5세의 영양교육을 담당하는 어린이급식관리지원센터 영양사, 어린이집 및 유치원 교사들의 영양교육에 도움을 주기 위하여 제작되었다.

3. 교육 프로그램 구성 및 차시별 개요

◎ 프로그램 구성 - 총 4차시, 10개의 활동으로 구성

차시	활동명	활동유형	활동개요	비고
1	달쿵이와 맑음이의 모험	동화구연, 이야기 나누기, 미술	**활동 1) 동화구연:** 달쿵이와 맑음이의 모험 **활동 2) 동화와 연계한 이야기 나누기:** 당류의 개념, 당류의 기능, 당류과량섭취의 문제점 **활동 3) 당류가 많은 식품과 적은 식품 구분하기** **활동 4) 미술활동:** 건강하지 않은 달쿵이와 건강한 달쿵이 음식 색칠하기와 종이접기 ※ 학부모대상 가정통신문 및 가정연계 활동지 배부를 통한 가정연계교육	※교육실시 전 개별 활동으로 유아 사전조사
2	달쿵이의 이가 왜 썩었을까?	실험	**활동 5) 실험관찰:** 설탕의 첨가량에 따른 설탕물의 단맛과 점성 차이에 관한 실험 관찰을 통해 당류의 특성과 과다섭취 시 충치발생의 원인 알기	비고
3	맑음이의 똑똑한 장보기	이야기 나누기	**활동 6) 동화, 이야기 나누기:** 동화 속 음식에서 영양표시 찾기 **활동 7) 영양표시를 보고 당류 함량이 높은 음식 구분하기** **활동 8) 개별활동:** 활동지의 영양표시 속 당류 함량을 보고 설탕 스티커 붙이기 ※ 학부모 대상 가정통신문 및 가정연계 활동지 배부를 통한 가정 연계교육	비고
4	당류 섭취 줄이기 약속	이야기 나누기, 미술	**활동 9) 이야기 나누기:** 당류 섭취 줄이기 실천을 위한 행동 **활동 10) 미술 활동:** 당류 섭취 줄이기 약속 목걸이 만들기 ※ 학부모 대상 가정통신문 및 가정연계 활동지 배부를 통한 가정연계교육	※교육 실시 후 개별 활동으로 유아 사후조사

출처: 식품의약품안전처(2017).

| 그림 9-2 | 유아 당류 줄이기 교육프로그램 활동지 및 가정통신문 사례

출처: 식품의약품안전처(2017).

2. 어린이급식관리지원센터의 유아 영양교육 사례

「어린이 식생활안전관리 특별법」에 의해 설치된 어린이급식관리지원센터에서는 등록된 어린이 시설의 유아들을 대상으로 영양교육을 실시하는데 이는 센터 업무의 매우 중요한 부분이다. 어린이급식관리지원센터 기획운영팀에서는 교육 요구도 분석 내용을 토대로 교육 대상별·내용별 교육 프로그램 계획을 마련하고, 영양팀은 영양교육 자료를 개발 및 영양교육 프로그램을 운영하는 업무를 담당한다.

| 표 9-7 | 어린이급식관리지원센터 영양교육 관련 업무 분장

팀	기능	세부 직무
기획 운영팀	업무계획	· 연간 및 세부 업무 계획 마련 · 사업의 결과 보고
	교육프로그램기획	· 대상별 교육 내용에 대한 요구도 조사 · 교육 대상별 · 내용별 교육프로그램 계획 마련 · 강사진 섭외 및 관리
	급식지원 정책 수립 및 정보 제공	· 어린이 급식소의 급식운영 현황 및 지원 요구도 조사 · 어린이 급식운영 전반에 대한 정보 제공 · 홈페이지 운영 및 관리
	급식관리 지원 및 홍보	· 어린이 급식소 지원 관련 업무 진행, 각종 행사 계획 및 추진 · 각종 대내 · 외 홍보(인터뷰 등) 자료 개발 및 발행
	센터의 행정 제반 업무	· 예산 편성, 집행 등 재정관리 및 회계 업무 총괄 · 직원 복무, 문서 및 물품 관리
	네트워크 관리	· 식약처, 시 · 도 또는 시 · 군 · 구, 보건소, 교육청, 중앙센터, 육아종합지원센터, 지역아동센터, 학교급식지원센터 등 유관기관과의 연계 업무 · 시 · 도 센터의 경우 시 · 군 · 구 센터에 대한 총괄 업무
영양팀	영양관리 지원계획	· 어린이 급식소의 영양관리 실태 조사 · 어린이 급식소의 영양관리 지원 계획 수립 및 운영(시설 유형별, 급식 규모별
	영양관리 지원실시	· 영양관리 순회 방문 및 현장지도 · 어린이 급식소 영양관리 컨설팅: 급식관리(구매관리, 생산관리, 배식관리, 작업관리 등), 식단 감수, 식재료 검수 등
	어린이급식 식단 개발	· 식단 분석 및 검토 · 시설 유형별, 급식 규모별 어린이 급식용 식단 및 표준레시피(조리지시서) 보급 · 대상별 1인 1회 분량의 시연 및 제시
	교육자료 개발 및 프로그램 운영	· 영양 교육 프로그램 운영 · 대상별 영양관련 정기교육 프로그램 운영 · 신규채용 및 변경 인력 대상의 교육 프로그램 운영

출처: 식품의약품안전처(2020).

어린이급식관리지원센터에서의 영양교육은 어린이뿐 아니라 원장, 교사, 조리원, 학부모 등 다양한 대상에게 이루어지고 있다. 유아기는 부모와 교사의 역할이 중요한 영향을 미치는 시기이므로 영양교육을 실천하는 데 있어서 가정과의 연계가 매우 중요하기 때문에 어린이시설에서 진행되는 어린이 대상 영양교육을 가정과 연계하여 진행함으로써 가정에서도 일관성 있게 유아의 올바른 식습관 형성을 도울 수 있도록 해야 한다.

어린이 방문교육
영양교육

편식 예방교육
- 채소야, 친구하자!
- 골고루 맛있게 냠냠
- 고루고루 골고루, 무지개 채소

알록달록 채소, 과일의 이름과 먹으면 좋은 점을 수수께끼 놀이를 통해 알아보았어요.

식사예절& 소화과정 교육
- 바르게 냠냠, 즐거운 식사시간
- 꿀꺽, 밥아! 어디로 가니

밥의 몸속 여행을 따라가 보고 올바른 식사예절과 황금똥을 누는 건강한 음식에 대해 알아보았어요.

영양성분 표시 읽기 교육
- 어서 와! 영양성분표시는 처음이지?

우유, 과자, 음료수 등에 쓰인 영양표시에 대해 알아보고 영양성분을 비교하여 건강한 음식을 선택해 보았어요.

어린이 방문교육
위생교육

이 닦기 교육
- 쓱쓱싹싹, 이 닦기 놀이
- 치카치카 이 닦기는 즐거워

치카치카 이를 닦아야 하는 이유와 올바른 이 닦기 방법을 배워 보고 세균 없애기 게임을 통해 반짝반짝 빛나는 이를 만들어 보았어요.

손 씻기 · 화장실 예절교육
- 우리는 손 씻기 대장
- 혼자서도 잘해요.
- 나도 잘할 수 있어요.

손은 언제 씻어야 하는지, 용변 후 올바른 뒤처리 방법(아래 위 법칙), 올바른 손 씻기 방법까지 알아보았어요.

올바른 구강관리 교육
올바른 양치습관, 충치를 예방해요!

충치가 생기는 이유와 치면 세균막에 대해 알아보고 올바른 칫솔질의 중요성에 대해 배워보았어요.

| 그림 9-3 | 어린이급식관리지원센터 어린이 영양교육 사례

출처: 제주어린이급식관리지원센터(2019).

어린이급식관리지원센터는 전국 각 지자체별로 설치·운영되고 있어 각 지자체의 영양교육 요구도에 따라 교육 설계를 할 수 있다는 특징이 있다. 요구도가 높은 교육 주제를 우선적으로 교육함으로써 교육 효과를 높이고 교육대상자의 필요를 충족시킬 수 있다. 센터에서 진행하는 영양교육은 어린이 시설을 방문하여 직접 유아들을 만나 진행하는 방문교육뿐 아니라 인형극이나 공연을 통한 집합교육도 진행된다.

3. 영양플러스사업을 통한 유아 영양교육 사례

지역사회통합건강증진사업의 일환으로 추진되고 있는 영양플러스사업은 태아 및 영유아의 미래건강을 위해 영양 측면의 위험 집단인 임산부와 영유아에 대한 맞춤 영양교육 및 영양지원을 실시하는 것을 목적으로 한다.

영양플러스사업의 영양교육 및 상담은 집단교육, 개인상담, 가정 방문교육으로 이루어지며 보건소별 지역특성 및 대상자 특성에 따라 세 가지 방법을 이용한 적절한 영양교육 및 상담 계획을 수립하고 최소한 1개월에 1회 이상 대상자와 접속하는 것을 원칙으로 한다. 영양플러스사업의 4~5세 유아용 교육 내용으로 식품 이름과 유래 알기, 식사구성안 알기, 식품위생-손 씻기, 기타(간식, 편식, 식사예절) 등이 있으며, 교육방식은 단체교육과 실습활동을 통해 이루어진다.

| 표 9-8 | 영양플러스사업 대상자별 교육커리큘럼 사례

분류	교육내용	교육방식(필수/선택)
기본교육 (모든 대상)	1. 영양플러스 사업 참여방법 2. 보충식품을 이용한 음식 3. 식사계획 방법(식사구성안) 4. 식품위생	(필수) 단체교육 (필수) 단체교육(배포자료 이용) (필수) 단체교육실습 (선택) 단체교육
주요 영양문제별 교육	1. 빈혈(모든 대상) 2. 저체중(영아, 유아) 3. 비만(영아, 유아) 4. 편식(영아, 유아) 5. 변비(영아, 유아)	(필수) 소그룹 단체교육+activity (필수) 소그룹 단체교육+activity (필수) 소그룹 단체교육+activity, 온라인 교육 (필수) 소그룹 단체교육+activity, 온라인 교육 (선택) 소그룹 교육 또는 온라인 교육
임산부 식생활/ 영양관리	1. 임신부 식생활 지침 2. 임신 시 변화 3. 임신 시 체중변화/영양관리 4. 임신 중 위험요인 5. 모유수유 6. 산후조리	(필수) 단체교육+소그룹 토의, 개인상담, 온라인 교육 (선택) 단체교육, 개인상담 (필수) 개인상담+일부 단체교육, 온라인 교육 (필수) 단체교육, 개인상담, 온라인 교육 (필수) 전문가 단체교육+개인상담, 온라인 교육 (선택) 단체교육
출산부 및 영아 식생활/영양관리	1. 수유부 및 영아 식생활 지침 2. 모유수유 3. 이유보충식 도입 원칙 "우리 아이 무엇을 얼마나 먹일까?" 4. 이유식 만들기	(필수) 단체교육+소그룹 토의, 개인상담 (필수) 전문가 단체교육 개인상담, 온라인 교육 (필수) 개인상담+일부 단체교육, 온라인 교육 (필수) 단체교육+조리실습
유아 식생활/ 영양관리	1. 어린이 식생활 지침 2. 유아 영양관리 3. 우리 아이 간식으로 무엇이 좋을까? 4. 우리 아이 좋은 식습관 만들기 5. 치아 관리	(필수) 단체교육+소그룹 토의, 개인상담 (필수) 개인상담+단체교육, 온라인 교육 (필수) 개인상담+단체교육, 온라인 교육 (필수) 개인상담+단체교육, 온라인 교육 (선택) 타 사업 연계 전문가 초청교육
4~5세 유아용 교육자료(예시)	1. 식품 이름과 유래 알기 2. 식사구성안 알기 3. 식품위생-손 씻기 4. 기타(간식, 편식, 식사예절 등)	단체교육+실습활동

출처: 보건복지부·한국건강증진개발원(2020).

4. 식생활종합지원센터의 유아 영양교육 사례

식생활종합지원센터는 「식생활교육지원법」 제7조 '건전한 식습관 형성', 제10조 '어린이식생활교육', 「국민영양관리법」 제10조 '영양·식생활교육사업'의 근거를 통해 식생활 관련 교육을 진행하고 있다. 서울시 식생활종합지원센터에서는 만 3~5세 유아 및 부모를 대상으로 '서울시 유아 식행동(편식) 개선 사업'을 진행했는데, 이는 식행동 검사도구를 활용한 고위험군 발굴 및 중재프로그램 적용을 통한 유아 식행동(편식) 문제 비율 감소를 목적으로 한다. 주요 사업내용으로는 유아 식행동 사전·사후 검사, 중재 프로그램 적용이었으며, 식행동 검사는 DBT(Dietary Behavior Test)를 활용하여 유아 식행동을 네 가지 유형으로 구분하고 부모 식사지도를 두 가지 유형으로 구분하였다. 또한 유형별 중재프로그램은 유아교육 각 4차시, 부모교육(기본, 심화), 전문가 상담을 진행한다.

단계	내용	세부 내용	비고
1단계	신청자 모집 및 접수	• 사업홍보 • 신청자 접수(bit.ly/편식 개선사업 신청서)	
2단계	신청자 등록 및 회원가입	• 신청자정보 식행동 검사 홈페이지 등록 • 개인 회원가입 안내 문자 전송	
3단계	유아 식행동검사(1차) 09/03~10/31	• 1차 식행동 검사 안내문자 발송 • 1차 식행동 검사 실시(pc 접속) • 1차 검사 결과지(간략본 확인) *http://nutri-seoul.com/seoul/	→ 〈식행동검사 미진행 시〉 • 구글문서 유아식행동 검사(DBT) 진행 • 구글문서 검사자에 한하여 온라인 사이트 • 결과 확인을 위한 ID/PW 문자 발송 *(bit.ly/식행동검사)
4단계	전문가 상담(1차) 11/01~11/20	• 1차전문가 상담접수 *http://nutri-seoul.com/seoul/ • 1차 전문가 상담 신청자 안내 문자 전송 • 상담진행: 1차 검사 결과지(상세본) 결과 상담 및 상담일지 작성 등	← 〈1차 전문가 상담 미신청시〉에서 연결
5단계	부모교육(기본) 10/19~10/20	• 부모교육신청(bit.ly/부모교육신청) • 신청자 안내 문자 전송 • 전문가 상담(1차) 오프라인 접수	→ 〈1차 전문가 상담 미신청시〉 • 1차 전문가상담 온라인접수 안내 • 부모교육 참여 시 오프라인 신청 접수
6단계	부모교육(심화) 10/22~10/31	(5단계와 동일)	
7단계	유아교육(1차) 11/22~11/24	• 유아교육 신청(bit.ly/유아교육신청) • 신청자 안내 문자 전송 *유아교육 참석자 중 2차 전문가 상담을 희망하는 경우 오프라인 접수도 진행함 • 8단계: 2차 식행동 검사 진행자 대상 *1차 전문가상담과 동일하게 진행함	→ 〈2차 전문가 상담 미신청시〉 • 2차 전문가상담 온라인접수 안내 • 1차 유아교육 참석 시 오프라인 신청 접수
8단계	유아교육(2차) 12/20~12/22	• 신청자 안내 문자 전송	
9단계	유아식행동 검사(2차) 11/21~12/09	• 2차 식행동 검사 안내문자 발송 • 2차 식행동 검사 실시(PC접속), 구글 문서 • 2차 검사 결과지(간략본 확인) *http://nutri-seoul.com/seoul/	[추가 모집하여 진행] 그룹 2(자치구 보건소) • 자치구 모집(11월) • 부모교육&식행동 검사 진행(12월) • 식행동 검사 결과 문자 발송(ID/PW) *http://nutri-seoul.com/seoul/ • 식행동 검사 결과 문자 발송(ID/PW) *bit.ly/DBT만족도조사
10단계	전문가 상담(2차) 11/28~12/02	• 2차 전문가 상담 접수 *http://nutri-seoul.com/seoul/ • 2차 전문가 상담 신청자 안내문자 전송 • 상담진행: 2차 검사결과지(상세본) 결과 상담 및 상담일지 작성 등 *1차 전문가 상담 진행 시 동일한 상담 영양사로 동일하게 배치	
11단계	사업 만족도 조사 12/12~12/14	• 사업만족도 조사(bit.ly/사업만족도조사) • 사은품 증정(bit.ly/사은품증정주소) *선착순 사은품 증정(타이머, 저울)	
12단계	결과분석	• 사업 운영 내용 정리 및 결과 분석	

| 그림 9-4 | 서울시 식생활종합지원센터 유아 영양교육 사업 단계별 운영 흐름도 사례

출처: 서울시 식생활종합지원센터(2019).

CHAPTER 10

청소년의 영양교육

어린이에서 성인이 되기까지의 단계를 청소년기라 하며, 이 시기에는 학교에서의 영양교육이 중요한 비중을 차지하게 된다. 학교에서의 영양교육은 급식과 분리하여 생각할 수 없다. 학교 급식의 목적은 바람직한 식습관으로 학생들의 영양개선, 체위향상 및 건강증진을 꾀하는 데 있다. 이 목적을 달성하기 위해 영양기준량이 학생들에게 적합해야 한다. 학교 영양교육은 체계적인 영양관리와 식생활 지도를 통하여 학생 개인의 바람직한 식생활 습관 형성 및 올바른 식사선택으로 자기 식생활 관리능력을 배양해야 한다. 또한 학교급식을 교육의 일환으로 운영하여 편식교정 등 바람직한 식생활 습관 형성을 이뤄 평생건강의 기틀을 마련한다.

현재 우리나라 학령기 아동의 영양문제로는 아침결식, 편식, 가공 및 인스턴트식품의 과다 섭취, 빨리 먹기 등이 보고되고 있으며, 비만 증가도 큰 문제로 지적되고 있다. 이러한 영양문제를 해결하고 건강한 식습관을 갖도록 하여 평생건강을 확보하기 위해서는 학교 영양교육의 역할이 중요하다.

올바른 식습관을 가진 경우 영양건강상태가 양호하며 발육도 정상적으로 이루어질 수 있으므로, 성장이 왕성한 청소년기에 규칙적인 식생활과 올바른 식품 선택을 할 수 있도록 가정과 학교에서 많은 관심을 갖고 지도해야 한다. 본 장에서는 학령기 및 청소년기의 영양교육에 관해 다루기로 한다.

Ⅰ. 청소년 영양교육의 중요성과 목적

1. 학령기 영양교육의 중요성과 목적

이 시기는 초등학교에 입학하여 학교 교육이 이루어지는 시기로, 만 6세부터 사춘기 변화가 시작될 때까지의 연령층을 말한다. 학령기 어린이의 성장 발달 측면의 특성은 사춘기의 급성장에 대비한 비교적 완만한 성장을 하며 신체 조직은 그 기능이 충실해지고 골격의 형성도 뚜렷하다. 발달 측면에 있어서 성별과 개인에 따라 많은 차이가 난다. 학교 급식과 함께 가정 외에서 식품 섭취 기회가 유아기에 비하여 늘어나는 시기이다. 학교생활로 인해 비교적 규칙적 생활을 하고 나름대로 생활의 리듬이 일정 패턴을 갖게 된다. 학교 급식을 통해 효율적인 영양교육을 구현할 수 있는 중요한 시기라고 볼 수 있다. 이 시기의 아동은 점차로 식욕이 증가하고 섭취하는 음식의 양도 많아지므로 균형 잡힌 음식 섭취와 편식을 개선하기 위한 학교중심의 영양교육이 중요한 시기이므로 급식학교 현장에서 직접 급식을 담당하는 영양사가 주체가 되어 급식의 질을 한 단계 올리는 효과적인 교육이 요구된다.

학령기 어린이의 경우, 규칙적인 세 끼의 식사만으로는 하루의 열량 및 각종 영양소 필요량을 충족시키기에는 부족하므로 세 끼 식사 이외에 간식이 필요하다. 간식 식품의 선택에 대한 자율권이 커지면서 식품 선택 교육 및 식품성분표시에 대한 교육이 요구되는 시기이다. 학령기 어린이는 식품 선택에 대하여 대체로 무관심하지만 매끼의 식사와 식사 사이의 간식에 단백질, 무기질, 비타민 등이 많이 함유된 식품을 제공하도록 하고 매끼 식사의 중요성을 인식시키는 교육과 결식이나 과식하지 않도록 부모와 주위 사람들의 지도가 필요하다. 또한 간식도 정규 식사에 영향을 주지 않는 범위에서 영양을 고려하여 선택하도록 해야 한다. 지나친 간식으로 인해 정규 식사의 리듬이 파괴되는 문제점과 위생의 중요성을 교육하여 매식의 비위생적인 면과 영양적 불균형 문제를 강조하여 규칙적인 식사습관을 갖도록 지도해야 한다.

학령기 어린이들은 감수성이 예민하여 교육의 효과가 강하므로 학교에서 배운 영양에 관한 지식을 가장 잘 배우고 흡수할 수 있는 시기이다. 이 시기는 신체적 발달이 빠르게 일어나는 시기이므로 영양적으로 균형 잡힌 식생활을 통하여 발육을 돕고 식생활을 통해 정서안정도 도모하는 것이 중요하다.

학령기에 적극적인 영양교육이 필요한 이유는 이시기의 아동은 감수성이 예민한 시기이므로 영양에 관한 지식을 잘 흡수하고, 조기에 식습관을 형성하기 용이하다. 학생에게 전달된 지식은 곧 가정에 전파되어 부모와 가족구성원의 변화도 촉진할 수 있기 때문에 효율성이 높다. 가정과 연계하여 지도하면 교육성과를 높일 수 있으며 교육효과의 확인이 쉽고 결과에 따른 반복교육이 용이하다.

학령기 어린이의 영양교육 목표는 다음과 같다.

- 체계적인 영양관리와 식생활 지도를 통해 학생개인의 바람직한 식습관 및 올바른 식사선택을 할 수 있도록 한다.
- 어린이가 현재 영양과 관련된 문제점을 이해하는 데 필요한 지식과 기술을 갖게 한다.
- 학교급식을 교육의 일환으로 운영하여 편식교정 등 바람직한 식생활 습관 형성을 통해 평생 건강의 기틀을 마련한다.
- 음식과 질병과의 관계에 관한 교육을 통해 식생활과 건강의 관계에 대한 인식을 높이고, 비만 등 생활습관으로 생기는 질병과 평생건강과의 연계성을 알게 하여 좋은 식습관을 갖도록 유도한다.
- 합리적인 식품소비에 대한 지식을 갖도록 한다.
- 우리나라의 식문화를 이해하고 식사예절을 실천하도록 한다.

2. 청소년기 영양교육의 중요성과 목적

제2의 성장기인 청소년기는 아동기에서 성인기로 이행하는 시기로서 신체적, 정신적, 생리적으로 급속한 성장과 발달이 이루어진다. 이 시기의 균형 있는 영양공급이 신체적·정신적 발달에 직접적인 영향을 줄 뿐 아니라, 일생을 통하여 건강한 삶을 유지할 수 있게 해 준다. 청소년기는 남자는 대개 12~20세, 여자는 10~18세에 해당된다. 이 시기는 영아기 이후 가장 급속한 성장과 발육이 이루어지는 시기로, 일련의 신체적·생리적 변화 및 사회적·심리적 변화를 겪게 된다. 이 시기는 성호르몬의 증가에 의해 2차적 성징이 나타나고 생식기능을 갖게 되는 시기이며, 청년기는 신체적 성장과 성숙이 완성되는 단계라 볼 수 있다. 청소년기 식사의 질은 이들의 식습관에 영향을 주는 요인과 밀접한 관계가 있다. 이 시기의 불량한 영양 상태의 원인으로는 불규칙한 식사와 결식을 들 수 있다. 청소년에서 가장 불규칙적이고 결식이 빈번한 식사는 아침식사이며, 여학생의 경우 마른 체형을 유지하기 위해 과도한 체중 감량에 관심을 갖기도 한다.

청소년기에는 영양소 요구량이 증가되기 때문에 정규식사 외에 간식도 매우 중요하다. 대부분의 청소년들은 빈번한 간식으로 하루 영양소 섭취량의 상당부분을 얻고 있는 실정이나 간식의 종류가 제한되어 있고, 대부분의 간식이 열량만을 공급하기 때문에 질적으로 문제가 된다. 특히, 가공식품과 패스트푸드를 간식으로 많이 섭취하면서 과다한 지방, 염분과 당을 섭취하고, 비타민, 무기질, 섬유소 섭취는 부족한 실정이어서 영양상의 불균형을 초래할 수 있다. 올바른 식습관을 가진 경우 영양건강상태가 양호하며 발육도 정상적으로 이루어질 수 있으므로, 성장이 왕성한 청소년기에 규칙적인 식생활과 올바른 식품 선택을 할 수 있도록 가정과 학교에서 많은 관심을 갖고 지도해야 한다. 중학생의 경우 질병예방과 건강한 식생활습관을 강조하고, 고등학생의 경우 정신건강적 측면에서의 식품이나 신체 체형에 대한 바람직한 가치형성이나 사회적 건강 유지를 위한 공동체의 바른 식생활교육에 중점을 둔다.

식생활은 영양적인 균형, 식습관, 가족식문화 등 여러 측면에서 인성의 형성 및 발달에 중요한 영향을 미친다는 연구가 다수 보고되고 있다. 먹는 기쁨과 보람은 식품선호도에 영향을 주어 평소에 먹지 않던 식품의 섭취를 유도하여 균형 잡힌 식사를 하게 되므로 바른 먹을거리 선택능력을 배양하고 바른 식생활 습관 실천에도 영향을 미칠 수 있는 가장 직접적인 교육 프로그램을 구상하도록 한다. 또한 학교폭력 예방을 위한 청소년 대상 식생활교육 활성화를 통해 청소년 인성교육을 위한 식생활교육프로그램을 개발하여 교육현장에서 환경·건강·배려의 식생활교육이 추진되어야 한다.

청소년의 영양문제가 편식, 식욕부진, 결식, 영양실조, 비만, 충치뿐만 아니라 학교폭력 등 인성 면에서도 심각해지고 있는 현실에서 좋은 식습관을 형성하기 쉬운 이 시기의 영양교육은 중요한 의미를 갖는다. 영양에 대한 지식을 바르게 이해시키고, 건강한 식생활을 위한 관심과 의욕을 높여서 바람직한 식생활 태도를 실천하게 될 때 영양교육의 효과가 실현될 수 있다. 또한 바람직한 식습관 형성을 위해서는 학교와 가정이 연계가 되어 적절한 시기의 교육, 같은 내용의 꾸준한 반복지도를 통해 일관성 있는 교육이 이루어지는 것이 필요하다.

기존의 영양교육 관련 중등과정에서의 식생활교육은 가정, 체육 등의 정규교과 중 일부로만 다뤄졌을 뿐 청소년의 학습 수준 및 행동 특성을 감안한 전문적인 프로그램 개발이 미흡한 실정이다. 또한 다양한 요인들이 청소년기의 식생활을 저해하는 요인으로 작용하고 있다. 즉, 사회적으로 마른 체형에 대한 지나친 강조로 인해 체중을 줄이기 위한 결식 및 불규칙적인 식사, 식품구매력은 있으나 여유 있게 식사할 수 있는 시간이 부족하므로 패스트푸드로 끼니를 대신하는 경우, 영양지식 및 올바른 식습관의 중요성에 관한 인식 부족으로 인해 신체 요구량을 충족시켜 주는 식품의 선택에 어려움을 겪는 것 등이 그 예이다.

청소년기의 영양교육 목표는 다음과 같다.

- 신체의 급격한 성장에 대해 이해하고, 건강한 신체발달을 위해 섭취해야 하는 열량과 필요한 영양소에 대해 교육한다.
- 각 영양소별 신체에서의 기능을 익히도록 한다.
- 왕성한 식욕 증가에 따른 식사량 증가가 기호에 치중되는 식품을 중심으로 이루어지는 무절제한 식행동이 이루어지지 않도록 교육한다.
- 생활습관질병에 대해 이해하여 바람직한 생활습관으로 건강한 식생활을 영위하도록 한다.

- 질병예방과 건강한 식생활습관을 강조하고, 신체건강과 더불어 정신건강의 중요성을 교육한다.
- 식품이나 신체 체형에 대한 바람직한 가치형성이나 사회적 건강 유지를 위한 공동체의 바른 식생활교육에 중점을 둔다.
- 아침식사의 중요성과 간식 선택교육을 실시한다.
- 활동량 감소와 섭취량 증가로 인해 청소년 비만 비율과 고도 비만 비율이 날로 증가하고 있으므로 비만을 방지하기 위한 바람직한 식생활에 대해 교육한다.
- 학교 폭력 등에 관한 사회적 문제가 확대되고 있으므로 식생활 교육을 통한 인성 교육을 교과목과 연계하여 실시할 필요가 있다.
- 스트레스와 모방심리로 인해 충동적으로 술을 마시고 흡연을 하는 비율이 증가되고 있으므로, 음주로 인한 영양 불균형과 흡연의 폐해에 대한 지도가 요구된다.

II. 영양섭취 기준 및 영양문제

1. 영양섭취기준

청소년기는 신체질량, 골격질량, 지방 등 체조직이 증가하는 시기로, 이 시기는 생애 어느 때보다 에너지와 영양소 필요량이 높다. 그러나 신체 성숙 정도에 따라서 에너지와 영양소 필요량이 다를 것이다.

학령기 어린이의 체중증가는 1년에 약 1.8~2.7kg 정도이고, 신장은 7~8세 사이에는 1년에 7.6cm 정도 증가한다. 체중에 대한 근육량 비율이 증가하는 시기이며, 6~10세까지는 두뇌성장완료되고 골격성장이 이루어지는 시기이므로 이에 따른 적절한 영양공급이 요구된다.

청소년기의 에너지 권장량은 기초대사량과 활동수준, 사춘기 신체 급성장 발달에 요구되는 에너지 요구량에 의해 결정된다. 기초대사량은 제지방 신체질량에 따라 달라지는 점을 고려할 때 사춘기 때 제지방 신체질량이 많이 증가되는 남자의 에너지 필요량이 급증하는 것은 당연하다. 청소년기의 신체성장·발달 정도는 에너지 섭취량에 따라서 달라질 수 있다. 에너지 섭취량이 필요량보다 모자란다면 신체성장·발달이나 성적 성숙이 지연되거나 충분히 이루어지지 못하여 성인이 되었을 때 신체 크기가 작아질 수 있다. 학령기 및 청소년기의 영양소 권장섭취량은 〈표 10-1〉, 〈표 10-2〉와 같다.

| 표 10-1 | 학령기 어린이의 영양소 권장량

연령(세)		에너지[1] (Kcaℓ)	단백질[2] (g)	비타민 A[2] (μgRE)	비타민 D[3] (μg)	비타민 E[3] (mg α-TE)	비타민 C[2] (mg)	티아민[2] (mg)	리보플라빈[2] (mg)
남	6~8	1,700	35	450	5	7	50	0.7	0.9
	9~11	2,100	50	600	5	9	70	0.9	1.1
여	6~8	1,500	35	400	5	7	50	0.7	0.8
	9~11	1,800	45	550	5	9	70	0.9	1.0
연령(세)		니아신[2] (mg NE)	비타민 B_6[2] (mg)	엽산[2] (μg DFE)	칼슘[2] (mg)	인[2] (mg)	철[2] (mg)	아연[2] (mg)	구리[2] (μg)
남	6~8	9	0.9	220	700	600	9	5	470
	9~11	11	1.1	300	800	1,200	11	8	600
여	6~8	9	0.9	220	700	550	9	5	400
	9~11	12	1.1	300	800	1,200	10	8	550

1) 필요추정량 2) 권장섭취량 3) 충분섭취량

출처: 보건복지부(2020).

| 표 10-2 | 청소년의 영양소 권장량

연령(세)		에너지[1] (Kcal)	단백질[2] (g)	비타민 A[2] (μgRE)	비타민 D[3] (μg)	비타민 E[3] (mg α-TE)	비타민 C (mg)	티아민 (mg)	리보플라빈[2] (mg)
남	12~14	2,500	60	750	10	11	90	1.1	1.5
	15~19	2,700	65	850	10	12	100	1.3	1.7
여	12~14	2,000	55	650	10	11	90	1.1	1.2
	15~19	2,000	55	600	10	12	100	1.1	1.2
연령(세)		**니아신[2] (mg NE)**	**비타민 B_6[2] (mg)**	**엽산[2] (μg DFE)**	**칼슘[2] (mg)**	**인[2] (mg)**	**철[2] (mg)**	**아연[2] (mg)**	**구리[2] (μg)**
남	12~14	15	1.5	360	1,000	1,200	14	8	800
	15~19	17	1.5	400	900	1,200	14	10	900
여	12~14	15	1.4	360	900	1,200	16	8	650
	15~19	14	1.4	400	800	1,200	14	9	700

[1] 필요추정량 [2] 충분섭취량 [3] 충분섭취량

출처: 보건복지부(2020).

청소년기의 단백질 권장량은 신체유지와 새로운 조직의 합성에 필요한 단백질 요구량에 의해 결정된다. 에너지와 미친가지로 청소년기의 신체성장·발달 정도는 단백질 섭취량에 의해 달라질 수 있다. 청소년기에 단백질이 부족하게 되면 신체 성장과 성적 성숙이 지연되거나 제지방 신체질량이 감소될 수 있다.

청소년기에는 골격과 근육, 혈액이 많이 성장하는 시기이므로 무기질이 많이 필요하다. 청소년기에는 체내에 칼슘이 급속도로 보유되는데 여자에서는 13세, 남자에서는 14.5세에 그 보유속도가 최대치에 이른다. 청소년기에는 하루 평균 칼슘 보유량이 남자 282mg, 여자 212mg로 상당히 높다. 한국인영양섭취기준에서는 체내 칼슘보유량에 중점을 두어 요인가산법을 적용하였다. 청소년기의 경우 최고 칼슘 축적률을 보이는 시기로서 골격 칼슘 축적량, 소변을 통한 손실량, 불감손실량과 흡수율을 고려하여 12~14세의 칼슘 권장 섭취량은 남녀 각각 1,000mg, 900mg으로, 15~18세 칼슘 권장 섭취량은 남녀 각각 900mg, 800mg으로 설정되었다.

청소년기에는 신장과 체중의 급속한 증가에 대응하기 위한 철 필요량이 증가하며, 여성의 경우에는 월경에 의한 철 손실 때문에 철 필요량이 더 많다. WHO에 의하면, 이 시기의 철 필요량이 하루에 남자의 경우 1.46mg, 여자의 경우 1.62mg으로 추정된 바 있다. 청소년은 기본적 철 손실량과 헤모글로빈 증가, 조직 철 함량의 증가에 필요한 요구량을 추정하였으며, 15~19세 소녀의 경우에는 그 외에도 월경에 의한 철 손실량을 추가하였으며 철 흡수율은 모두 12%로 가정하여 평균 필요량을 설정하였다. 권장 섭취량은 15% 변이계수를 사용하여 평균 필요량의 130%로 설정하였으며 12~14세의 경우 남녀 각각 14mg, 16mg으로, 15~18세의 경우는 남녀 모두 14mg으로 책정하였다.

성장에 필수적인 아연은 청소년기에 매우 중요한 영양소이다. 청소년기 성장 동안 많은 양의 아연이 발달하고 있는 근육과 뼈에 저장된다. 아연은 체내에서 단백질 합성과 핵산대사에서 중요한 역할을 하므로 세포 분열이 왕성하게 이루어지는 영아, 청소년 및 임산부에 있어서는 아연 결핍의 위험이 크다. 아연이 결핍된 청소년은 성장이 뚜렷하게 저하되었고, 성적인 발달도 지연되었다. 우리나라에서는 12~14세 남녀 모두 8mg, 15~19세에서는 남자 10mg, 여자 9mg의 아연 섭취를 권장하고 있다.

청소년기에는 급속한 성장을 위해 필요한 비타민들이 충분히 공급되어야 한다. 비타민 A는 세포분화와 증식에서 중요한 역할을 하므로 정상적인 성장에 필수적이며, 시력, 생식, 면역능력 등에 반드시 필요하다. 청소년들의 비타민 A 섭취량은 권장량에 못 미치는 것으로 보고되고 있다. 골격의 석회질화와 관련하여 칼슘과 인의 항상성 유지에 관여하는 비타민 D는 골격이 빠르게 성장하는 청소년기에 그 요구량이 증가된다. 충분한 비타민 E는 청소년기 동안 급속히 증가하는 많은 새로운 세포와 구조적·기능적인 특징을 유지하기 위해 중요하다.

비타민 K의 필요량은 체중 1kg당 1μg이며 신체 크기가 증가하기 때문에 영양권장량이 증가한다. 우리나라에서는 비타민 A에 대한 권장량을 12~14세 남녀 청소년 각각 750μg RAE, 650μg RAE로 그리고 15~18세에서는 남자 850μg RAE, 여자 600μg RAE로 설정하였다. 청소년의 비타민 D의 충분섭취량은 12~14세, 15~18세의 남녀 모두에서 각각 10μg로, 비타민 E의 충분섭취량은 12~14세의 경우 남녀 모두 11mg α-TE로, 15~18세의 경우는 남녀 모두 12mg α-TE로 정하고 있다.

청소년은 에너지 필요량이 매우 높기 때문에 비타민 B_1, 비타민 B_6, 니아신 필요량도 증가하게 된다. 아미노산과 핵산의 합성에 필수적인 엽산과 비타민 B_{12}는 세포 분열과 성장에 중요한 비타민으로서 청소년기에 이 비타민의 섭취는 매우 중요하다. 그러나 대개의 청소년들에 있어서 엽산의 섭취는 낮은 것으로 보고되고 있다. 또한 비타민 B_6는 단백질 섭취량이 증가할수록 요구량이 늘어나며, 급격한 세포 성장과 질소 대사와 관련되는 수많은 효소계의 작용을 위해서도 필요하다. 따라서 혈장단백질, 결합조직 및 근육량이 급격하게 증대되는 청소년들에게 충분히 공급되어야 한다.

비타민 C는 콜라겐 합성에 관여하므로 청소년의 성장에 필요하며, 흡연자의 경우 비타민 C 영양 상태가 비흡연자에 비해 낮은 것으로 보고되고 있어, 흡연하는 청소년의 경우 비타민 C를 더 많이 섭취하도록 해야 한다.

2. 영양문제

학령기 어린이는 약 50% 이상이 편식하는 것으로 보고되었으며 저체중 어린이의 78.9%가 편식을 하며 심각한 편식은 발육과 건강장애 외 성격이나 정서 형성에도 영향을 주는 것으로 알려져 있다. 또한 결식아동의 20%는 간식 등의 방법으로 공복감을 해소하고, 아침결식아동은 점심의 폭식 경향이 높다고 보고하여 불규칙한 식사와 아침결식이 영양 불균형을 유도하는 것으로 알려지고 있다. 이 시기의 어린이가 간식을 스스로 선택하는 기회가 늘어남에 따라 고당·고지방 식품의 섭취량이 증가되는 것이 문제가 되어 기호에 치우친 간식음식 선택행위가 문제로 지적되고 있다.

청소년기 영양문제는 지나친 외모에 대한 관심과 연관되는 경우가 많다. 거식증은 사춘기 소녀나 젊은 여성들에게 나타나는 정신·생리학적 섭식장애로 식욕이 부족하지 않은 사람이 심리적으로 음식을 거부함으로써 쇠약해지는 질환이다. 정상체중의 유지를 거부하고 저체중 상태인데도 불구하고 체중증가에 대한 두려움을 갖는다. 이로 인한 건간문제는 청소년기에 심각한 문제를 초래하기도 한다. 거식증으로 인해 피하지방이 상실되고 이는 체온저하로 이어지며, 체온보존을 위해 솜털이 생길 수 있다. 근육소모, 골질량 감소, 전해질 불균형, 무월경, 빈혈, 변비, 구각염, 낙설, 피부건조, 탈모 등이 나타나며, 백혈구감소로 감염 위험이 증가할수 있다. 이외에도 갑상샘 호르몬의 합성 감소로 기초대사율 저하를 초래하고 심장박동이 느려지며 피로감을 항상 느낄 수 있다. 청소년기에 보이는 또 다른 대표적인 영양관련 문제는 과식증이다. 이것은 폭식과 구토를 반복하며 다량의 음식을 짧은 시간 동안에 폭식하는 태도를 보인다. 폭식하는 습관을 통제하는 능력이 결여되고 설사제와 이뇨제의 사용, 극심한 식사제한이나 단식, 격렬한 운동을 반복하며, 자신의 외모와 체중에 대한 지나친 관심으로 인해 자신을 부정적으로 평가하는 문제를 초래한다. 건강상의 문제로는 치아손상, 인후염, 기관지염, 위산 역류, 식도염, 직장출혈, 탈수로 인한 전해질의 불균형, 소화기관의 천공이나 파열, 신장손상 등을 들 수 있다. 따라서 청소년기의 영양교육은 자아존중, 자기에 대한 긍정적 인식 교육 등과 연계한 프로그램 개발이 필요하다.

Ⅲ. 내용과 방법

1. 영양교육 내용

1) 학령기의 영양교육 내용

학령기 어린이는 성장기에 있으므로 이 시기의 균형 잡힌 영양 공급은 올바른 정서발달과 성격 형성을 이루어 정상적인 성장을 유도한다는 데에 의의가 있다. 또한 이 시기의 균형 잡힌 영양 공급은 일생에 길쳐 만성질환을 예방할 수 있게 하므로 평생 건강의 기초가 될 수 있다. 식생활 습관은 어릴 때 형성되며 따라서 이 시기의 식품에 대한 경험은 식품에 대한 기호 및 식습관을 형성하는 데 중요하고 일생동안의 영양 상태를 결정하는 요인이 된다. 일단 형성된 성인의 식습관은 쉽게 교정하기 어려우므로 성장발달이 진행되는 초기에 단계적이고 지속적인 영양교육을 하는 것이 중요하다.

학령기의 학교 교육 및 가정에서의 생활교육에 의하여 가치관은 빠르게 형성될 수 있으며, 식품 섭취 및 영양·건강과 관련한 식생활 가치관의 변화를 통하여 바람직한 방향으로의 식생활 행동 실천이 유도될 수 있다. 아침 결식은 간식 섭취 의존도를 높이는 결과를 초래하고, 기호에 치중한 음식의 선택문제와 과식 기회 역시 증가시키게 된다. 또한 핵가족화의 환경과 맞벌이 부부의 증가는 부모 부재로 인하여 식생활 등을 스스로 해결해야만 하는 상황이 지속되고 그 결과 편이식의 섭취나 외식 의존도를 높이고 있다. 그러므로 학령기 어린이를 대상으로 하는 학교 교육의 중요성은 날로 높아지고 있다.

영양교육의 구성은 지식전달을 통한 바른 식생활에 대한 이해와 실천력을 갖도록 구성되어야 한다. 또한 교육 과정과 연계한 영양교육은 학생들에게 이해도를 증진시킬 수 있고 학습효과도 높으며 따라서 더욱 실천의지를 증가시킬 수 있다. 초등학교 영양교육의 내용은 우선 식품, 영양, 건강에 대한 개념과 이해를 증진시키는 것이 중요하다. 어린이가 현재 영양과 관련된 문제를 이해하는 데 필요한 기본적인 지식을 갖도록 하고, 식생활과 질병 및 건강과의 관계를 이해하도록 하여 건강을 증진시키는 내용으로 구성한다. 우리 전통 식문화의 우수성을 파악하고 이를 계승하는 능력을 갖도록 하며, 건강 식생활을 위한 실질적인 기술과 능력을 갖추도록 한다. 고학년의 경우에는 합리적인 소비와 환경과의 관계에 대한 지식을 갖도록 한다.

학령기 어린이들은 점차 스스로 식품을 구매하여 섭취하는 기회가 증가하게 된다. 가정에서의 바른 식생활 실천, 학교 급식을 통한 균형 잡힌 식품 섭취를 통해 건강한 신체 발달을 도모할 수도 있으나, 스스로 식품 구입의 기회가 증가하는 시기이므로 바른 식품 구매, 영양표시, 식품 첨가물에 대한 이해가 필요한 시기이기도 하다. 또한 식품위생 교육을 통해 일상생활에서 위생적인 식품섭취의 중요성과 실천력을 키워야 하는 시기이기도 하다. 따라서 초등학교 교육과정과 교과 분석을 기초로 하여 초등학교에서 다루어야 할 영양·식생활 교육 내용을 체계화한 영양교육이 영양사 및 영양교사를 통해 적극적으로 이루어져야겠다. 특히 다음과 같은 내용을 포함시키는 것이 필요하다.

- 신체를 구성하는 영양소의 종류와 역할
- 영양과 성장발달 및 건강과의 관계
- 올바른 식습관의 중요성
- 편식의 문제점
- 아침식사 및 균형 잡힌 식사의 중요성
- 가공식품과 패스트푸드의 문제점
- 식품첨가물에 대한 바른 이해
- 올바른 간식 선택 방법
- 영양표시
- 식품 위생과 안전성에 관한 교육내용

2) 청소년기의 영양교육 내용

중학생과 고등학생은 신체적·정신적·사회적 발달 단계와 이들이 대면한 영양환경도 다르며 또한 영양전달 프로그램에 대한 요구도 다르다. 정신적 발달이나 성숙도는 학습에 영향을 준다. 중·고등학생들은 좀 더 추상적인 사고를 할 수 있는 시기로 식품영양지식에 대한 접근이 논리적일 수 있고, 음식과 건강에 관한 복잡한 개념도 이해할 수 있다. 비록 이들 연령층을 위한 실질적인 교육이 학교 현장에서 많이 이루어지지는 않고 있으나, 이들은 지금 섭취한 음식과 미래의 건강을 연결시킬 수 있도록 지도한다. 개별지도 및 그룹 지도를 효율적으로 활용하며, 영양교육을 인성교육과 연계함으로써 질풍노도의 청소년기에 식생활 교육을 통해 예의, 배려, 존중 등을 배우고 바른 인성을 키울 수 있도록 한다. 대중매체에 의한 광고나 식품영양관련 방송 프로그램을 모니터링하는 탐구나 동영상 촬영, 토론학습방법을 통하여 사회환경이나 자신의 식생활에 대한 바른 태도를 형성할 수 있다. 학생들의 비판적인 사고력은 실제 활동을 통한 학습과 자신과 다른 사람들의 식사와 건강에 대한 대중매체, 사회, 경제 및 정치적 영향에 대한 대처방안 제시 등과 환경에 영향을 줄 수 있는 여러 형태의 식사를 이해함으로써 긍정적인 발전을 가져올 수 있다.

청소년기의 영양교육 내용은 이 시기의 올바른 신체상을 확립하고 건강 체중의 중요성에 관한 내용을 포함하도록 한다. 또한 올바른 식습관, 건강체중 이해하기, 나의 식사패턴 분석하고 바로 알기, 올바른 먹거리 선택, 식품성분 바로 알기, 수분의 중요성, 나에게 부족한 영양소 알기 등 스스로 탐구하며 알아가는 형식을 교수법을 활용하는 것이 효율적이다. 과학적 근거 없는 영양·식품·건강 정보들을 무분별하게 받아들이지 않도록 올바른 지식을 습득하도록 하며, 규칙적인 식사를 하고 특히 아침식사를 거르지 않도록 한다. 나아가 운동, 음주, 흡연, 약물복용 등에 대해 올바른 지식을 갖고 건강한 생활습관을 가질 수 있도록 하는 내용도 포함한다.

고등학생의 경우에는 기후변화와 식생활, 세계음식문화 이해하기, 세계 기아대책과 식량나눔, 지구온난화와 연관된 식량문제 등의 내용을 포함하며 바른 식생활과 관련된 UCC공모전 등도 활용하면 효율적이다.

2. 영양교육 방법

학교 중심의 어린이 대상 영양교육은 교육내용과 교육방법, 교육환경을 융합하여 적용 시 상승효과를 창출해 낼 수 있다. 교과교사와 영양교사가 연계하여 기초적인 지식을 전달하고 다양한 매체를 활용하여 입체적인 수업을 진행할 경우 교육 효과가 상승할 수 있다. 현재 학교급식은 전국적으로 실시되어 학교영양관리 측면에서 양적 성장을 이루었다. 급식학교 현장에서 직접 급식을 담당하는 영양사가 주체가 되어 아동들의 편식을 개선하기 위한 학교중심의 영양교육 실시는 급식의 질을 한 단계 올리는 실제적이고 효과적인 방법이라고 할 수 있다. 학교급식이 한 끼 식사 제공에서 벗어나, 심신의 건전한 발달과 국민 식생활 개선에 기여하는 목적을 달성할 수 있도록 영양교육과 상담을 실시할 수 있다. 학교에서의 영양교육은 학교급식이라는 실천적 토대 위에서 행할 수 있는 좋은 교육 기회이다. 학교에서의 급식은 바른 식생활이란 어떻게 먹어야 하는가를 체험할 수 있게 하는 교육체험의 장이다. 영양, 위생, 환경, 예절 면을 모두 배울 수 있는 배움의 장으로 활용해야 한다.

다음에 보여지는 영양교육은 초등학교 어린이를 대상으로 한 건강한 음료 및 수분 섭취의 중요성에 관한 내용이다. 어린이들이 식품 구매를 시작하는 연령이므로 바람직한 음료 선택을 할 수 있도록 지도한다. 당이 많이 함유된 음료에 대해 알아보고, 당 과다 섭취의 문제점에 대해 교육하며 건강한 음료 및 수분 섭취의 중요성에 대해 함께 알아봄으로써 저당 식습관을 형성할 수 있도록 교육한다.

2020년 초등어린이 영양교육
나의 몸을 위한 건강한 습관
건강한 음료를 마셔요!

Q. 평소 여러분은 수분을 어떻게 섭취하고 있나요?
생수
채소 과일
탄산 음료
우유
이온 음료
차 주스

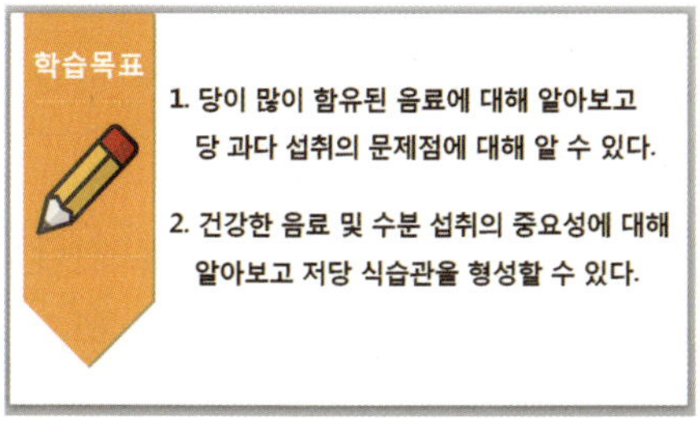
학습목표
1. 당이 많이 함유된 음료에 대해 알아보고 당 과다 섭취의 문제점에 대해 알 수 있다.
2. 건강한 음료 및 수분 섭취의 중요성에 대해 알아보고 저당 식습관을 형성할 수 있다.

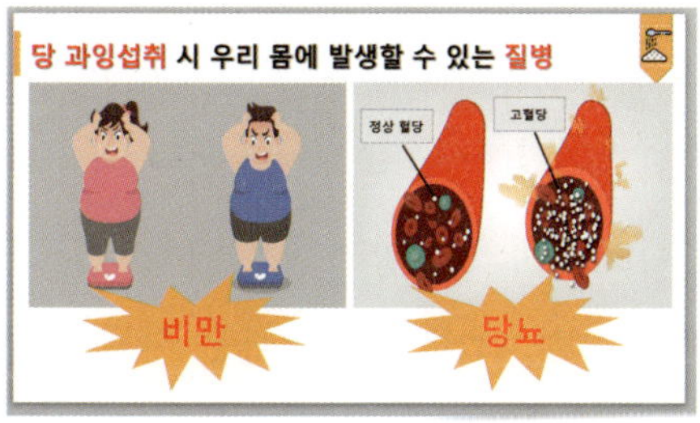
당 과잉섭취 시 우리 몸에 발생할 수 있는 질병
정상 혈당
고혈당
비만
당뇨

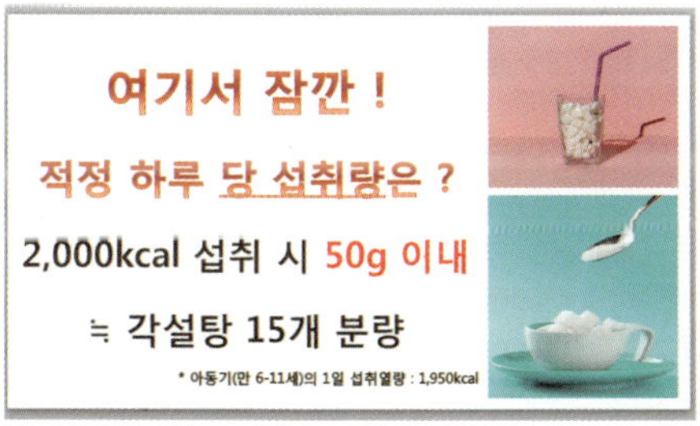
여기서 잠깐 !
적정 하루 당 섭취량은 ?
2,000kcal 섭취 시 50g 이내
≒ 각설탕 15개 분량
* 아동기(만 6-11세)의 1일 섭취열량 : 1,950kcal

탄산음료 당 함량 비교하기
■ 탄산음료 2잔 섭취 시 하루 권고기준 초과
※ 355ml 기준(칼로리, 당 함량)
환타 오렌지
코카콜라
웰치스 그레이프
스프라이트
164kcal, 41g
152kcal, 38g
184kcal, 44g
160kcal, 40g

주스 당 함량 비교하기
■ 과일음료는 과일 자체에 당이 함유되어 있으며, 당 이외에도 단맛을 높이기 위해 설탕이나 액상과당, 시럽 등 첨가
※ 400ml 기준(칼로리, 당 함량)
오렌지주스
포도주스
망고주스
토마토주스
360kcal, 42g
210kcal, 46g
200kcal, 44g
290kcal, 64g

이온음료 당 함량 비교하기
■ 운동이나 노동 등으로 인해 체내에서 빠져나간 수분과 전해질을 보충해주는 기능성 음료
파워에이드
2% 복숭아맛
토레타
포카리스웨터
60kcal, 15g
90kcal, 23g
83kcal, 20g
125kcal, 30g

물(수분) 섭취의 중요성
건조해진 피부보호
변비완화
호흡기에 수분 보충
미세먼지, 이물질 걸러냄
붓기 빼는데 도움
피로회복

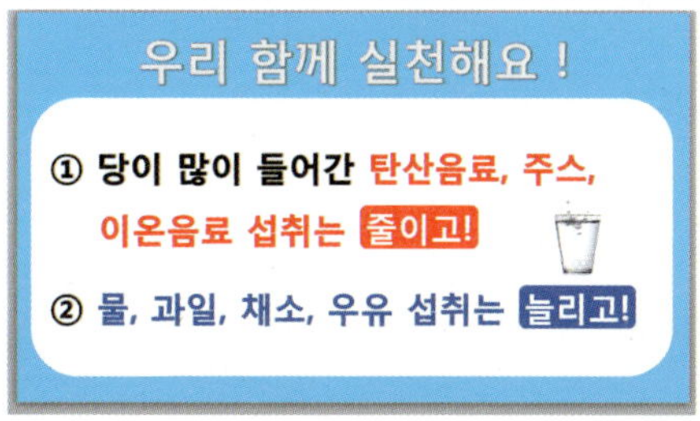
우리 함께 실천해요 !
① 당이 많이 들어간 탄산음료, 주스, 이온음료 섭취는 줄이고!
② 물, 과일, 채소, 우유 섭취는 늘리고!

청소년기의 학교급식은 실천적 차원의 영양·식생활교육의 장으로 가장 중요하다. 영양교육의 방법으로는 영양교사가 학교 정규수업의 형태로 참여하는 직접교육과 특별활동교육 등이 있고, 그 외 방송교육, 가정통신문, 게시교육 등이 있다. 재량수업시간이나 일부 교과수업시간에 영양 교육을 하는 방법은 시연이 다소 제한적일 수 있으며, 영양교육만으로 교육활동을 수행하기 어려운 것이 현실이나, 정규 교과시간을 배정받아 영양교사에 의하여 진행되는 교육활동이나 영양교사의 적극석인 노력과 책임을 요하는 특별활동 등을 운영하는 학교는 점차 늘어가고 있는 추세이다.

학교에서의 영양교육은 교과과정에 맞추어서 적합한 내용과 순서로 전달되어야 하며, 교육을 담당하는 사람은 영양과 식생활관리에 대한 지식이 있어야 하고, 학생들의 적극적인 참여가 가능하도록 프로그램을 구성하여야 한다. 일반적인 강의식의 영양 지식 전달은 큰 도움이 되지 않으며 오히려 역효과를 낼 수 있다. 따라서 게임, 실험, 실습 등의 방법을 이용하는 것이 프로그램의 운영에 도움이 된다. 흥미를 유발할 수 있도록 다양한 매체를 이용하고, 적절한 보상을 주는 것도 동기유발이 되어 교육 효과를 올릴 수 있는 방법이 될 것이다. 영양교육은 지속적으로 할 수 있어야 한다. 습관을 고치는 일은 단시간 이루어지는 일이 아니므로, 올바른 영양지식을 가지고 나의 식생활을 바르게 바꾸어야겠다는 의지와 함께 최종적으로는 행동의 변화로 이행될 수 있도록 하기 위해 오랜 시일이 걸릴 수도 있는 과정임을 인식해야 한다. 따라서 한 번에 너무 많은 양을 전달하려 하지 말고 조금씩 인내심을 갖고 지속적으로 실시하는 것이 필요하다. 영양교육 방법은 다음과 같다.

1) 학교급식을 통한 영양교육

학교에서의 영양교육에서 가장 큰 비중을 차지하는 것은 학교급식을 통하여 식습관을 교정하고 식사예절을 배우는 것이다. 하지만 영양교육을 급식시간에 한정하지 않고 다른 학과목이나 특별활동을 통해서 나아가서 학교·가정·지역과도 연계할 수 있다.

2) 교과 수업시간과 연계한 영양교육

초등학교 1~2학년에서는 즐거운 생활, 슬기로운 생활 교과에 식사예절을 주로 다루고 있으며 그 외 성장과 영양, 음식의 분류, 식생활 위생 등의 내용이 각 교과에 포함되어 있다. 이외 3~6학년은 체육 교과 내 성장과 영양, 영양소, 식품 구성 자전거, 비만예방 식생활, 식품 위생 등의 내용이 다루어지고 있으며, 5~6학년 실과 교과 교사나 담임교사와 영양교사가 협력하는 수업 등이 있다. 중학교의 경우 최근 들어 교과목의 단원과 연계한 식생활 교육이 증가하고 있다. 특히 자유학기제가 중학교에 도입되면서 요리수업, 텃밭수업, 김장담그기 등 적극적인 체험수업이 이루어지고 있고, 학생들의 참여도 및 만족도도 높은 것으로 나타나고 있다. 교과 수업시간과 연계한 중고등학교의 영양수업이 상당한 실요성을 거두고 있는데, 사회시간에는 우리 지역에서 생산되는 농산물·수입되는 농산물·과잉 생산된 농산물에 대한 소비방법 등에 대하여, 세계의 음식문화와 지구환경과 음식물 쓰레기 교육 등이 이루어지고 있다. 과학시간에는 식품첨가물에 대해 공부하고 과학실험을 통해 정성실험 해 보기, 조리 중 영양성분의 변화 알아보기, 음식이 우리 몸에 들어가서 어떻게 소화되고 변화되는지에 관하여 교육할 수 있다. 실과시간에는 우리가 먹는 야채 중 간단하게 키울 수 있는 야채를 직접 키우고 관찰함으로써 야채의 성장에 대하여 배우고, 텃밭도 설계해 보고, 음식을 직접 만들어 볼 수도 있다. 미술시간에는 영양교육과 관련된 표어나 포스터를 제작해 볼 수 있다. 교과 수업시간과 연계한 중고등학교의 영양수업에 관해서는 다음 장의 청소년 영양교육의 실제에서 자세히 다루도록 한다.

3) 재량활동·특별활동 수업 및 자유학기제를 활용한 영양교육

영양교사를 중심으로 초등학교와 일부 중학교에서는 재량수업시간을 활용하여 주 2~5회 정도 정기적인 영양·식생활 교육과정이 자리 잡아 가고 있다. 개발·통일되어 보급되는 교재와 교육 후의 식생활 태도와 행동 변화가 긍정적으로 관찰됨에 따라 점진적으로 교육 활동은 확대될 전망이며, 영양교사들도 수업 방법 및 교육 내용에 대한 자발적인 역량 향상 노력도 진행되고 있어 향후 초·중·고에서의 영양·식생활 교육은 확대될 전망이다. 특별활동시간에는 조리실습, 현장 체험, 역할극, 인형극, 소집단 토의, 비디오 상영 등을 활용할 수 있다. 특별활동은 학생 중심으로 운영하여 공동체 의식 함양, 조별활동 강화, 학생의 실습 참여를 확대하면 좋은 효과를 거둘 수 있다.

4) 가정통신문과 게시판을 이용한 영양교육

가정통신문과 게시판을 활용한 영양교육은 가장 널리 쓰이고 쉽게 활용할 수 있는 방법이다. 가정과 연계한 교육을 구현하기 위해 학부모용 가정통신문 발송은 간단하면서도 효율적일 수 있다. 학교급식에 대한 영양정보 제공, 식중독 예방 교육, 식사예절 및 음식문화에 대한 교육, 명절 및 절기 음식을 학교급식과 연계할 경우, 저당 및 저염 교육 등은 이 방법을 자주 사용한다.

5) 영양상담지도

영양상담을 통하여 영양과 건강에 대한 기초 지식을 향상시키고, 몸에 좋은 영양소와 식품군을 알아 스스로 영양관리를 할 수 있도록 하며 다양한 음식 섭취를 통해 질병을 예방할 수 있도록 한다. 비만아의 경우 개인상담이나 소규모 집단상담을 통하여 지속적인 일대일 관리를 통해 교육 효과를 거두고 있다. 최근에는 식품 알레르기 문제아를 중심으로 학생과 학부모를 대상으로 한 상담지도가 이루어지고 있다. 상담지도의 경우 교사의 많은 노력과 시간이 요구되며, 상담과 관련된 지식 및 기술의 확보도 필요하다.

6) 학부모와 교사 대상의 영양교육

교사 대상의 영양교육을 통해 교사의 영양·식생활교육 지도 역량을 향상시킬 수 있으며, 학부모 대상의 영양교육을 통해서는 자녀의 식생활 관리 능력 향상에 직접적인 도움을 줄 수 있다. 또한 학교의 영양교육을 가정까지 연장할 수 있다는 점에서 그 효과가 크다고 볼 수 있다. 그러나 최근 맞벌이 가정의 증가로 학교에서 실시되는 영양교육에 학부모들이 적극적으로 참여할 수 있는 여건 조성이 미흡하다는 지적도 있다.

Ⅳ. 청소년 영양교육의 실제

1. 초등학교 영양교육 사례

학교에서는 학생에게 건강한 식생활 유지를 위한 영양교육을 시행하는 중요한 역할을 맡고 있다. 교사, 영양사, 학부모는 학생의 건강을 향상시키는 데 함께 노력해야 함은 자명한 사실이다. 학교에서 건강증진을 위한 교육과정에는 또래 간의 긍정적인 영향력과 건전한 경쟁도 중요하다. 초등학교의 경우 저학년에서는 건강한 식습관 형성에 중점을 두고, 고학년에서는 건강한 식습관의 실천적 측면에 중점을 둔다. 〈표 10-3〉은 초등학생 저학년 어린이 대상의 건강한 음료선택 교육을 통해 저당 식습관을 기를 수 있도록 교육한 사례이다.

| 표 10-3 | 건강한 음료 영양교육

활동목표	1. 당이 많이 함유된 음료에 대해 알아보고 당 과다 섭취의 문제점에 대해 인지할 수 있다. 2. 건강한 음료 및 수분 섭취의 중요성에 대해 알아보고 저당 식습관을 형성할 수 있다.	활동대상	초등학교 저학년
활동명	나의 몸을 위한 건강한 습관 - 건강한 음료를 마셔요! -	활동유형	의사소통 및 실습
활동지료	[자료 ①] 나의 몸을 위한 건강한 습관 - 건강한 음료를 마셔요! PPT 자료 [자료 ②] 당도계 [자료 ③] 텀블러 및 건조과일		
학습요소	· 건강하게 생활하기 · 상황에 맞게 바른 태도로 말하기 · 과학적 탐구하기		

단계	학습 과정	교수학습 활동	시간(분)	활동자료
도입	생각 열기	▸ 학습동기 유발 및 학습목표 제시[자료 ①] 다양한 수분섭취 방법에 대해 이야기를 나누면서 학습동기를 유발한 후 학습목표를 제시한다. - 인사하기 - 다양한 수분섭취 방법에 대해 이야기 나누기 - 학습목표 제시 ▸ [자료 ①] 수분섭취 방법 중 일반 음료류(탄산음료, 주스)에 당이 많이 함유되어 있음을 제시한다.	5 (5)	[자료①]  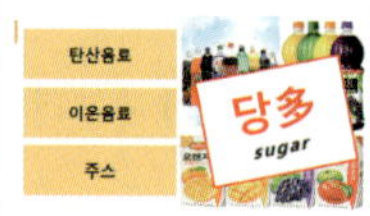 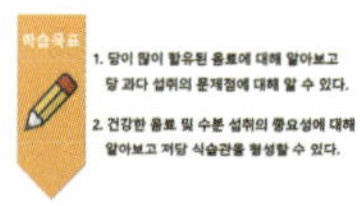
전개	전개 1	▸ 전개 1 당에 대한 정보 제공[자료 ①] - 당의 정의 - 당 과다 섭취 시 발생할 수 있는 문제점 및 질병 음료 종류별 당 함유량 알아보기[자료 ①] - 주스, 탄산음료, 이온음료의 당 함량 비교		[자료 ①] 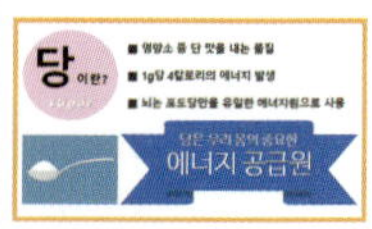 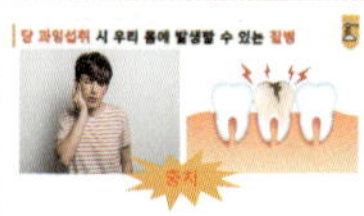 

단계	구분	교수·학습 활동		자료
전개	전개 2	▶ 전개 2 수분섭취에 대한 정보 제공[자료 ①] - 수분 섭취의 중요성 및 올바른 수분 섭취방법 제시 - 저당 음료에 대한 설명		[자료 ①]  
	전개 3	▶ 활동 1 [자료 ①, ③] 나만의 건강한 과일차를 직접 만들어 보는 활동을 진행한다. (활동 전 주의사항 안내)		[자료 ①] 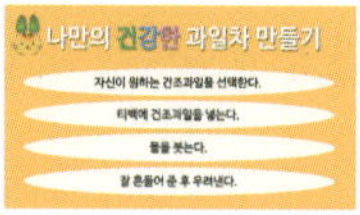 [자료 ③] 나만의 건강차 만들기 재료 (텀블러, 티백, 건조과일)
		▶ 활동 2 [자료 ①, ②] 일반 음료(과일주스)와 활동 1의 방법으로 만든 과일차의 당 함류량을 당도계를 이용하여 비교한다. - 당도계 사용방법 설명 및 당도 비교실험 - 당 함량 결과 작성하기		[자료 ①] 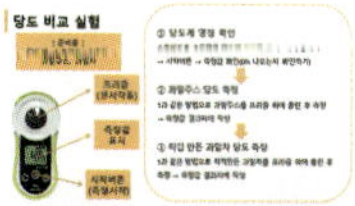 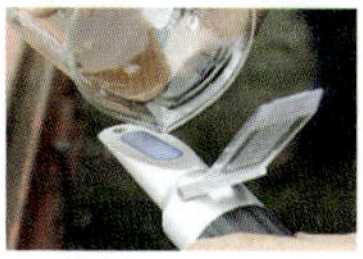 당도비교 실험재료 (당도계, 수돗물, 과일차, 과일주스, 실험결과지)
정리	학습 정리	▶ 정리하기 [자료 ①] 전개 1과 전개 2에서 다룬 내용을 한 번 더 정리하여 올바른 수분섭취를 통해 저당 식습관을 실천할 수 있음을 강조한다.		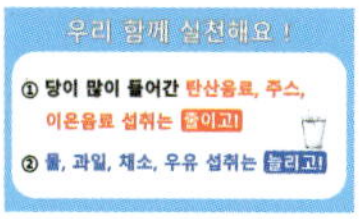

2. 중학교 영양교육 사례

중학교에서의 영양교육은 교과과정에 맞추어서 적합한 내용과 순서로 전달되어야 하며, 교육을 담당하는 사람은 영양과 식생활관리에 대한 지식이 있어야 한다. 다음은 중학교에서 실질적으로 실시된 영양교육을 통한 인성교육 프로그램이다. 본 프로그램의 특징은 중학교 교과목을 단원별로 분석하여 적절한 영양교육 프로그램과 연계하고, 학교 교사 및 영양사, 식생활 전문가가 협력하여 실시함으로써 영양교육이 청소년 건강과 인성에 중요한 영향을 미칠 수 있음을 알려 주었다. 이러한 영양교육은 도덕, 사회, 기술가정, 과학, 체육 교과목 등과 연계할 수 있다. 최근 청소년기에서 나타나는 정신적 발달과 신체적 발달의 불균형으로 인한 심리적 갈등, 불안감 등으로 인해 다양한 청소년 문제가 등장하고 있다. 이러한 문제는 가정 내에서의 문제뿐만 아니라 사회 문제로도 나타나고 있으므로 청소년기의 인성교육 필요성이 중요시되고 있다. 따라서 학교교육과 연계한 인성교육, 교과목과 영양교육을 접목시킨 영양교육 등 새로운 방법 들이 꾸준히 시도되고 있는 실정이다.

〈표 10-4〉는 중학교 학생을 대상으로 실시된 인성교육을 위한 영양교육 프로그램의 사례이다.

| 표 10-4 | 교과목과 연계한 청소년 인성교육을 위한 영양 교육 프로그램

차시	교과	주제	section	
1	도덕	건강체중 이해하기	자아존중	긍정적인 자아형성과 나에 대한 바른 이해
2	보건	나의 식사패턴 분석하고 바로 알기		
3	기술가정	올바른 먹거리 선택		
4	과학	나를 변화시키는 식품성분		
5	보건	좋은 다이어트 나쁜 다이어트		
6	사회	가장 좋은 음료수는 물		
7	기술가정	나에게 부족한 영양소 알기		
8	과학	기후변화와 식생활	배려와 실천	이웃, 니리, 세계 이해하기
9	기술가정	내가 키운 식재료로 수고로운 체험		
10	창체	농촌체험(로컬푸드의 중요성)		
11	사회	전통음식의 우수성 이헤		
12	사회	세계음식문화 이해하기		
13	사회	세계의 향신료		
14	도덕	세계 기아대책과 식량나눔		
15	사회	텃밭의 관리(음식물 쓰레기)		
16	기술가정	바람직한 식생활(아침밥의 중요성)	실천과 나눔	체험을 통한 실천다짐
17	과학	오감으로 먹는 음식		
18	과학	식재료 이해하기(멸치)		
19	기술가정	가족밥상의 중요성 UCC발표		
20	보건	바른 밥상 밝은 100세		
21	기술가정	텃밭의 설계		
22	기술가정	텃밭의 관리(친환경 방제방법, 난황 유 만들기)		
23	기술가정	텃밭의 관리(천연비료 만들기)		
24	기술가정	텃밭의 관리(김장 나눔 수업)		

본 사례에서는 최대한 중등 교육과정에서 이루어지고 있는 영양 내용들을 추출하여 수업을 다음과 같이 진행하였다.

첫째, 각 교과활동에서는 학습의 개별화가 이루어지도록 하고 발표·토의활동과 실험 관찰 조사 실측 수집, 견학 등의 직접체험 활동이 충분히 이루어지도록 수업을 계획하고 실시하였다. 지식기반사회에서는 학생중심의 교육과정을 통해 교육의 목적을 창의성 신장과 올바른 인성함양에 기여하고자 하였다.

둘째, 교과와 관련된 수업안을 해당 교과 교사들에게 미리 안내하고 관련된 학습 준비물이나 수업을 위한 관련 자료를 사전에 점검하여 수업에 무리가 없도록 최대한 자료를 제시하였다. 수업당일 수업이 진행되는 동안에는 전반적인 수업 내용의 모니터링을 진행하였다.

셋째, 중학교의 교육과정은 학생의 직접적인 체험활동, 실험 관찰, 조사, 수집, 토론, 견학 등에 대해 강조하고 있다. 모든 학습활동을 통하여 조사, 견학, 답사, 실험 실습, 관찰 등과 같은 학생들의 직접적인 체험활동이 많이 이루어지기 위해서는 지역사회의 교육시설이나 설비 등을 이용하기 위한 사전 준비와 해당기관과의 유기적인 협조체제가 강구되어야 하며 활동주제에 따라서 지역사회 자원 활용 및 창의적 체험활동이 실질적 체험학습이 되도록 지역사회의 유관기관과 적극적으로 연계·협력해서 프로그램을 운영하도록 하였으며, 교과와 창의적 체험 활동의 효율적인 운영을 위하여 지역사회의 농민회와 지역에 있는 도시텃밭 보급소와의 연계를 통해 수업을 진행하였다.

넷째, 끝으로 프로그램을 운영하고 담임교사와 관련 교과 교사들과 정리 평가하는 시간을 통해서 부족한 부분과 개선점을 정리하고 관련 내용을 공유하였다.

3. 고등학교 영양교육 사례

고등학교 영양교육의 경우 세계음식문화, 지구환경 문제, 식량문제, 기아와 식량나눔 등 주제가 매우 다양해질 수 있다. 입시 위주의 교육과정에서 모둠활동의 영양교육을 진행하기 어려운 측면도 있지만 동아리 중심, 소그룹 중심의 영양교육은 실효성이 긍정적이다. 몇 가지 사례를 소개하면 다음과 같다〈표 10-5〉, 〈표 10-6〉.

| 표 10-5 | 기후변화와 식생활

<table>
<tr><th colspan="2">학습주제</th><th>기후변화와 식생활</th><th>대상</th><th colspan="2">고 1</th></tr>
<tr><td colspan="2">학습목표</td><td colspan="4">1. 수입식품의 탄소배출량을 알 수 있다.
2. 수입식품과 우리나라 식품의 푸드마일리지를 계산할 수 있다.
3. 생활 속에서 탄소배출량을 줄이는 방법에 대해 알 수 있다.
4. 환경에 대한 책임감을 갖고 탄소배출량을 줄이는 방법을 실천한다.</td></tr>
<tr><td colspan="2">교수·학습자료</td><td colspan="4">활동지, 교육용 PPT, 스마트폰</td></tr>
<tr><td colspan="2">교과목과의 연계성</td><td colspan="4">연계과목명: 과학</td></tr>
<tr><th rowspan="2">단계</th><th rowspan="2">학습과정</th><th colspan="2">교수-학습활동</th><th rowspan="2">시간(분)</th><th rowspan="2">자료 및 유의점</th></tr>
<tr><th>내용</th><th>방법</th></tr>
<tr><td>도입</td><td>생각 열기</td><td>ㅇ 동기유발
- 기후변화란?
- 뜨거운 지구 동영상</td><td>▶ '뜨거운 지구' 동영상 시청
- 웹사이트 주소 클릭 후 '뜨거운지구' 동영상 클릭</td><td>5</td><td>교육 전 반드시 실행 여부 확인</td></tr>
<tr><td>전개</td><td>전개 1</td><td>ㅇ기후변화와 식생활
- 우리나라의 식재료 분포도 변화
ㅇ식생활에서 지구온난화를 줄이기 위한 노력
- 친환경 농산물이용, 푸드마일리지 확인, 로컬푸드 이용</td><td>▶ PPT 교육</td><td>10
(15)</td><td>선행학습하여 로컬푸드에 대한 자세한 설명 불필요</td></tr>
</table>

<table>
<tr><th rowspan="2">단계</th><th rowspan="2">학습과정</th><th colspan="2">교수-학습활동</th><th rowspan="2">시간
(분)</th><th rowspan="2">자료 및 유의점</th></tr>
<tr><th>내용</th><th>방법</th></tr>
<tr><td rowspan="2">전개</td><td>전개 2</td><td>ㅇ 수입식품의 탄소배출량
- 홈페이지 확인 후 작성

ㅇ 푸드마일리지
- 푸드마일리지 계산하기</td><td>활동 1
▶ 스마트 그린푸드 홈페이지의 농산물 수입과 탄소 자료를 보고 활동지에 적는다.
- 웹사이트 주소 클릭
▶ 식품의 푸드 마일리지를 계산한다.
- 이동거리×식품 수송량 (국내 이동거리는 PPT에 제시된 거리를 이용하여 계산)</td><td>15
(25)</td><td>PPT를 통해 교사가 실행하고 학생들은 활동지 작성</td></tr>
<tr><td>전개 3</td><td>ㅇ밥상의 탄소발자국
- 우리가 먹는 음식의 탄소발자국 알기</td><td>활동 2
▶ 스마트 그린푸드 홈페이지의 밥상의 탄소발자국 콘텐츠를 이용하여 음식의 탄소발자국을 안다.</td><td>10
(35)</td><td>학생들 개인 스마트폰 사용</td></tr>
<tr><td>정리</td><td>학습
정리</td><td>ㅇ로컬푸드 질문 및 피드백</td><td>· 정한 약속을 실천하게 다짐 받기</td><td>5
(45)</td><td></td></tr>
</table>

| 표 10-6 | 세계음식문화 이해하기

학습주제	세계 음식문화 이해하기 (식생활 교육)	대상	고 2
학습목표	1. 세계의 다양한 식생활 문화를 익히고 타 문화에 대한 존중과 배려를 실천할 수 있게 한다. 2. 음식문화란 그 나라의 자연 및 사회적 환경 영향의 소산임을 알게 하고 자연환경 보존의 중요성과 식량의 소중함을 깨달아 감사의 마음을 실천할 수 있게 한다. 3. 각 나라 음식의 맛을 결정하는 향신료의 다양성을 배우고 타 음식 문화를 존중할 줄 알게 한다.		
교수·학습 자료	세계지도, 파워포인트, 백지 세계지도, 스티커 활동지		
교과목과의 연계성	연계과목명: 사회		

단계	학습 과정	교수-학습활동: 내용	교수-학습활동: 방법	시간(분)	자료 및 유의점
도입	생각 열기	ㅇ 동기유발 · 세계지도를 보고 기후, 주식, 자연환경 등으로 분류해 보기 ㅇ 학습목표제시 · 세계는 매우 다양한 기후, 음식, 자연환경을 지니고 있음을 깨닫게 하고 글로벌 시대에 각 문화를 이해하는 것이 중요함을 이해시킨다.	· 인터넷에 게시된 음식지도 보여 주기 · 다양한 음식 사진 보여 주기 · 자신이 경험한 타국 음식 발표해 보기	5	파워포인트, 세계의 다양한 음식사진, 세계지도
전개	전개 1	ㅇ 세계 음식문화를 수식 문화권, 저식 문화권, 나이프, 포크, 스푼식 문화권으로 구분하기	▶ 활동 1 세계를 3대 음식문화로 구분해 보기 · 백지지도를 이용하여 음식 먹는 방법에 따라 세계를 3대 음식문화로 나누어 색칠해 본다. – 우리에게 익숙한 저식 문화권은 30%에 불과함을 알고, 세계에는 우리와 다른 음식문화가 70%나 됨을 깨닫게 하여 타 문화 이해의 중요성을 설명한다.	5 (10)	백지 세계지도, 색연필

<table>
<tr><th rowspan="2">단계</th><th rowspan="2">학습 과정</th><th colspan="2">교수-학습활동</th><th rowspan="2">시간 (분)</th><th rowspan="2">자료 및 유의점</th></tr>
<tr><th>내용</th><th>방법</th></tr>
<tr><td rowspan="3">전개</td><td>전개 2</td><td>○ 세계 음식문화를 주식에 따라 분류해 보기</td><td>▶ 활동 2 주식에 따른 음식문화 분류
· 밀을 주식으로 하는 문화권
· 쌀을 주식으로 하는 문화권
· 옥수수를 주식으로 하는 문화권
· 서류를 주식으로 하는 문화권
– 세계의 다양한 자연환경에 따라 그 나라의 주식이 결정됨을 스스로 알게 한다. 이를 통해 먹는 방법이 다양하게 발전되어 왔음을 알게 하여 타문화에 대한 이해와 배려의 마음을 갖게 한다.</td><td>10 (20)</td><td>백지 세계지도, 쌀, 밀, 감자, 옥수수 스티커 각 20개</td></tr>
<tr><td>전개 3</td><td>○ 경험해 본 외국음식 적어 보고 느낌 이야기해 보기</td><td>▶ 활동 3 경험해 본 외국 음식을 소개해 보고 느낌을 서로 교환해 보는 활동을 통해 상호 교감, 이해, 타 문화 존중을 익힌다.</td><td>10 (30)</td><td>활동지</td></tr>
<tr><td>전개 4</td><td>○ 세계 각국의 대표적인 식품과 음식 알아보기
· 글로벌 시대를 살고 있는 현시점에서 각 나라의 대표적인 음식을 알아봄으로써 세계의 이해도를 높인다.</td><td>▶ 활동 4 활동지를 이용한 세계 각국의 음식 짝지어 보기</td><td>10 (40)</td><td>활동지</td></tr>
<tr><td>정리</td><td>학습 정리</td><td>○ 세계의 음식문화의 다양성을 정리해 보고 음식과 자연환경의 상관성을 알아본다. 또한 타인에 대한 배려와 이해를 익힌다.</td><td>· 정한 약속을 실천하게 다짐 받기</td><td>5 (45)</td><td></td></tr>
</table>

CHAPTER 11

성인의 영양교육

Ⅰ. 성인 영양교육의 중요성과 목적

1. 성인 영양교육의 중요성

성인기는 대개 만 20~64세 연령으로 정의된다. 영·유아기, 아동기, 청소년기에 비하여 상당히 넓은 연령층으로 구성된 만큼 대상자의 신체적, 사회적, 심리적 특성 등도 매우 다양하다. 한국인 영양섭취기준에서는 성인기를 19~29세, 30~49세, 50~64세로 구분하고 있다. 성인기 이전의 생애주기에서는 성장과 발달이 빠른 속도로 일어나 비교적 짧은 시간에 큰 신체적 및 심리적 변화를 거치는 반면, 성인기는 이러한 성장에 따른 변화가 끝나고 완만하고 지속적인 노화가 시작되고 진행되는 시기이다. 대개 신체적인 능력은 30세 전후에 정점에 다다르고, 그 이후 노화과정이 서서히 시작된다.

하지만, 생활이 편리해지고 식생활이 풍족해짐에 따라 여분의 에너지가 축적되어 비만을 유발하게 되었으며 이는 대사질환의 발생률을 높이고 있다. 성인기의 가장 두드러진 건강문제로는 중년 이후 당뇨병, 암, 심혈관계 질환, 지방간 등의 만성질환 발병 위험이 가파르게 증가하는 것을 들 수 있다. 그러므로 성인기에는 여러 가지 질환을 예방하기 위한 식생활 관리가 필요하며, 성인기에 균형 잡힌 식생활과 운동은 노년기를 건강하게 보낼 수 있는 밑거름이 되는 중요한 요소들이다. 따라서 이에 대한 영양교육의 필요성이 어느 때보다 높다. 하지만 가정과 사회 내에서의 활동이 왕성하고 책임과 업무가 과중한 시기인 관계로 다수의 성인들이 자신의 건강을 위한 교육 프로그램에 적극적으로 참여하는 것이 쉽지 않은 실정이다.

2. 성인기 영양교육의 목적

2018년 국민건강영양조사(제7기 3차년도)의 결과를 바탕으로 한국인 성인의 건강문제를 살펴보면 연령이 증가할수록 비만, 고혈압, 이상지질혈증 등의 만성질환 유병률(만 30세 이상)이 높게 나타났다. 성인기 동안 바람직한 식습관 관리를 통하여 만성질환 유병률 증가를 감소시킬 수 있다면, 보다 건강한 개인의 노후생활을 기대할 수 있으며 초고령화 시대를 앞두고 있는 국가의 사회적 부담도 크게 경감시킬 수 있을 것이다.

II. 영양섭취기준 및 영양문제

1. 성인의 영양섭취기준

한국인 영양소섭취기준(보건복지부·한국영양학회, 2020)에 의하면 탄수화물, 단백질, 지질의 에너지 적정비율은 각각 55~65%, 7~20%, 15~30%이다.

에너지는 평균필요량에 해당되는 필요추정량이 제시되어 있으며, 성인 남자의 경우 19~29세 2,600kcal, 30~49세 2,500kcal, 50~64세 2,200kcal이다. 성인 여자의 경우 19~29세 2,000kcal, 30~49세 1,900kcal, 50~64세 1,700kcal이다.

| 표 11-1 | 성인의 한국인 영양소 섭취기준: 에너지 필요추정량

한국인 영양소 섭취기준 에너지 필요 추정량		
연령	남자	여자
19~29세	2,600kcal	2,000kcal
30~49세	2,500kcal	1,900kcal
50~64세	2,200kcal	1,700kcal

출처: 보건복지부·한국영양학회(2020).

단백질은 성인 남자의 경우 19~29세 65g, 30~49세 60g, 50~64세 60g이다. 성인 여자의 경우 19~29세 55g, 30~49세 50g, 50~64세 50g이다.

| 표 11-2 | 성인의 한국인 영양소 섭취기준: 단백질

한국인 단백질 평균 필요량/권장섭취량(g/일)		
연령	남자	여자
19~29세	50/65	45/55
30~49세	50/60	40/50
50~64세	50/60	40/50

출처: 보건복지부·한국영양학회(2020).

비타민 중 비타민 A와 비타민 C, 무기질 중 칼슘과 철분의 성인 남자와 여자의 연령별 권장섭취량은 다음과 같다.

| 표 11-3 | 성인의 한국인 영양소 섭취기준: 비타민 A, 비타민 C

한국인 비타민A, 비타민C 권장섭취량				
연령	남자		여자	
	비타민A(μgRE/일)	비타민C(mg/일)	비타민A(μgRE/일)	비타민C(mg/일)
19~29세	800	100	650	100
30~49세	800	100	650	100
50~64세	750	100	600	100

출처: 보건복지부·한국영양학회(2020).

| 표 11-4 | 성인의 한국인 영양소 섭취기준: 칼슘, 철분

한국인 칼슘, 철 권장섭취량				
연령	남자		여자	
	칼슘(mg/일)	철(mg/일)	칼슘(mg/일)	철(mg/일)
19~29세	800	10	700	14
30~49세	800	10	700	14
50~64세	750	10	800	8

출처: 보건복지부·한국영양학회(2020).

2. 성인의 영양문제

1) 성인의 식생활 특성

식생활은 영양섭취와 건강상태의 결정요인으로 질병 예방을 위해서는 올바른 식생활 관리가 매우 중요하다. 그러나 우리나라는 생활수준의 향상, 가족구조의 변화, 여성의 경제활동 증가 등으로 아침식사 결식률 증가, 외식 빈도 증가, 고열량 식품섭취 증가 및 영양소 섭취 불균형 등의 문제가 지속되고 있다.

2018년 국민건강영양조사 자료를 살펴보면 우리나라 성인의 아침식사 결식률(만 19세 이상)은 남자 30.6%, 여자 31.2%로 남녀 모두 2005년 이후 지속적으로 증가하고 있다. 특히 20대의 경우 남자 46.4%, 여자 54.4%로 다른 연령에 비해 아침식사 결식률이 가장 높았고, 그 다음으로 30~40대가 높았다. 외식은 에너지, 지방, 나트륨의 과잉 섭취를 일으킬 수 있는데, 하루 1회 이상 외식을 하는 분율(만 19세 이상)은 남자 44.8%, 여자 21.8%로 2008년 이후 증가경향을 보이고 있다. 특히 20~40대 남자의 하루 1회 이상 외식률이 높았다.

성인기는 정신적·육체적으로 사회생활을 왕성하게 하는 시기이기에 책임과 업무가 과중한 시기이다. 특히, 노화가 진행되지만 운동부족, 스트레스, 흡연, 음주, 아침결식 등 건강습관이 좋지 않아 만성질환 발병 위험이 급증하게 된다. 성인기의 식생활 특성을 〈표 11-5〉에 정리하였다.

| 표 11-5 | 성인의 식생활 특성

- 성인기란 19세 이상부터 64세까지의 넓은 연령층을 일컬음
- 정신적·육체적으로 사회활동을 왕성하게 하는 시기임
- 운동부족, 스트레스, 흡연, 음주, 아침결식 등 건강생활습관이 생애주기 중 좋지 않음
- 여성의 경우 폐경이라는 큰 생리적 변화 발생, 이후 만성질환 급증
- 건강한 식습관 등 올바른 건강생활 실천이 건강증진의 관건

출처: 보건복지부·한국건강증진개발원(2017);

2) 성인의 건강문제

2018년 국민건강영양조사(제7기 3차년도)의 결과를 바탕으로 한국 성인의 건강문제를 살펴보면 [그림 11-1]에서 나타나듯이 지난 10년간 비만, 고혈압, 당뇨병, 이상지질혈증 등과 같은 만성질환의 유병률이 크게 증가하였다.

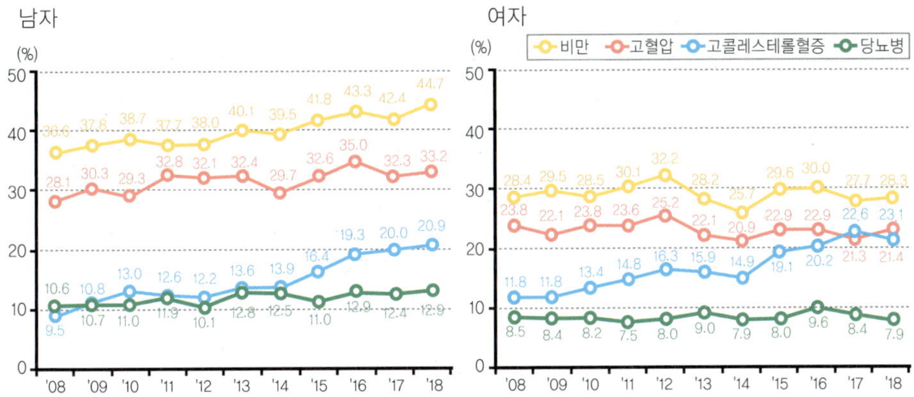

* 비만: 체질량지수(kg/m²)가 25 이상인 분율, 만 30세 이상

* 고혈압: 수축기혈압이 140mmHg 이상이거나 이완기혈압이 90mmHg 이상 또는 고혈압 약물을 복용하는 분율, 만 30세 이상

* 당뇨병: 공복혈당이 126mg/dℓ 이상이거나 의사진단을 받았거나 혈당강하제복용 또는 인슐린주사를 사용하는 분율, 만 30세 이상

* 고콜레스테롤혈증: 혈중 총콜레스테롤이 240mg/dℓ 이상이거나 콜레스테롤강하제를 복용하는 분율, 만 30세 이상

* 2005년 추계인구로 연령표준화

| 그림 11-1 | 만 30세 이상 성인의 만성질환 유병률 추이

출처: 질병관리본부(2019).

비만 유병률(만 30세 이상)은 2018년 남자 44.7%, 여자 28.3%으로, 1998년 이후 남자는 크게 증가한 반면, 여자는 유지되고 있다〈표 11-6〉.

| 표 11-6 | 성인 남자·여자 비만 유병률

년도	2008	2009	2010	2011	2012	2013	2014	2015	2016	2017	2018
30세 이상 비만 유병률(%)	32.9	34.0	33.9	34.2	35.4	34.6	32.9	36.0	37.0	35.5	36.9
30세 이상 성인 남자 비만 유병률(%)	36.6	37.8	38.7	37.7	38.0	40.1	39.5	41.8	43.3	42.4	44.7
30세 이상 성인 여자 비만 유병률(%)	28.4	29.5	28.5	30.1	32.2	28.2	25.7	29.6	30.0	27.7	28.3

- 체질량지수는 체중(kg)을 신장(meter)의 제곱으로 나눈 값
- 체질량지수 25kg/m^2 이상인 성인

출처: 질병관리본부(2019).

고혈압 유병률(만 30세 이상)은 2018년 28.3%로 나타났고 10년간 큰 변화가 없었다〈표 11-7〉. 남녀 모두 연령이 높을수록 높았고 2018년 남자 33.2%, 여자 23.1%으로 나타났다. 고혈압은 수축기혈압 140mmHg 이상이거나 이완기혈압 90mmHg 이상 또는 혈압강하제를 복용하는 사람을 대상으로 하였다.

| 표 11-7 | 성인 고혈압 유병률

년도	2008	2009	2010	2011	2012	2013	2014	2015	2016	2017	2018
30세 이상 고혈압 유병률(%)	26.2	26.3	26.8	28.4	28.9	27.2	25.4	27.8	29.1	26.9	28.3
30세 이상 성인 남자 고혈압 유병률(%)	28.1	30.3	29.3	32.8	32.1	32.4	29.7	32.6	35.0	32.3	33.2
30세 이상 성인 여자 고혈압 유병률(%)	23.8	22.1	23.8	23.6	25.2	22.1	20.9	22.9	22.9	21.3	23.1

* 수축기혈압 140mmHg 이상이거나 이완기혈압 90mmHg 이상 또는 혈압강하제를 복용하는 분율

출처: 질병관리본부(2019).

당뇨병 유병률(만 30세 이상 공복혈당 기준)은 2018년 10.4%로 나타났고 10년간 점차 증가하였다. 2018년 남자 12.9%, 여자 7.9%이며, 남녀 모두 연령이 높을수록 높았다. 당뇨병 치료율은 지속적으로 개선되었으나, 조절률은 다른 만성질환에 비해 낮은 수준이다.

| 표 11-8 | 성인 당뇨병 유병률

년도	2008	2009	2010	2011	2012	2013	2014	2015	2016	2017	2018
30세 이상 당뇨병 유병률(%)	9.7	9.6	9.6	9.7	9.0	11.0	10.1	9.5	11.3	10.4	10.4
30세 이상 성인 남자 당뇨병 유병률(%)	10.6	10.7	11.0	11.9	10.1	12.8	12.5	11.0	12.9	12.4	12.9
30세 이상 성인 여자 당뇨병 유병률(%)	8.5	8.4	8.2	7.5	8.0	9.0	7.9	8.0	9.6	8.4	7.9

* 공복혈당이 126mg/dℓ 이상이거나 의사진단을 받았거나 혈당강하제 복용 또는 인슐린 주사를 투여받고 있는 분율

출처: 질병관리본부(2019).

고콜레스테롤혈증 유병률(만 30세 이상)은 2018년 남자 20.9%, 여자 21.4%로, 남녀모두 2014년 이후 지속적으로 증가하고 있다.

| 표 11-9 | 성인 고콜레스테롤혈증 유병률

년도	2008	2009	2010	2011	2012	2013	2014	2015	2016	2017	2018
30세 이상 고콜레스테롤혈증(%)	10.8	11.4	13.4	13.8	14.4	14.9	14.6	17.9	19.9	21.5	21.4
30세 이상 성인 남자 고콜레스테롤혈증(%)	9.5	10.8	13.0	12.6	12.2	13.6	13.9	16.4	19.3	20.0	20.9
30세 이상 성인 여자 고콜레스테롤혈증(%)	11.8	11.8	13.4	14.8	16.3	15.9	14.9	19.1	20.2	22.6	21.4

* 고콜레스테롤혈증 유병률: 총콜레스테롤이 240mg/dℓ 이상이거나 콜레스테롤강하제를 복용한 분율

출처: 질병관리본부(2019).

만성질환의 치료에서 영양이 중요한 역할을 담당하고 있다. 올바른 식품선택, 균형 잡힌 식단, 규칙적이고 알맞은 식사, 작업환경을 고려한 영양식단 등은 국민건강과 활력 있는 경제인구 양성이란 측면에서 매우 중요하다.

2016년에 개발된 국민 공통 식생활 지침은 비만, 당뇨, 고혈압 등 만성질환이 증가함에 따라 이와 밀접한 관련이 있는 식생활을 개선하기 위해 균형 있는 영양소 섭취, 올바른 식습관 및 한국형 식생활, 식생활 안전 등을 종합적으로 고려하여 개발되었다[그림 11-2]. 또한 2009년에 개정·발표된 성인을 위한 식생활지침은 권장사항 3항목, 제한사항 3항목으로 구성되어 있다[그림 11-3].

| 그림 11-2 | 국민공통 식생활지침

출처: 보건복지부·농림축산식품부·식품의약품안전처(2016).

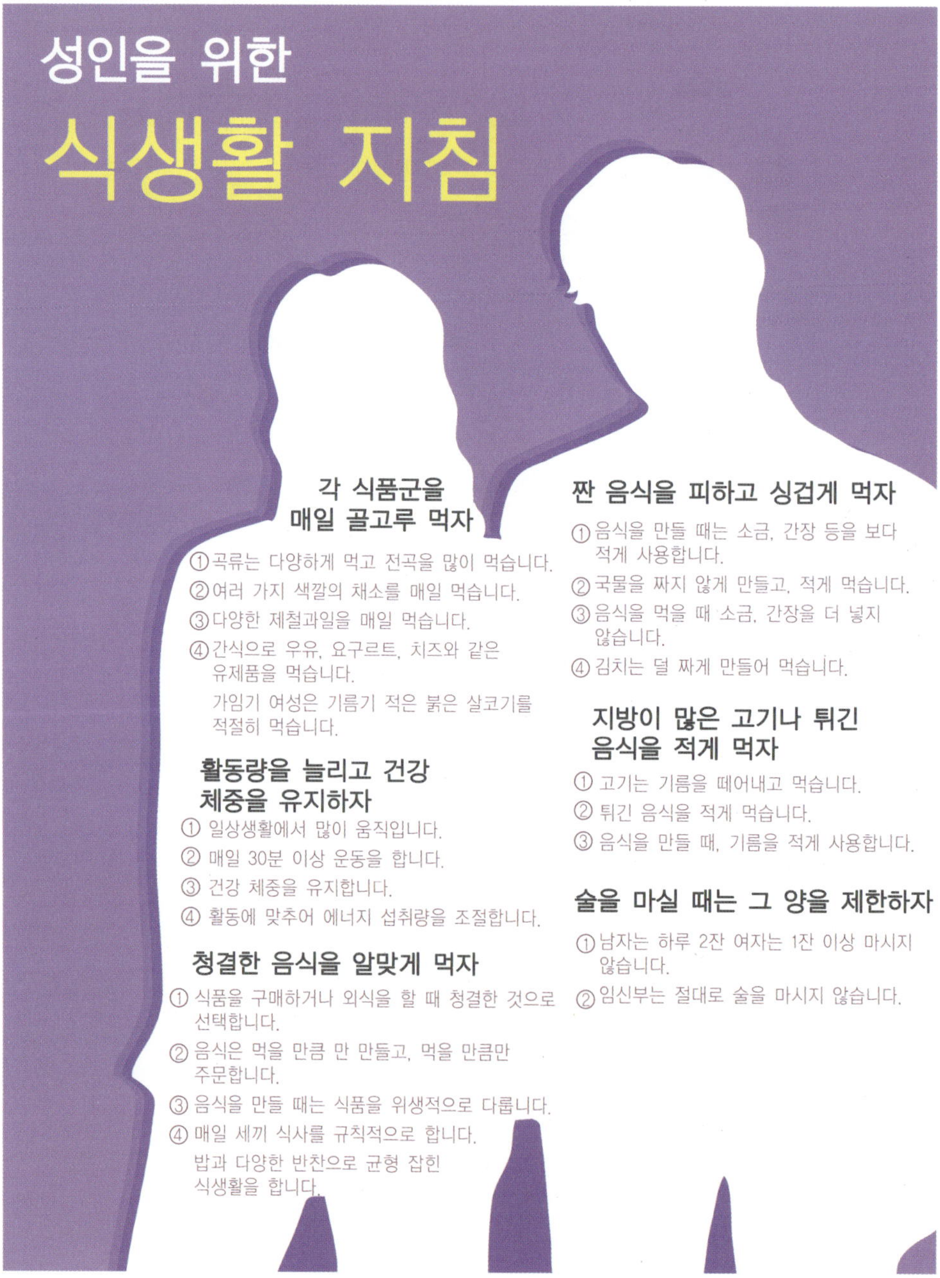

| 그림 11-3 | 성인을 위한 식생활지침

출처: 보건복지부(2009).

Ⅲ. 내용과 방법

1. 성인의 영양교육 내용

한국 성인의 영양 및 건강문제를 바탕으로 국민건강종합증진계획(HP2020)에는 우리나라 국민의 건강증진 및 질병 예방을 위해 금연, 절주, 신체활동, 영양 등의 중점 과제를 포함하였고, 영양의 지표로 아침식사 결식률, 영양표시 이용률, 영양교육 및 상담 경험률, 지방, 나트륨의 적정섭취 등을 포함하였다.

우리나라 성인의 올바른 식생활 증진 및 건강문제 위험도를 낮추기 위한 영양교육의 주요 주제를 〈표 11–10〉에 요약하였다.

| 표 11–10 | 성인 대상 영양교육 내용

영역	교육주제
건강증진	• 비만 예방 및 체중조절 식사요법 • 고혈압 예방 및 치료 식사요법 • 당뇨병 예방 및 치료 식사요법 • 이상지질혈증 예방 및 치료 식사요법
식행동	• 아침식사 거르지 않기 • 건강한 음주습관 • 건강한 외식방법
식이섭취	• 영양불균형 해소 • 일부 영양소 과잉 섭취 개선: 나트륨, 포화지방, 트랜스지방, 에너지 등 • 일부 영양소 부족 섭취 개선: 칼슘, 철, 비타민 A, 리보플라빈

출처: 보건복지부 건강정책국 건강정책과(2020).

1) 건강증진

40대 이후 중년에 접어들면서 비만, 고혈압, 당뇨병, 심혈관계질환, 암 등 만성질환의 발병 가능성이 높아지며, 이런 질병은 식사요인과 관련이 매우 깊다. 비만이 만성퇴행성질환의 주요한 원인이므로 비만예방과 올바른 체중조절을 주제로 하여 정상체중을 유지하는 인구 비율을 향상시키고 저체중과 과체중 및 비만 인구의 비율이 줄어들 수 있게 교육한다. 또한, 지방과 나트륨의 섭취를 줄이고 복합당질과 식이섬유소의 섭취를 늘리도록 교육한다.

2) 식행동 및 올바른 식이섭취

균형식은 매끼 식사에서 여러 영양소를 골고루 섭취하는 것이며 영양교육의 주요한 목표이다. 식사를 규칙적으로, 다양하게, 양을 알맞게 섭취하는 식습관을 강조하여 교육한다. 또한 아침 식사의 중요성을 인식하게 하고 간단하게라도 아침 식사를 하는 습관을 갖게 한다.

최근의 국민건강영양조사나 여러 연구에서 성인에게 부족한 영양소는 칼슘, 철, 비타민 A, 리보플라빈 등으로 나타났다. 그리고 비만인이 늘어남에 따라 지방, 에너지의 과다섭취 등이 문제시되고 있다. 따라서 칼슘, 비타민 A, 리보플라빈 등의 섭취는 충분하게, 나트륨, 포화지방, 트랜스지방, 에너지 등은 과다섭취하지 않게 실생활에서 실천 가능한 내용으로 교육한다.

또한 최근 가공식품, 특수영양식품 등이 증가하고 이의 이용이 늘어남에 따라 일반인에게 식품의 영양표시 정보, 식품의 안전성 등에 관해 이해를 높일 수 있도록 교육한다. 식품 구매나 선택에서 영양표시 정보를 제대로 읽고 선택할 수 있도록 내용을 구성한다. 또한 외식이 보편화됨에 따라 외식 시의 메뉴선택, 현명한 외식 등을 주제로 교육한다.

2. 성인의 영양교육 방법

1) 수준별 교육

성인 집단은 다른 생애주기에 비해 더욱 다양한 구성원으로 이루어져 있다. 따라서 영양교육을 계획할 때 대상자의 여러 조건에 따라 집단을 세분화하여 이에 알맞은 내용과 방법으로 구성하는 것이 시간과 비용 측면에서 효율적이다. 대상자를 세분화하는 기준으로는 연령, 성별, 가족구성 형태, 현재 건강상태, 행동변화단계, 영양지식 등 다양한 요인이 이용될 수 있다.

2) 시간적으로 효율적인 교육

대상자가 시간적인 어려움과 심리적인 부담을 덜어내고 용이하게 접근할 수 있는 사회적 환경을 구축하는 것이 요구된다. 예를 들어, 기업에서 직원을 위한 영양교육 프로그램을 사내 연수 프로그램 일환으로 구성한다든가, 또는 지역사회 내의 다양한 목적의 기존 모임을 적극적으로 찾아가 영양교육 프로그램을 실시하는 것 등을 예로 들 수 있다.

3) 구체적인 실천방법 제시

최근 건강에 대한 사회적 관심이 높아짐에 따라 일반 성인의 건강한 식생활에 대한 단편적인 지식수준은 향상되었다. 하지만, 영양지식을 일상생활에서 행동으로 옮기는 구체적인 방법에 대해서는 반드시 그렇지만은 않다. 예를 들어, 고혈압 예방교육을 할 경우 고혈압의 원인이나 식사요법 전반에 대해 설명하는 것보다 실제로 지방이나 콜레스테롤의 섭취를 줄이기 위해 하루에 어떤 식품을 얼마나 먹어야 할지, 지방의 섭취를 줄이기 위한 조리법 등을 구체적으로 교육해야 한다.

4) 영양교육 방법 및 매체

성인을 위한 영양교육 방법은 집단일 경우 강의, 강연을 주로 선택하지만, 이러한 경우 정보나 지식의 전달에 한정된 교육이 되기 쉽다. 영양교육은 대상자가 능동적으로 참여할 때 효과가 높으므로 토론, 실습, 시연, 체험, 조리, 사례연구 등 다양한 방법을 이용해야 한다.

영양교육 매체로는 리플릿, 소책자 등 인쇄매체를 주로 이용하는데, 최근 동영상과 전자매체, 대중매체, 인터넷 자료 등이 다양하게 개발되어 있으므로 이러한 영양교육 매체를 사용하여 교육의 효과를 높이도록 한다.

| 표 11-11 | 영양교육 매체 예시

번호	제목	표지		목차 및 주요내용
1	건강검진결과상담 매뉴얼 "영양전문상담"			· 건강검진결과상담 개요 · 건강검진결과상담에 따른 영양상담 · 비만개선을 위한 영양상담 · 혈당관리를 위한 영양상담 · 혈압관리를 위한 영양상담 · 혈중 지질관리를 위한 영양상담 · 영양상담을 위한 참고자료 · 영양상담을 위한 관련 서식
2	만성질환관리 고혈압, 당뇨병		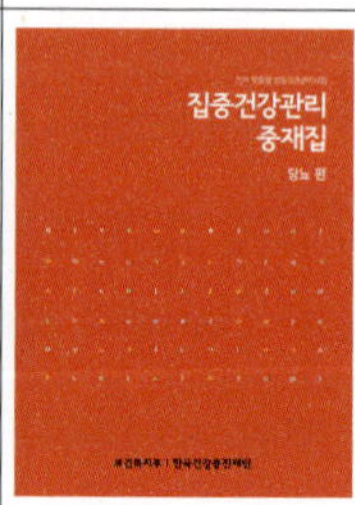	· 필요성 및 목적 · 집중관리군 선정 기준 · 업무 흐름도 · 동의서 · 고혈압 및 당뇨병관리 교육용 소책자와 표준 매뉴얼 PDF파일 수록

번호	제목	표지		목차 및 주요내용
3	점차 감소하고 있는 건강체중 '성인여성'	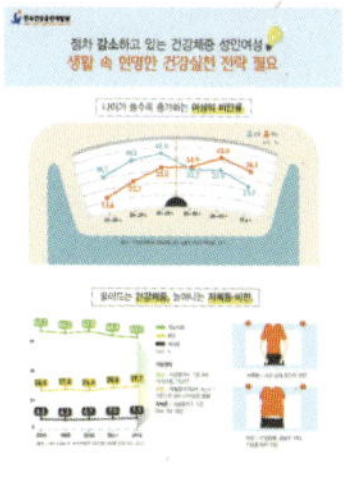	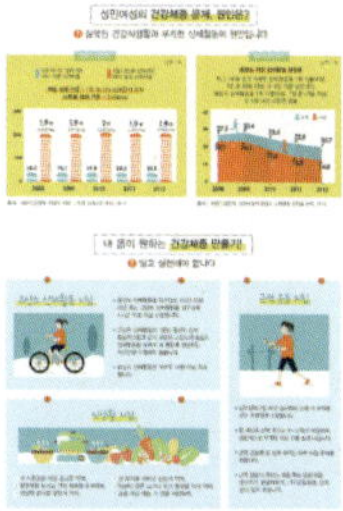	· 성인여성의 비만, 건강체중, 신체활동 등의 정보를 그림으로 나타낸 인포그래픽 자료
4	성인여성 건강체중을 위한 신체활동 가이드 '성인여성'			· 신체활동 알아보기 · 체중, 근육, 지방 바로 알기 · 운동과 건강체중 · 건강체중을 위한 운동 실천하기 · 건강체중과 비만율, 신체활동에 관한 실천방안 수록
5	한국인 영양소 섭취기준을 활용한 개인의 식사평가			· 나의 식사 기억해 보기 · 식사구성안과 식품군 알아보기 · 나에게 맞는 권장식사 패턴 알아보기 · 나의 식사 평가해 보기 · 나의 식사 계획해 보기 · 국민 공통식생활 지침 알고 실천하기 · 식사평가 소책자 PDF파일
6	나는 잘 먹고 있는 걸까?			· 한국인 영양소 섭취기준을 활용한 개인의 식사평가' 소책자와 함께 활용할 수 있는 PPT 교육자료
7	나는 무엇을 얼마나 먹어야 할까?			· 성인기의 식생활 현황 · 성인기 권장식단 알아보기 · 나에게 맞는 식단 계획해 보기 · 한국인 영양소 섭취기준을 활용한 식사계획 성인편 PPT 자료

번호	제목	표지	목차 및 주요내용
8	국민공통식생활 지침 (국문, 영문)	 	· 균형 있는 영양소 섭취 및 올바른 식습관 등 국민의 바람직한 식생활을 위한 아홉 가지 가이드라인 · 국민공통식생활지침 영상, 리플렛, 카드뉴스, 포스터, 미니배너

출처: 한국건강증진개발원(http://www.khealth.or.kr/)

Ⅳ. 성인 영양교육의 실제

1. 건강위험요인 개선을 위한 영양교육

보건복지부는 지역사회통합건강증진사업-영양분야의 맞춤형 영양관리서비스사업으로 성인을 대상으로 '건강위험요인 개선을 위한 영양관리사업'을 지역사회 주민 대상으로 실시하고 있다. 건강검진 결과를 이용하여 건강위험군을 대상으로 건강 문제 인식 및 건강 행태 개선을 유도하기 위하여 질환관리 상담 및 프로그램을 제공하는 것으로 세부 내용은 다음과 같다.

- 건강검진결과 건강위험군으로 판정받은 경우 건강 문제 인식 및 건강 행태 개선을 유도하기 위하여 검진결과와 질환관리 상담 및 프로그램 제공
- 건강검진결과 비만·만성질환 건강위험군에 대한 영양상담 제공, 보건소 내소 고혈압, 이상지질혈증, 당뇨 만성질환자에 대해 영양상담 및 영양프로그램 제공
- 성인 특성별 성별(남 – 청년기, 중장년층, 여 – 폐경기, 가임기 등), 생활터별(가정, 직장 – 사무직, 노동직 등) 등에 따른 맞춤형 영양관리프로그램 제공

| 표 11-12 | 건강위험요인 개선을 위한 영양관리사업

구분	내용
목적	비만 및 만성질환의 사회·경제적 부담이 증가함에 따라 건강위험요인에 대한 사전 예방적 건강관리 체계를 마련하여 지역사회 주민 대상의 영양관리를 통한 건강증진 유도

대상

- 보건소 의사 등 의사검진에 의해 건강위험군 또는 질환관리군으로 진단된 자
- 건강위험군으로 서비스가 필요하다고 판단되는 자

대상자 구분	구분 기준
건강군	건강단계 선정 기준에 따라 항목 모두 '건강'으로 판정되었으나 서비스를 희망한 자
건강위험군	검진 · 검사결과 '건강위험'요인* 5개 중 1개 이상에 해당하는 경우
질병관리군	'질환의심'요인이 1개 이상인 경우 또는 의사의 확진을 받거나 치료제를 복용 중인 경우

- 건강위험요인

구분		위험군 판정기준	위험군 분류	질환자 판정기준
① 혈압	수축기혈압	130mmHg 이상	고혈압 전단계	140mmHg 이상
	이완기혈압	85mmHg 이상	고혈압 전단계	90mmHg 이상
② 공복혈당		100mg/dℓ 이상	공복혈당장애, 내당능 장애	126mg/dℓ 이상
③ 허리둘레	남	90cm 이상	위험	-
	여	85cm 이상	위험	-
④ 중성지방		150mg/dℓ 이상	경계역 중성지방 혈증	126mg/dℓ 이상
⑤ HDL-콜레스테롤	남	40mg/dℓ 미만	위험	-
	여	50mg/dℓ 미만	위험	-

※혈압의 경우 수축기 또는 이완기 수치 중 1개 이상 해당되는 경우 포함

방법

- 건강위험요인 개선을 위한 맞춤 영양상담
  - 24시간 회상법 또는 식품섭취빈도조사를 이용한 식품섭취조사를 통한 식생활 문제점 파악 및 개선방향 맞춤상담

출처: 보건복지부 건강정책국 건강정책과(2020)..

2. 서울시 질병예방사업 – '대사증후군 오락(5樂) 프로젝트'

서울특별시는 비만, 심혈관계질환, 암 등의 만성질환으로 인한 경제적 부담과 신체적 고통을 덜기 위한 질병예방사업의 일환으로 대사증후군관리사업으로 '오락(5樂) 프로젝트'를 시행하고 있다. 2009년 서울 시내 10개 시범보건소에서 시작하여 현재는 25개 보건소에서 확대 실시되고 있다.

다섯 가지 건강 위험요소(허리둘레, 혈압, 혈당, 중성지방, HDL-콜레스테롤) 검사 결과를 바탕으로 대상자에게 맞춤형 영양 및 운동상담을 제공하는 프로그램이다.

| 표 11-13 | 대사증후군 오락(5樂) 프로젝트

구분	내용
목적	· 대사증후군 관리를 위한 암 및 심뇌혈관 질환의 예방 · 맞춤형 사후관리와 찾아가는 건강관리서비스를 통한 적극적인 시민 건강관리 · 역량 있는 '보건소'로의 이미지 개선과 전문성 있는 보건 인력 인프라 구축 · 오락 프로젝트로 건강관리 패러다임을 '치료'에서 '예방'으로 전환 · 감동을 주는 보건조직, 감동을 주는 서울시
대상	· 대사증후군(허리둘레, 혈압, 혈당, 중성지방, HDL-콜레스테롤) 위험인자 중 세 가지 이상 기준에서 벗어나는 경우 • 대사증후군 진단 기준 귀하는 다섯 가지 기준 중 몇 개나 해당되시나요? 1樂 빼자! 허리둘레: 남자-35인치(90cm), 여자-33인치(85cm) 이상 2樂 내리자! 혈압: 130/85mmHg 이상 3樂 막자! 혈당: 공복혈당 100mg/dℓ 이상 4樂 잡자! 중성지방: 중성지방(TG) 150mg/dℓ 이상 5樂 높이자! 좋은 콜레스테롤(HDL): 남자 40mg/dℓ 미만, 여자 50mg/dℓ 미만
서비스	· 대사증후군 진단 기준에 해당되는 다섯 가지 즐거운 건강 체크를 제공 - 다섯 가지 건강 체크 항목: 허리둘레, 혈압, 혈당, 중성지방, HDL-콜레스테롤 · 건강체크 결과에 대한 결과 상담 제공 - 단, 건강체크를 통해 발견되는 질환자는 인근 병의원으로 연계 · 결과 상담에 따라 자신의 건강상태에 알맞은 맞춤형 건강상담 및 지속적인 관리

출처: 서울특별시 보건의료정책과.

3. 보건소 모바일 헬스케어 사업

세계보건기구(WHO)에서는 암의 40%, 심장질환, 뇌졸중, 당뇨병으로 인한 조기사망의 80%는 금연, 규칙적인 운동, 건강한 식습관 등 생활습관 개선을 통해 예방 가능하다고 보고하고 있다. 보건소에서는 국가건강검진결과를 활용한 건강관리사업을 실시하고 있으나 직접 방문으로 인한 불편으로 서비스 참여희망자 중 약 1%만 서비스를 이용하고 있고, 특히 30~50대 직장인의 경우 평일 근무로 인해 보건소 방문이 어렵다. 이에 건강관리 서비스 참여희망자의 수요를 충족시키는 방안으로 ICT 기술을 활용한 건강관리 서비스 제공이 필요함에 따라 지역사회에서 보건소 모바일 헬스케어 플래폼을 통해 ICT를 활용한 공공형 건강관리 서비스인 '보건소 모바일 헬스케어 사업'을 2016년 10개 보건소에서 시범사업을 운영하였고 2020년에는 전국 130개 보건소에서 건강위험요인 1개 이상인 성인 15,000명 이상 등록하여 관리하고 있다.

| 표 11-14 | 보건소 모바일 헬스케어 사업

구분	내용
목적	· 지역사회에서 보건소 모바일 헬스케어 플랫폼을 통해 ICT를 활용한 공공형 건강관리 서비스를 제공함으로써 지역주민의 건강수준 향상을 도모 ① ICT를 활용한 건강관리 서비스 대상자 확대 ② 모바일 헬스케어 서비스 모형 다양화 ③ 새로운 건강관리 서비스 프로그램 적용 ④ ICT를 활용한 보건소 건강관리 서비스 확대 · ICT를 활용한 공공형 건강관리서비스 활성화와 지역주민의 자가 건강관리 능력 향상 ① 보건소 모바일 헬스케어 서비스 이용자의 이용률 증대 ② 보건소 모바일 헬스케어 서비스 이용자의 건강생활실천 향상 ③ 보건소 모바일 헬스케어 서비스 이용자의 만성질환 발병 위험 감소 ④ ICT를 활용한 자가 건강관리 서비스 이용자 확대
대상	· 모바일 헬스케어 사업 24주 프로세스 최초 방문 검진·상담 (1일차) → 전반기 모바일앱 기반 맞춤형 건강생활지원 (1주~12주차) → 중간 방문 검진·상담 (12주(3개월)부터 4주 이내) → 후반기 모바일앱 기반 맞춤형 건강생활지원 (13~4주차) → 최종 방문 검진·상담 (24주(6개월)부터 4주 이내)

<table>
<tr>
<td>서비스</td>
<td>

· 건강검진결과에 따라 건강위험요인이 있는 사람에게 모바일 앱을 통해 보건소 전문가(의사, 코디네이터, 간호사, 영양사, 운동전문가)가 언제 어디서나 맞춤형 건강상담을 제공하는 서비스

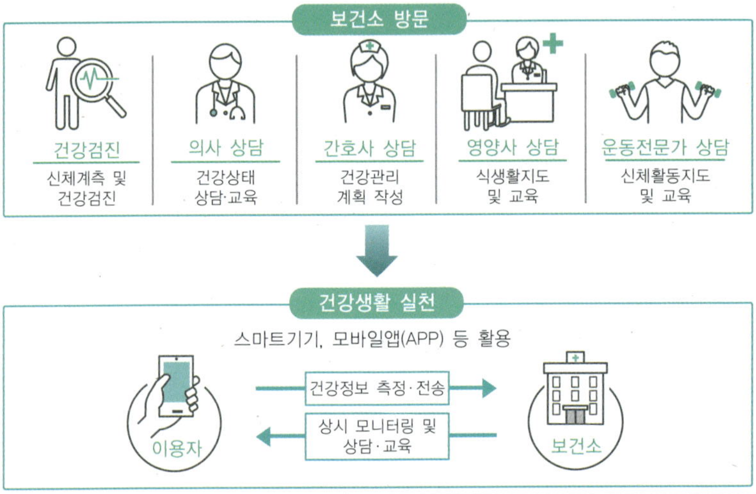

</td>
</tr>
</table>

출처: 보건복지부(2020). 2020 보건소 모바일 헬스케어 사업안내서.

CHAPTER 12

노인의 영양교육

최근 고령화의 속도가 빨라지면서 전 세계적으로 건강한 노년기에 대한 관심이 증가하고 있다. 고령화로 인해 자연적으로 신체적, 인지적 기능의 둔화가 발생하게 되므로 노인 건강과 관련된 문제가 심각하게 제기되고 있다. 노인문제는 전 세계적으로 공통된 사항이지만 우리나라의 경우 고령화의 속도가 다른 나라보다 유의적으로 빠르게 진행되므로 노인인구의 증가는 사회문제로 대두되고 있다. 노인기는 신체적·정신적·사회적·경제적 능력이 쇠퇴하는 시기인데, 의학과 과학의 발달, 경제성장 및 영양 상태 증진 등에 의해 노인기는 점점 길어지고 있다. 따라서 노인인구 증가와 노년기의 확대는 의료비 급증으로 이어지고, 이로 인해 노년기 삶의 질이 중요한 이슈가 되면서 노인의 건강관리에서 영양과 식생활관리를 통한 질병예방이 강조되고 있다.

한 사회에서 고령인구가 차지하는 비중이 전체인구 중 7% 이상이면 고령화사회, 14% 이상이면 고령사회, 20% 이상이면 초고령사회로 구분한다. 우리나라는 〈표 12-1〉과 같이 2000년에 이미 고령화사회가 되었고, 2026년에는 초고령 사회로 전망한 바 있으나 현재 시점에서 2026년보다 더 빨리 초고령사회에 접어들 것으로 예측하고 있다.

영양은 노화과정에 있어 직접적인 영향을 미치고 만성질병의 예방 및 치료에 중요한 요소이다. 영양 상태가 좋으면 노화에 따른 신체기능 손실 및 노화 속도가 지연될 뿐만 아니라 노인성 만성질병 발생과 진전 속도가 저하되며 질병과 관련된 여러 가지 기능 저하가 감소된다. 따라서 영양은 노화과정뿐만 아니라 노인의 삶의 질 향상에 중요한 역할을 한다. 노인 대상의 영양교육의 중요성은 현재에도 미래에도 삶의 질과 연관된 중요한 요소이므로 노인대상의 영양교육은 점차 그 중요성이 부각될 것으로 보인다.

| 표 12-1 | 주요국가의 고령화 속도

	독일	미국	일본	한국
고령화사회	1932년	1942년	1970년	2000년
고령사회	1972년	2015년	1994년	2017년
초고령사회	2009년	2036년	2006년	2026년
고령화사회~초고령사회 소요기간	77년	94년	36년	26년

Ⅰ. 노인 영양교육의 중요성과 목적

노년기에는 미각, 후각, 시각 등 감각기능이 현저하게 저하되고 소화기계의 기능 역시 저하된다. 신체적 기능 저하로 식품의 구입과 조리 능력도 저하되는 것은 당연한 것이다.

노년기의 신체적 특징을 살펴보면 이 시기에는 체내 근육량의 감소와 지방이 증가하게 된다. 특히 노인 여성의 경우 근육질 감소가 남성보다 심하며, 골다공증을 동반하기 쉽다. 따라서 고단백질 식사와 함께 적절한 근력 운동과 유산소 운동이 필요하다. 또한 맛과 냄새에 대한 민감성이 감소한다. 미뢰의 수가 평균 245개에서 74~85세 노인은 88개로 감소하는데, 이로 인해 30세 때보다 단맛은 2배, 짠맛은 3.5배, 신맛은 1.5배, 쓴맛은 3배 정도로 덜 느끼게 된다. 이러한 미각의 변화가 식욕을 저하시키고, 음식을 더 짜게 섭취하게 하여 혈압에 영향을 미치게 된다. 노인에게서 두드러진 특징은 치아 문제로 고통을 받고 있다는 것이다. 65세 이상 노인의 반 정도가 치아가 거의 없는 것으로 나타났고, 60세 이상 노인의 20%, 70세 이상 노인의 48%가 틀니를 소유한다고 알려져 있는데, 의치는 저작능력이 75~85%밖에 되지 않는다. 노년기에는 소화능력이 감소하는 것도 두드러진 특징이다. 위장운동과 소화기능의 저하로 섭취한 음식을 소화, 흡수하는 기능이 떨어진다. 이 외에도 여러 신체기능이 감소하게 되고, 사회경제적 여건도 어려워져 경제적 어려움, 사회적 고독감 등으로 건강한 식생활을 유지하기가 어려운 경우가 많게 된다.

노인을 대상으로 교육을 할 때에는 노인기의 신체적·심리적·사회적 특성을 감안한 교육내용이나 교육방법에 대한 세심한 배려가 있어야 한다. 교육자는 노인을 존중하는 마음과 태도를 가져야 하며, 예의바르고 친절하며, 겸손하고, 세밀한 부분까지 신경을 쓸 수 있도록 배려하여 한다. 또한 교육자의 복장이나 교육 시 자세와 말투 등에 특별히 주의하여 교육 참여 노인들은 그들이 강사 및 운영자로부터 존경을 받고 있다고 느껴야 한다.

노인들은 장시간 집중하기 어려우므로, 흥미를 유발시키면서 즐거운 마음으로 참여하도록 유도해야 한다. 새로운 내용을 강의할 때에는 차근차근 단계적으로 하며, 이미 알고 있는 지식과 관련짓도록 한다. 노인이 잘 이해하도록 익숙한 용어와 예를 이용하는 것이 좋으며, 추상적인 이론이나 학문적 지식보다는 생활과 밀접하게 관련이 있는 내용, 일상생활 속에서 나타나는 문제들을 중심으로 교육이 구성되어야 한다. 또한 노인들이 경험한 것에 관한 문답을 함으로써 학습동기를 유발할 수 있다.

노인들의 영양 및 건강관련 문제들은 매우 다양하지만 우리나라의 대다수 노인은 고혈압·당뇨병·빈혈 등 영양관련 만성질환을 갖고 있으며, 신체적·경제적 어려움으로 인해 다양한 식품의 섭취가 어려워서 전반적으로 영양섭취가 저조하다. 특히 칼슘·철·리보플라빈·비타민 A와 C 등의 섭취가 부족하고, 짜게 먹는 식습관을 갖고 있다. 여러 연구결과에 의하면, 우리나라 노인들의 영양소 섭취 상태는 대체로 불량한데, 특히 식이섬유, 칼슘, 칼륨, 니아신, 리보플라빈, 철 등의 섭취가 부족하였으며 반면 나트륨 섭취가 과다한 것이 문제로 지적되었다. 한편, 노인의 약 20% 정도가 독거노인으로 나타났으며, 독거노인은 비독거노인에 비해 전반적인 영양섭취 상태가 열악한 것으로 나타났다.

따라서 노인 영양교육의 중요성은 다음과 같다.

- 노년기에는 미각, 후각, 시각 등 감각기능이 저하하므로 영양관리가 상당히 중요하다.
- 활동량 감소에 따른 식욕감퇴 및 만성퇴행성질환의 발생비율이 높아지고 있다.
- 식품 섭취에서의 다양성이 부족하게 나타나고 있다.
- 치아결손 등으로 음식을 씹는 데 불편함이 발생하므로 전반적인 음식 종류와 섭취량이 제한되고 있다.
- 소화기계의 기능 저하로 소화되기 쉬운 음식이 요구된다.
- 침의 분비가 적어지고 연하곤란 등으로 삼키기 어려운 노인들이 많으므로 이를 고려한 조리법 개발이 요구된다.
- 경제적 어려움 증가로 영양문제가 발생할 수 있다.
- 독거노인 증가로 인해 여러 사회적 문제가 발생하고 있다. 즐거운 식사 환경을 제공하는 것도 매우 중요하다.
- 무분별한 건강보조식품의 이용이 증가하고 있다.
- 노인의 신체적·생리적 변화와 사회적·심리적 변화는 영양건강상태에 영향을 미치므로 영양교육에서 이를 반드시 고려해야 한다.

이러한 중요성을 고려하여 노인 영양교육 목적은 다음과 같다.

- 각 영양소를 골고루 섭취하도록 한다.
- 규칙적인 생활, 적절한 운동과 식사를 통해 정상체중을 유지하도록 한다.
- 지방과 콜레스테롤을 적게 섭취하도록 한다.
- 신선한 채소를 매일 섭취하도록 한다.
- 칼슘을 충분히 섭취하여 골질환을 예방한다.
- 철분을 충분히 섭취하도록 한다.

- 비타민과 무기질을 충분히 섭취한다.
- 양질의 단백질을 섭취하여 근육량이 감소하지 않도록 한다.
- 단순당을 적게 섭취하도록 한다.
- 식이섬유를 충분히 섭취하여 변비, 대장질환을 예방하도록 한다.
- 금연과 절주를 하도록 한다.

II. 영양섭취기준 및 영양문제

1. 영양섭취기준

65세 이상 남성의 경우 2,000kcal, 여성은 1,600kcal로〈표 12-2〉 성인보다 칼로리는 줄이되 영양밀도가 높은 식사를 권장한다. 단백질 권장섭취량은 남자는 60g/일, 여자는 50g/일이며, 단백질 섭취 부족은 근육량 감소, 면역기능 저하, 상처 회복의 지연 등을 초래하므로 양질의 단백질 섭취는 노년기에도 중요하다. 비타민 D와 칼슘 섭취도 강조되고 있는데, 노인들에게서 유제품 섭취는 매우 미흡한 것으로 나타나고 있다. 퇴행성 질환 등으로 인해 외출이 적은 관계로 햇볕에 노출이 제한적이므로 비타민 D 체내 생성이 미흡하다. 비타민 D와 함께 칼슘 섭취도 부족한 실정이므로 노인 영양교육에서 이 부분을 강조할 필요가 있다. 비타민 B군, 특히 비타민 B_{12}가 노인에서 문제가 되는데, 섭취 감소 외에 위장에서 흡수 저하로 결핍이 나타나는 경우가 많다. 비타민 B_{12} 부족은 노인 신경계통의 영향을 미치고, 엽산의 결핍과 함께 노인 빈혈의 한 원인이 된다.

| 표 12-2 | 노인의 영양소 권장섭취량

연령 (세)		에너지[1] (kcal)	단백질[2] (g)	비타민A[2] (μgRE)	비타민D[3] (μg)	비타민E[3] (mg α-TE)	비타민C[2] (mg)	티아민[2] (mg)	리보플라빈[2] (mg)
남	65~74	2,000	60	700	15	12	100	1.1	1.4
	75 이상	1,900	60	700	15	12	100	1.1	1.3
여	65~74	1,600	50	600	15	12	100	1.0	1.1
	75 이상	1,500	50	600	15	12	100	0.8	1.0

연령 (세)		니아신[2] (mg NE)	비타민B_6[2] (mg)	엽산[2] (μgDFE)	칼슘[2] (mg)	인[2] (mg)	철[2] (mg)	아연[2] (mg)	구리[2] (μg)
남	65~74	14	1.5	400	700	700	9	9	800
	75 이상	13	1.5	400	700	700	9	9	800
여	65~74	13	1.4	400	800	700	8	7	600
	75 이상	12	1.4	400	800	700	7	7	600

[1] 필요추정량 [2] 권장섭취량 [3] 충분섭취량

출처: 보건복지부(2020).

2. 영양문제

노인 영양불량의 원인은 경제적·정신적·신체적·생리적 측면의 변화로 인한 식품 선택과 이용의 제한에서 비롯된다. 노인의 영양 상태는 치아 손실 또는 저작 곤란, 소화 흡수력 약화를 포함한 생리적 기능의 저하, 미각기능의 상실, 여러 가지 질환으로 인한 약제의 영향, 흡연, 습관적인 음주, 활동량의 감소, 노인 단독세대, 배우자 사별로 인한 우울증, 소외감 등의 심리적 요인, 수입 저하에 의한 경제적 곤란, 기타 환경적 요인 등 다양한 원인으로 인해 위협받고 있다. 이러한 요인들로 인하여 노인들은 충분한 식품을 섭취하지 못할 뿐 아니라 영양소의 체내 이용률도 떨어져 영양불량의 위험이 높아지며 노화과정도 촉진될 위험이 높다.

[그림 12-1] 및 〈표 12-3〉에서 보이는 바와 같이 연령대별 1일 식품섭취량 및 연령에 따른 식품섭취량은 노인기로 갈수록 감소하고 있다. 노인들의 영양 및 건강관련 문제들은 매우 다양하지만 우리나라의 대다수 노인은 고혈압, 당뇨병, 빈혈 등 영양관련 만성질환을 갖고 있으며, 신체적·경제적 어려움으로 인해 다양한 식품의 섭취가 어려워서 전반적으로 영양섭취가 저조하다. 특히 칼슘, 철, 리보플라빈, 비타민 A와 C 등의 섭취가 부족하고, 짜게 먹는 식습관을 갖고 있다. 이상과 같이 우리나라 노인의 영양섭취상태는 매우 취약한 것으로 보고되어 노인에 대한 영양관리 및 지원의 필요성이 증가하고 있다.

노인기에는 위점막이 위축하기 때문에 위축성 위염이 60세 이상 노인의 24~50%에게서 나타난다. 장운동이 미약하여 변비가 발생하는데, 음식 섭취량의 감소, 수분과 식이섬유소 섭취 제한, 운동 부족 등이 원인으로 꼽힌다. 이 외에도 혼자 살거나 경제적 곤란 등으로 영양문제를 일으키기 쉬운 환경에 놓이게 된다.

현재 우리나라 노인의 영양 상태에 있어서는 특정 질환을 가진 환자를 제외하고는 지방의 엄격한 섭취 제한보다는 충분한 칼로리 섭취를 권장하는 것이 요구된다. 단백질은 권장량보다 초과 섭취하고 있었으나, 주로 식물성 식품에서 단백질을 섭취하고 있으므로 단백질 섭취의 중요성에 대한 교육이 요구된다. 무기질과 비타민의 섭취량은 점차 증가하고는 있으나 아직도 대부분의 노인은 권장량에 못 미치고 있으므로 이에 대한 균형 잡힌 식품선택의 중요성에 관한 교육도 필요하다. 노인분들은 만성질환을 가지는 경우가 많고, 그에 따라 많은 약물을 복용하고 있다. 이러한 약물들이 소화기능의 장애를 초래하고 식품섭취 및 영양소 흡수에도 부적절한 영향을 줄 수 있으므로 영양교육과 함께 바른 약물복용에 관한 교육이 꾸준히 요구된다.

노인기에는 상당수의 어르신들이 경제적 어려움에 직면하고 있고 독거노인이 증가함에 따라 혼자 식사하는 경우가 증가하고 있다. 최근에는 고독한 노년을 보내는 어르신들을 위해 공동 부엌, 마을 공동체 부엌 등의 사업에 대한 중요성이 증가하고 있다. 식사의 즐거움을 제공하는 것도 영양교육 못지않게 중요하다고 볼 수 있다.

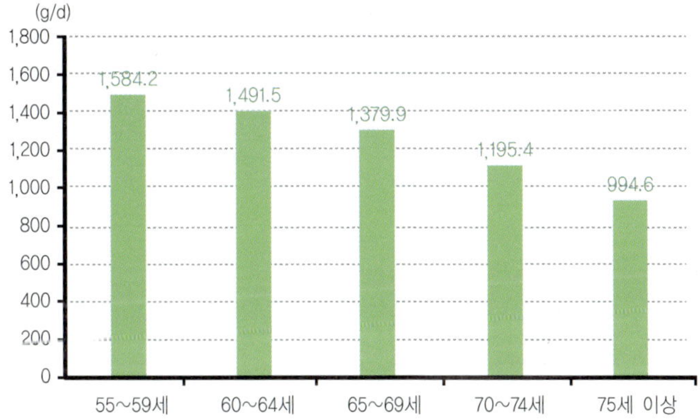

| 그림 12-1 | 연령대별 1일 식품섭취량

출처: 김상효 외(2017).

| 표 12-3 | 연령에 따른 식품섭취량 변화

(단위: d/day, %)

식품군	55~59세		60~64세		65~69세		70~74세		75세 이상	
	섭취량	비율	섭취량	비율	섭취량	비율	섭취량	비율	섭취량	비율
곡류	306.1	100	306.8	100.2	313.6	102.5	299.7	97.9	274.6	89.7
감자 및 전분류	48.1	100	45.1	93.8	43.8	91.1	34.5	71.7	26.4	54.9
당류	10.3	100	86	83.5	8.4	81.6	7.6	73.8	6.8	66.0
두류	42.8	100	41.0	95.8	40.7	95.1	40.9	95.6	40.5	94.6
종실류	11.2	100	11.0	98.2	8.2	73.2	6.8	60.7	3.8	33.9
채소류	371.9	100	372.5	100.2	355.1	95.5	311.1	83.7	265.1	71.3
버섯류	5.8	100	5.0	86.2	4.2	72.4	4.2	72.4	2.3	39.7
과실류	235.0	100	234.3	99.7	205.0	87.2	162.1	69.0	116.4	49.5
육류	76.2	100	64.4	84.5	56.4	74.0	57.5	75.5	49.3	64.7
난류	19.9	100	17.3	86.9	14.1	70.9	11.7	58.8	9.2	46.2
어패류	94.2	100	83.8	89.0	82.3	87.4	67.3	71.4	56.7	60.2
해조류	20.1	100	20.5	102.0	23.6	117.4	17.9	89.1	17.1	85.1
우유류	71.7	100	69.0	96.2	61.7	86.1	44.6	62.2	43.7	60.9
유지류	7.5	100	6.0	80.0	5.5	73.3	4.6	61.3	3.2	42.7
음료 및 주류	224.0	100	172.2	76.9	126.9	56.7	98.1	43.8	57.3	25.6
조미료류	35.6	100	32.5	91.3	29.7	83.4	26.3	73.9	22.1	62.1
기타	3.7	100	1.3	35.1	0.7	18.9	0.5	13.5	0.2	5.4
식품 섭취량	1,584.2	100	1,491.5	94.1	1,379.9	87.1	1,195.4	75.5	994.6	62.8

주: 24시간 회상법을 통한 1일 섭취량 기준

출처: 김상효 외(2017).

Ⅲ. 내용과 방법

1. 영양교육 내용

노인기에는 노인의 일반적 특성을 고려한 일반적 영양관리로 노년기 변화와 영양, 균형식에 관한 정보 제공과 식행동 수정 방법에 대한 교육이 필요하다. 또한 질병에 대한 정보 제공 및 질병별 식생활관리 방법과 건강기능식품에 대한 교육이 이루어져야 한다. 최근 식품의약품안전처에서도 우리나라 65세 이상 노인 5명 중 1명은 영양소 섭취가 부족한 반면 나트륨 섭취는 많아 영양 불균형이 심각하디며 노화와 면역력 저하로 인해 만성질병뿐 아니라 식중독 등 감염에도 취약할 수 있어 올바른 식품안전·영양교육이 필요하다고 하였다.

현재 이루어지고 있는 노인대상 영양교육의 내용은 균형 잡힌 식생활의 중요성, 싱겁게 먹기, 다양한 식품 섭취하기, 건강한 식생활 지침, 저당 저염식의 중요성, 식행동 수정법, 만성질환의 식생활 관리, 건강기능식품에 대한 올바른 이해, 식중독 예방, 건강체중 유지하기, 적절한 운동하기, 음주와 흡연의 문제 등에 관한 것이다. 이에 더하여 최근에는 노인이 복용하는 약물의 형태가 다양하므로 약물 종류별 결핍 가능성이 있는 영양소에 대한 교육, 환절기 면역 강화 교육, 노인의 감각기능의 둔화, 치아 결손, 소화기능 저하 등에 대한 대처 방안, 스트레스 해소법, 식습관 개선 교육(저나트륨 교육, 편식예방 교육 등) 등에 관한 교육도 시행되고 있다〈표 12-2〉, 〈표 12-4〉, 〈표 12-5〉.

1. 채소, 고기나 생선, 콩 제품 반찬을 골고루 먹자.
- ▸다양한 채소 반찬을 먹습니다.
- ▸고기나 생선, 계란, 공 제품 반찬을 매일 먹습니다.

2. 우유 제품과 과일을 매일 먹자.
- ▸우유, 요구르트나 두유를 매일 먹습니다.
- ▸다양한 제철 과일을 먹습니다.

3. 짠 음식을 피하고 싱겁게 먹자.
- ▸장아찌, 젓갈 같은 음식을 적게 먹습니다.
- ▸음식을 만들거나 먹을 때 소금이나 간장을 적게 사용합니다.
- ▸국과 찌개의 국물을 적게 먹습니다.

4. 많이 움직여서 식욕과 적당한 체중을 유지하자.
- ▸자신에게 알맞은 운동을 규칙적으로 합니다.
- ▸많이 걷고 움직이는 것을 생활화합니다.

5. 술을 절제하고 물을 충분히 마시자.
- ▸되도록 술을 마시지 않습니다.
- ▸술을 마실 때는 하루 1잔 이내로 제한합니다.
- ▸물을 자주 마십니다.

6. 세 끼 식사와 간식을 꼭 먹자.
- ▸세 끼 식사를 규칙적으로 합니다.
- ▸조금씩 자주 먹습니다.

7. 음식은 먹을 만큼 준비하고, 오래된 것은 먹지 말자.
- ▸음식은 한꺼번에 많이 만들지 않습니다.
- ▸남은 음식은 곧바로 냉장보관하고, 오래된 것은 버립니다.

| 그림 12-2 | **노인 분들을 위한 식생활지침**

출처: 보건복지부·대한의학회(2004). 재구성.

| 표 12-4 | 저나트륨 교육

나트륨 지킴이 수저

1. 추진배경
- 우리나라 노인 인구의 80% 이상은 만성질환 중 한 가지 이상을 앓고 있음
  - 만성질환 중에서도 가장 많이 앓고 있는 질환으로 고혈압을 꼽을 수 있음
- 고혈압 예방에 가장 중요한 수칙은 음식을 짜게 먹지 않는 습관이므로, 영양 교육을 통하여 음식을 싱겁게 먹는 습관을 가지고, 식품 조리 시에 적정량의 소금 및 조미료를 넣을 수 있도록 나트륨 스푼을 나눠드리고 나트륨을 줄일 수 있도록 교육함

2. 추진계획
- 교구: 크기가 다른 플라스틱 수저
- 교육방법: 식품 조리 시에 본인의 입맛에 맞게, 간을 맞추는 것을 방지하고자 하루 나트륨 권장 필요량에 맞춘 스푼을 나눠드리고 교육함

3. 교육내용
- 하루 동안 섭취하는 나트륨의 적정 수치를 공부하고, 짜게 먹는 습관을 고치도록 유도함
- 조리 시에 나트륨 지킴이 수저를 사용하여 적정량의 나트륨을 섭취하도록 함

4. 기대효과
- 싱겁게 먹는 습관의 중요성을 인식하고, 나트륨 과잉섭취로 인해 일어날 수 있는 여러 합병증과 질환을 예방하도록 함

| 표 12-5 | 편식지도 교육

어르신 편식지도 영양상담

□ 개요

○ 목적

- 맞춤형 영양교구를 이용한 눈높이에 맞는 교육으로 어르신의 건강과 영양에 관한 관심 유도
- 어르신에게 양질의 영양소 섭취를 위한 방법 제시

○ 행사주최: 인천광역시 서구 사회복지급식관리지원센터

차수	목적	교육내용	교구 및 준비물
1 (1~2월)	· 어르신 실태조사 및 인터뷰를 통한 교육의 방향, 난이도 설정	· 실태조사 및 어르신 인터뷰	-
2 (3~4월)	· 식품 구성 자전거를 통해 여섯 가지 식품군에 대해서 알아봄 · 식판모형을 이용해 어르신 스스로 식사를 차려 보며, 골고루 먹어야 하는 것을 인지함	· 식품 구성 자전거(골고루 먹기) · 밥상 차리기	식품 구성 자전거, 식판, 음식모형
3 (5~6월)	· 싱겁게 먹음으로써 고혈압, 심장질환 등 질병을 예방할 수 있음	· 싱겁게 먹기(저염)	미각테스트
4 (7~8월)	· 빈 식판에 직접 배식을 해 봄으로써 한 끼 적정량을 알아봄	· 적정량 섭취하기	배식량 모형, 식판
5 (9~10월)	· 적절한 수분섭취 및 비타민 섭취 방법을 알아봄	· 수분, 비타민 섭취	유인물
6 (11월)	· 차수 교육을 모두 이수한 어르신께 이수증과 왕관을 증정하여 성취감을 느낄 수 있도록 함	· 총평 및 건강 어르신 왕관 만들기	-

2. 방법

노인들은 처해 있는 내·외부적 상황 및 교육적 욕구가 다른 연령 집단과 분명하게 다르므로 노인을 대상으로 한 교육은 노인의 특성을 고려해야 한다. 또한 노인을 대상으로 교육을 할 때에는 노인기의 신체적·심리적·사회적 특성을 감안한 교육내용이나 교육방법에 대한 세심한 배려가 있어야 한다. 교육자가 노인을 존중하는 마음과 태도를 가져야 하며, 예의바르고 친절하며, 겸손하고, 세밀한 부분까지 신경을 쓸 수 있도록 배려하여야 한다. 또한 교육자의 복장이나 교육 시 자세와 말투 등에 특별히 주의하여 교육 참여 노인들은 그들이 강사 및 운영자로부터 존경을 받고 있다고 느껴야 한다.

노인들은 장시간 집중하기 어려우므로, 흥미를 유발시키면서 즐거운 마음으로 참여하도록 유도해야 한다. 새로운 내용을 강의할 때에는 차근차근 단계적으로 하며, 이미 알고 있는 지식과 관련을 짓도록 한다. 노인이 잘 이해하도록 익숙한 용어와 예를 이용하는 것이 좋으며, 추상적인 이론이나 학문적 지식보다는 생활과 밀접하게 관련이 있는 내용, 일상생활 속에서 나타나는 문제들을 중심으로 교육이 구성되어야 한다. 또한 노인들이 경험한 것에 관한 문답을 함으로써 학습동기를 유발할 수 있다. 교육자료는 시각적으로 가독성이 높도록 제작하여야 하며, 글자크기도 커야 하지만 교육자료에 사용되는 색깔도 선명하고 가독성이 높은 색깔을 선택해야 한다.

노인교육 방법은 다음 사항을 고려해야 한다.

- 노인교육은 노인 스스로 교육에 참여하도록 자발성이 중요하다. 따라서 흥미를 유발하는 교육방법을 선택하는 것이 실효성이 좋다. 일반적인 강의식 교육을 자제하고 발표와 토론·체험·제작 및 조리실습과 같이 노인이 참여하는 교육을 하는 것이 좋다.

- 교육대상자가 노인이므로 교육자보다 나이가 많거나 특정 분야의 경험이 많은 경우가 많다. 따라서 노인의 특성을 감안하고 노인의 경험을 인정하며 예우해야 하는 경로사상이 투철해야 교육대상자와의 의사소통이 원활할 것이며 교육의 목적을 달성하는 데 효과적이다.
- 학습계획은 교육자가 일방적으로 세우지 않으며, 노인의 풍부한 경험을 인정하여 함께 계획을 세우고 평가하는 것이 좋다. 교육자와 피교육자가 함께 의논하여 결정하는 것이 교육효과를 더 높일 수 있다.
- 노인기에는 육체적·정신적으로 사회 변화에 민감하게 반응할 수 없으므로, 점차 자신감을 잃어가는 특성을 나타낸다. 이러한 점을 고려하여 노인이 실생활에 적용 가능한 내용을 다루는 것이 교육의 효과를 높일 수 있다.
- 노년기에 이르면 기억력이 감퇴하기 때문에 여러 가지 활동이 동반된 교육방법이 도움이 될 수 있다. 음성을 통한 강의식 교육보다는 시각·청각·촉각 등 여러 감각기관을 통해 습득하는 교육을 실시하는 것이 좋다. 유인물·책자와 같은 문자로 된 자료, 노인이 표시할 수 있는 일정표나 스티커와 같은 기억 보조물을 함께 사용하여 언어로 하는 교육을 더 보강할 수 있다.
- 노인들마다 성격·학력·경제력·가정환경·건강상태·관심 분야·경험 등이 다르기 때문에 같은 내용의 교육이라도 받아들이고 해석하는 것이 다르다. 따라서 노인들의 특성 및 요구를 정확하게 파악하여 교육내용을 정하고 교육방법도 다양하게 이루어져야 한다.
- 노년기에 겪어야 하는 문제 중에는 사회와의 단절에서 오는 외로움을 들 수 있다. 이러한 문제를 해결하기 위해서는 자긍심을 심어 줄 수 있는 교육이 필요하다.
- 교육자료의 구성은 크게 하고, 글씨는 크고 굵게 작성한다. 청색이나 녹색보다는 따뜻하고 눈에 띄는 색을 사용하며, 교육실의 조명은 밝게 하고 눈부심이 없게 한다. 번들거리거나 광택이 있는 흰 종이는 눈부심을 유발하므로 피한다.

- 말을 할 때는 천천히 크게, 또박또박 말한다. 밝은 곳에서 마주 보고 눈높이에 맞추어 교육자의 입술을 읽으면서 확인할 수 있도록 위치를 확보한다.
- 소리가 울리지 않고 잘 들리는 곳에서 말하며, 목소리는 활기차게 하고 일상적인 억양을 사용하며, 목소리 톤(어조)은 조금 낮게 한다.
- 집단교육과 더불어 개별적인 학습자 중심 토론, 문제해결, 직접 참여하기 등을 허용한다.
- 교육속도는 천천히 하는 것이 좋으며, 반응시간을 충분히 제공한다. 교육 내용으로는 노인이 일상생활에서 적용할 수 있는 실용적이고 의미 있는 건강 정보를 제공한다. 난이도를 낮추어 복잡하고 긴 문장은 사용하지 않고 단순하고 간단한 문장의 언어를 사용한다.
- 교육장소는 안전하고 접근이 용이한 교육장소를 이용한다. 실내온도가 적절하도록 하고, 적당히 밝으면서 눈부심이 없는 간접조명을 사용한다.

Ⅳ. 노인 영양교육의 실제

노인 인구의 급격한 증가로 인하여 노인 건강을 지키기 위해서는 다른 연령층과는 다른 노인을 위한 영양교육 프로그램이 필요하게 되었다. 노인 대상 영양교육과 상담은 주로 보건소를 중심으로 노인종합복지관과 지역의 노인대학, 요양원 등에서 시행되고 있으며, 식품의약품안전처를 비롯한 여러 기관 및 단체에서 노인 영양교육에 활용할 수 있는 여러 교육 프로그램 및 자료들을 개발하고 있다.

노인의 질환을 사전 예방하고, 바른 식생활을 통해 심신의 건강을 유지하고, 노후의 건강한 생활을 보내기 위한 다양한 영양 교육이 시도되고 있다. 최근에는 전문적인 사회복지시설 외에도 혼자 사는 독거노인 등을 대상으로 노인센터나 복지관, 보건소 민간 지역 영양서비스 조직 등에서 노년기의 생리적 변화 및 영양 상태에 영향을 주는 요인들을 고려한 영양교육 및 상담이 활발히 진행되고 있다. 2019년도에는 사회복지 급식관리지원센터가 전국에 7개소에서 시범사업으로 시행되고 있으며, 전문적인 노인 영양교육을 담당하는 중추적 역할을 수행하고 있다.

기존의 노인 영양교육의 내용은 활동적인 생활습관을 가지고 적당한 체중을 유지하기, 신체 기능 저하 상태에 맞는 식생활하기, 다양하고 소화되기 쉬운 음식을 골고루 제시간에 먹기, 규칙적으로 식사하기, 적당한 운동과 휴식을 취하기, 음주와 흡연을 절제하기 등과 같은 내용이 주를 이루었으나, 최근에는 음악, 미술, 신체활동, 놀이, 원예, 요리, 게임 등과 접목한 다양한 프로그램들을 시도하고 있다. 노인은 젊은 사람보다 집중력이 낮기 때문에 30분 이상의 교육은 효과가 적으므로 이론 교육은 30~35분을 넘지 않도록 하며, 반복학습도 중요하다. 본 장에서 몇 가지 교육 사례를 소개하고자 한다.

1. 보건소의 영양교육 사례

건강생활 실천사업을 추진하는 지역보건소의 영양교육과 상담이 활성화되고 있다. 각 지역의 보건소에서는 노인 대상 영양강좌, 성인병 관리교육, 저소득층 노인을 위한 식품지원 및 영양교육, 조리교실, 온라인을 통한 영양관련 정보들을 제공하고 있다.

세종시 보건소에서는 심혈관질환의 발병 및 합병증을 예방하기 위해 생활습관 중 짜게 먹는 습관을 개선하고자 '건강한 저염 실버밥상교실'을 운영하였다. 이러한 교육을 통해 지역사회 어르신들의 건강수명 증가를 위한 바른 식습관을 유도하고, 적절한 영양관리와 영양교육, 의식개선 등을 통해 균형 잡힌 실천을 유도하여 만성질환을 예방하는 효과를 기대하고자 하였다.

프로그램 구성 내용

일정	교육내용	비고	담당	소요시간
1주	• 얼마나 짜게 먹을까요? – 프로그램 안내 – 미각테스트 검사 (체험형) – 1차 저염식이 및 식행동 설문지	• 미각테스트 • 설문지	영양사	2시간
2주	• 노년기 식생활 관리 왜 중요할까요? – 노년기 영양교육 – 요리실습 I	• 교육자료 • 염도계 • 조리물품	영양사	2시간
3주	• 어떻게 하면 싱겁게 먹을까요? – 저염식이 영양교육 I – 요리실습 II	• 교육자료 • 염도계 • 조리물품	영양사	2시간
4주	• 어떻게 하면 싱겁게 조리할까요? – 저염식이 영양교육 II – 요리실습 III	• 교육자료 • 염도계 • 조리물품	영양사	2시간
5주	• 현재 얼마나 싱겁게 먹을까요? – 2차 저염식이 및 식행동 설문지 – 2차 만족도조사	• 설문지	영양사	2시간

주요 성과

영양교육 및 영양상담 수혜율을 높일 수 있는 계기 마련

- 우리지역 영양 교육 및 상담 수혜율이 노년층에서 특히 낮은 것으로 나타남에 따라 경로당을 중심으로 교육을 실시하여 수혜율을 높일 수 있는 계기가 되었음

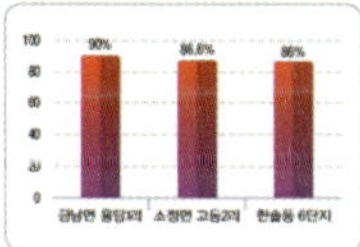

개인별 염분 미각테스트를 통해 본인 상태 파악

- 염분농도를 달리하는 콩나물국 활용 개인별 염분 미각테스트를 실시하여 현재 상태를 판정하고 개인별 상담을 실시하였고, 실제로 교육 후 미각테스트 검사 시 개인별 염분 미각에 대한 관심도가 증가하고, 싱겁게 먹는 식습관을 실천하고자 노력하는 모습을 보임

영양교육 및 조리실습으로 교육의 효과를 높임

- 중식 조리실습을 실시하여 올바른 한끼 식단과 염분사용 방법 및 저염 조리방법을 체험함으로써 실생활에 쉽게 접근

구 분	교육 前	교육 後	증 감
금남면 용담1리	4.8	6.7	△ 1.9
한솔동 6단지	5.0	7.6	△ 2.6
소정면 고등2리	5.7	6.5	△ 0.8
평 균	5.17	6.93	△ 1.76

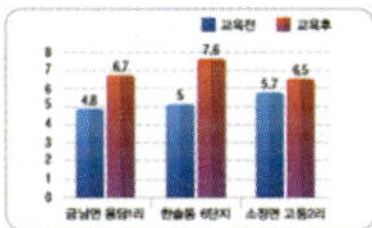

교육 자료

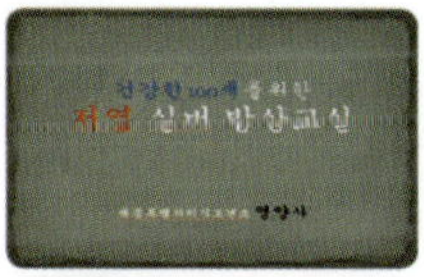

▲ 1주차 교육

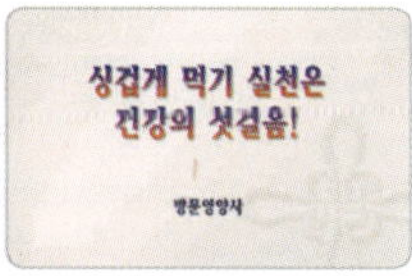

▲ 2주차 교육

▲ 3주차 교육

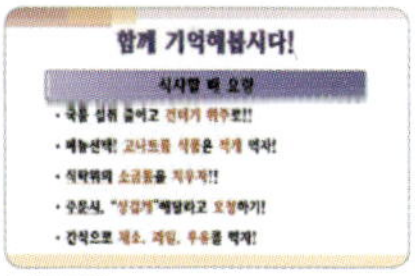

▲ 4주차 교육

2. 지자체의 영양교육 사례

경기도 양평군청은 10주에 걸쳐 '홀로 어르신 건강한 노후 만들기' 프로그램을 실시하였다. 건강한 노후를 위하여, 자연친화적인 프로그램과 영양교육, 운동교육을 접목하여 다양한 활동을 시도함으로써 혼자 거주하는 어르신들이 스스로 건강한 생활을 유지해 나갈 수 있도록 하였다.

3. 사회복지급식관리지원센터의 영양교육 사례

사회복지급식관리지원센터는 「노인복지법」 제31조에 따른 노인 복지시설 중 상시적으로 급식을 제공하는 50명 미만의 시설을 대상으로 체계적이고 철저한 위생 및 영양관리를 지원하는 기관이다. 식품의약품안전처와 지자체의 지원으로 2020년 현재 7개소가 시범 운영되고 있다. 고령인구의 급격한 증가로 사회복지급식관리지원센터의 노인대상 영양교육은 건강한 노후를 위해 그 필요성이 증가함에 따라 사회적으로 큰 기대를 모으고 있다. 본 장에서는 인천서구 사회복지급식관리지원센터의 노인 영양교육 사례를 몇 가지 소개하였다.

사례 1 어르신 편식지도 영양상담

어르신은 노화로 인한 소화 흡수 및 배설 기능 등 소화기계의 변화, 미각, 후각 등 감각기관의 감지기능 저하 같은 생리적 요인으로 음식섭취량이 감소하면서 영양 불균형이 나타나기 쉽다. 또한 만성질환으로 인한 장기간의 약물복용은 특정 영양소 흡수를 저해하고 배설을 증가시켜 영양 문제를 일으킬 수 있다. 노년기에는 저작문제, 개인 취향으로 인한 편식이 두드러짐으로 인해 영양 불균형이 일어날 수 있으므로 이에 따라 어르신의 맞춤형 영양교육 및 상담이 필요하다. 이에 인천서구 사회복지급식관리지원센터에서는 맞춤형 영양교구를 이용한 눈높이에 맞는 교육으로 어르신의 건강과 영양에 대한 관심을 유도하고, 어르신에게 양질의 영양소 섭취를 위한 방법을 제시하는 영양교육을 실시한 바 있다. 다음 표는 인천서구 사회복지급식관리지원센터에서 실시한 '어르신 편식지도 영양상담'의 내용이다〈표 12-6〉.

| 표 12-6 | 어르신 편식지도 영양상담 사례

- 일시: 2020년 2~11월
- 대상: 센터 등록기관 어르신
- 내용: 어르신 편식지도 영양상담
- 일정

일시	추진내용
2월	기획안 작성 및 어르신 모집, 실태조사 인터뷰
3~4월	1차 교육
5~6월	2차 교육
7~8월	3차 교육
9~10월	4차 교육
11월	총평 및 평가

〈세부내용〉

- 1차(2월)
  - 목적: 어르신 실태조사 및 인터뷰를 통한 교육 방향, 난이도 설정
  - 내용: 실태조사 및 어르신 인터뷰
  - 교육 준비물: 교육계획표
- 2차(3~4월)
  - 목적: 식품 구성 자전거를 통해 여섯 가지 식품군에 대해서 알아봄
    식판모형을 이용해 어르신 스스로 식사를 차려보면서 골고루 먹어야 하는 것을 인지함
  - 내용: 식품 구성 자전거(골고루 먹기), 밥상 차리기
  - 교육 준비물: 식품 구성 자전거, 식판, 음식모형, 퍼즐
- 3차(5~6월)
  - 목적: 싱겁게 먹음으로써 고혈압, 심장질환 등 질병을 예방할 수 있음
  - 내용: 싱겁게 먹기(저염)
  - 교육 준비물: 미각 테스트, 포스터
- 4차(7~8월)
  - 목적: 식판에 직접 배식을 해 봄으로써 한 끼 적정량을 알아봄
  - 내용: 적정량 섭취하기
  - 교육 준비물: 배식량 모형, 식판, 부채 만들기
- 5차(9~10월)
  - 목적: 적절한 수분섭취 및 비타민 섭취 방법을 알아봄
  - 내용: 수분, 비타민 섭취
  - 교육 준비물: 유인물, 물컵
- 6차(11월)
  - 목적: 차수 교육을 모두 이수한 어르신께 이수증과 왕관을 증정하여 성취감을 느낄 수 있도록 함
  - 내용: 총평 및 건강 왕관 만들기
  - 교육 준비물: 왕관 활동지, 이수증

사례 2 나만의 반려식물(새싹보리) 키우기

4차 산업혁명 시대에 들어서면서부터 영양교육 방법은 지면을 통한 교육방법보다는 입체적인 교육방법이 신속하게 도입되고 있다. 노인대상 영양교육의 방법도 음식을 만들고, 직접 식물을 키우고, 다양한 교구들을 조립하는 방법 등이 도입되면서 영양교육의 효과도 상당히 높아지고 있다. 인천서구 사회복지급식관리지원센터에서는 '나만의 반려식물(새싹보리) 키우기'라는 주제로 어르신이 직접 흙과 씨앗을 만져 보고 화분에 심어 보면서 나만의 화분을 만들어 보는 프로그램을 진행한 바 있다. 새싹보리의 효능과 부작용에 대해 알아보고 식물을 키우는 일상의 재미를 함께 느끼며 직접 키운 새싹보리로 요리해 시식하는 유익한 체험의 기회도 공유하면서 어르신들에게 영양적 교육효과 외에도 삶의 활력소를 얻으며 건강을 위해 적극적인 의지를 부여했다는 평가를 받았다. 본 영양교육의 학습과정안은 〈표 12-7〉과 같다.

| 표 12-7 | '나만의 반려식물(새싹보리) 키우기' 어르신 영양교육 학습과정안

<table>
<tr><td>활동 목표</td><td>1. 식품을 직접 키워 섭취함으로써 건강에 관한 관심을 유도하고자 함</td><td>활동대상</td><td colspan="2">사회복지급식관리지원센터 등록 급식소 어르신</td></tr>
<tr><td>활동명</td><td>나만의 반려식물(새싹보리) 키우기</td><td>활동유형</td><td colspan="2">이야기 나누기, 신체활동</td></tr>
<tr><td>활동 자료</td><td colspan="4">① 새싹보리 키우기 재료(화분, 모종삽, 씨앗, 흙, 꾸미기 재료 등)</td></tr>
<tr><td>단계</td><td colspan="2">교수학습 활동</td><td>시간(분)</td><td>활동 자료</td></tr>
<tr><td>도입</td><td colspan="2">▶ 학습 동기 유발
• 채소, 과일 등 재배했던 기억을 떠올려 보기
▶ 활동목표 제시
• 새싹보리를 직접 키워 보고, 우리 몸 어디에 좋은지 효능 알기</td><td>2'</td><td></td></tr>
<tr><td rowspan="2">전개</td><td colspan="2">▶ 활동 1: 새싹보리 효능과 부작용에 대하여 설명한다.
*신장이 좋지 않은 어르신은 많이 섭취하면 안 된다.</td><td>7'
(9')</td><td>ppt</td></tr>
<tr><td colspan="2">▶ 활동 2: 새싹보리 화분을 꾸며 본 후 새싹 보리를 심어 본다.</td><td>15'
(24')</td><td>새싹보리, 화분, 흙, 스티커, 색연필</td></tr>
<tr><td>정리</td><td colspan="2">▶ 활동평가: 정리 및 마무리를 하면서 어르신들에게 물 주는 방법, 수확 후 먹을 수 있는 법을 설명한다.</td><td>6'
(30')</td><td></td></tr>
<tr><td>지도상의 유의점</td><td colspan="4">1) 어르신의 인지에 따라 화분 만드는 것을 도와드린다.
2) 화분 만들기를 할 때 사용하는 새싹 씨앗, 흙 등을 입에 넣지 않도록 주의한다.</td></tr>
</table>

사례 3 컬러푸드 알아보기

어르신 영양교육에서 어려운 점은 오랜 기간 동안 익숙해진 식습관과 생활양식을 단시간에 교정하기가 쉽지 않다는 것이다. 따라서 노인 대상 영양교육에서는 어르신들의 생활양식을 존중해 주면서 자연스럽게 건강한 식습관을 실천할 수 있도록 지속적이고 흥미로운 교수법 개발이 필요하다. 사례 3에서는 다양한 채소와 과일을 조화롭게 섭취하도록 하기 위한 컬러푸드 교육법을 소개한다. 어르신들은 오랜기간 동안 섬유소가 많은 채소를 섭취해 온 경우가 많으며, 그것이 건강한 식생활에 중요하다고 믿는 신념이 있다. 노화로 인한 소화기계의 기능 감소, 소화기계의 질환으로 인한 소화기능 장애가 있는 경우에도 고섬유소 식품 섭취를 그대로 유지하는 경우가 상당수 발생하고 있으므로 다양한 채소의 선택이 중요함을 교육하는 것이 무엇보다도 중요하다. 〈표 12-8〉과 [그림 12-3], [그림 12-4]는 '컬러푸드 알아보기'에 대한 영양교육 학습 과정안과 활동지이다.

| 표 12-8 | 컬러푸드 알아보기 교수학습과정안

활동명	컬러푸드 알아보기		
활동목표	1. 각 색깔별 대표식품을 한 가지 이상 말할 수 있다. 2. 색깔의 효능을 한 가지 색 이상 말할 수 있다.		
활동 자료	어르신 활동북, 색연필		
단계	교수학습 활동	시간(분)	활동자료
도입	▸학습 동기 유발 • 평소에 좋아하는 채소, 과일의 색 말해 보기 ▸활동목표 제시 • 다양한 색의 채소, 과일이 우리 몸에서 어떤 역할을 하는지 알아보기	5'	

전개	▶ 활동1: 채소, 과일 색칠하기 - 각 색깔별 대표식품을 색칠한다.	10' (15)	스케치북, 활동지
	▶ 활동2: 색깔별 대표식품 및 기능 익히기 - 각 색깔의 대표식품과 기능을 알아본다.	5' (20)	ppt
	▶ 활동3: 자신의 컬러푸드 섭취 점검하기 - 평소에 선호하는 채소, 과일과 선호하지 않는 채소, 과일의 색을 말해 본다. - 자신이 잘 먹지 않는 색깔의 채소, 과일 중 섭취할 수 있는 음식을 한 가지씩 말해 본다.	10' (30)	색깔채소 모형 또는 그림
정리	▶ 활동평가: 오늘 배운 내용 정리하기 - 컬러푸드의 종류와 기능을 정리한다. - 평소 잘 먹지 않는 색깔의 채소, 과일 섭취를 다짐한다.	5' (35)	
참고자료	- 오색의 채소와 과일에는 일반적으로 비타민과 무기질이 풍부하여 면역기능을 도와주며, 감기 등의 질병을 예방하고 피부 건강에도 좋다. 또한, 식이섬유가 풍부하여 변비를 예방하고, 암과 심장병을 예방하며 노화를 방지하는 **피토케미컬**이 풍부하다. 피토케미컬(phytochemical) - 식물에는 무기질, 비타민, 식이섬유 등의 영양소 이외에 건강에 유익한 다양한 생리활성 물질이 존재하는데 이를 피토케미컬이라고 한다. 피토케미컬은 식물을 뜻하는 '피토(phyto)'와 '케미컬(chemical)'의 합성어이다. 피토케미컬은 영양소는 아니며 결핍증이 나타나지는 않으나, 건강을 유지하고 질병을 예방하는 데 꼭 필요하다. - 피토케미컬은 항산화 작용, 해독작용, 노화 억제, 암 예방, 암세포의 성장 억제, 면역기능 강화, 세균과 바이러스 사멸 효과 등 다양한 방법으로 건강 유지에 도움을 준다. 피토케미컬은 현재 약 8,000가지가 알려져 있으며 종류에 따라 기능이 다양하다.		

| 그림 12-3 | 컬러푸드 알아보기 활동지

출처: 최향숙 외(2020).

본 교육에서는 색깔별 채소와 과일에 대해 알아보고 각각 활동지을 통해 흥미를 유발하고 있으며, 8회의 컬러별 채소 과일 교육을 진행하고 9회에는 채소 과일 가면 만들기, 10에는 컬러푸드 주사위 만들기를 실시하여 교육의 완성도를 높이고 있다[그림 12-4].

| 그림 12-4 | 컬러푸드 주사위 만들기

출처: 최향숙 외(2020).

CHAPTER 13

병원·보건소의 영양교육

Ⅰ. 병원 영양교육

1. 병원 영양의 중요성

경제발달과 함께 의료기술의 발달로 수명이 연장되면서 건강과 질병에 대한 관심이 높아지고 있다. 그러나 서구화된 식생활, 운동부족 및 스트레스 증가 등의 환경요인으로 인하여 비만, 당뇨, 심혈관계질환, 암 등 만성질환이 증가하고 있다. 이러한 만성질환의 상당수는 영양치료를 통해 완화 또는 치료될 수 있으며, 영양치료는 의료적 약물치료에 비해 경제적이면서 합병증의 우려도 적어서 그 역할에 관심이 증가되고 있다. 이와 같이 최근에 증가하고 있는 질환들은 영양관리에 의해 완화되거나 치료될 수 있기 때문에 영양치료의 중요성이 커지고 있다.

2. 병원 영양교육

영양교육은 환자의 질병 치료 및 회복, 합병증 예방, 이를 통하여 건강 유지에 도움이 되는 식사요법을 중심으로 이루어진다. 입원환자의 치료효과를 높이려면 의사의 적절한 치료와 간호는 물론 질병치료에 도움이 되는 식사요법이 중요하다. 환자들이 병원 급식에 대한 이해와 함께 퇴원 후에도 자신의 질병 여건에 맞는 식사요법을 스스로 지속적으로 실현할 수 있도록 교육하는 것이 필요하다. 따라서 영양교육은 주로 환자와 보호자를 대상으로 치료 효과를 높일 수 있도록 적절한 영양관리에 도움을 주기 위해 실시된다. 이를 위해서는 영양사가 충분한 임상영양 지식을 가지고 의사와 협의하여 환자에게 치료식을 제공하면서 적절한 영양교육을 하는 것이 바람직하다.

1) 환자를 위한 영양교육의 영역

환자를 위한 영양교육은 「국민영양관리법」에 정해진 기준에 따라 훈련받고 자격을 갖춘 임상영양사에 의해 이루어진다. 영양교육 영역은 입원환자의 영양중재 및 영양교육, 외래환자의 영양중재 및 영양교육, 환자 보호자를 위한 영양교육 등 환자를 위한 직접적인 교육과 조리종사원 교육 및 영양교육을 위한 각종 자료 개발, 임상영양에 관한 연구 수행 및 세미나 개최 등 영양교육을 위한 간접적 지원 등이 포함된다.

2) 교육목표와 내용

영양관리는 영양소의 조절 및 적절한 식품처방을 통해 질병을 치료하고 합병증을 예방하며, 이를 통하여 건강을 유지함으로써 궁극적으로는 환자의 삶의 질을 향상시키는 데 그 목적이 있다. 병원에서 환자를 대상으로 한 영양교육의 목표와 내용은 다음과 같다.

(1) 영양교육 목표

① 식사요법의 필요성과 목적을 이해시켜, 질병에서 빨리 회복할 수 있도록 돕는다.

② 환자가 식사요법의 내용과 방법을 숙지하여 자신에게 알맞은 식사의 종류와 양을 알 수 있다.

③ 환자 가족에 대한 교육을 통하여 환자의 식사요법 실천을 돕는다.

④ 적절한 격려와 동기부여로 지속적인 식사요법의 실천이 가능하도록 한다.

⑤ 잘못된 식생활이 질병 발생의 원인이 된 경우 이러한 문제점을 이해하고 자신의 식습관을 수정하여 예방적인 식습관을 가진다.

(2) 영양교육 내용

영양교육의 내용은 비만, 당뇨, 심혈관계질환, 암 등의 만성질환에 따라 차이가 있다. 영양교육은 개별 상담과 집단 교육을 병행하여 실시한다. 기본적인 내용은 다음과 같다.

① 질병으로 인한 인체의 생리적 변화 및 식사요법의 필요성
② 환자에게 요구되는 영양필요량과 섭취식품 분량, 식사 형태, 섭취 시기
③ 식습관에 대한 분석과 단계적으로 변경시켜야 할 식행동·식습관의 내용
④ 식사요법이 제대로 진행되지 않을 때의 극복 방법
⑤ 환자에게 환자식의 종류 및 영양섭취량 등 구체적인 영양중재안 제시
⑥ 식단 구성 방법, 조리 방법, 식단의 예
⑦ 식사요법 실천을 위한 주변인(가족 등)의 도움 구하기, 가족교육
⑧ 적극적인 치료와 식사요법으로 질병을 극복하고 회복된 사례 설명

(3) 영양교육 방법

병원 영양교육에서는 환자 스스로 치료하려는 의지를 갖게 하고, 자신의 문제를 스스로 해결할 수 있도록 하는 것을 인식하게 한다. 이러한 인식이 형성된 후 질병 치료를 위한 식사요법, 즉 식행동 수정하도록 영양교육이나 상담을 진행한다. 병원에서의 영양교육도 영양상담과 집단 영양교육이 함께 이루어질 때 더욱 효과적이다. 질병의 유형 및 환자의 연령, 직업, 교육수준, 생활환경에 맞는 영양지도 방법이 필요하므로 많은 사람을 대상으로 하는 교육보다는 동질의 환자를 대상으로 한 소규모 교육이 바람직하다. 또한 개인의 영양 문제, 식생활의 문제를 보다 구체적, 심층적으로 다룰 수 있게 영양상담을 병행한다.

병원에 입원한 환자나 외래환자를 대상으로 한 영양교육 중에서 당뇨병 환자를 대상으로 한 당뇨뷔페는 식사 전 이론교육과 이를 실제로 적용하여 개인의 필요열량에 따라 음식을 선택하는 실습교육을 병행함으로써 좋은 반응을 얻고 있다. 특히, 환자 자신이 선택한 음식이 식품교환표에 맞추어 적절하게 선택되었는지 평가해 주고 격려해 주는 개별상담을 통해 교육효과를 높일 수 있다.

병원에서는 집단영양교육도 실시하지만 영양상담을 통한 영양교육이 많이 이루어진다. 이때 중요한 점은 상담자와 환자 간의 친밀관계를 통해 신뢰를 구축함으로써 서로 솔직히 이야기할 수 있도록 하는 것이다. 영양상담이나 영양교육에서 환자의 식행동 문제를 찾고 이를 해결할 수 있는 방법, 즉 다양한 행동수정 방법을 제시하고, 구체적으로 식생활에서 적용할 수 있는 방법을 제시하는 일이 필요하다. 또한 식행동을 올바르게 수정하는 경우 격려를 통해 계속 바람직한 식행동을 유지할 수 있도록 돕는다. 또한 식습관 변화에 부정적인 영향을 줄 수 있는 사람 간의 상호관계 등 문제와 관련되어 영향을 주는 숨은 요소를 찾아내고 가족의 협력을 확보함으로써 합심하여 문제를 해결한다면 좋은 결과를 가져올 수 있을 것이다.

최근에는 의료계에 장소와 시간에 상관없이 네트워크에 접속할 수 있는 정보통신 환경을 이용한 의료 서비스인 유비쿼터스 헬스케어(유헬스, U-healthcare)가 도입되어 이 시스템에 맞는 영양교육도 개발할 필요가 있다. 이는 공간과 시간의 차이가 문제가 되지 않는 진료방식으로 '21세기 복지 인프라'로 평가받는다. 유비쿼터스 헬스의 가장 큰 장점은 의료 접근성이 떨어지는 의료취약계층에서도 해택을 줄 수 있다는 점이다. 우리나라는 남녀노소를 가리지 않고 스마트폰을 쓰고 있고 무선 인터넷 환경이 좋기 때문에 앞으로 IT 기반 U-헬스케어 서비스가 더 개발되어 발전할 것으로 보고 있다. 이에 따라 환자에 대한 영양관리와 맞춤형 영양교육 또한 이 시스템을 통해 수행할 수 있으므로 이에 대한 적극적인 준비가 필요하다.

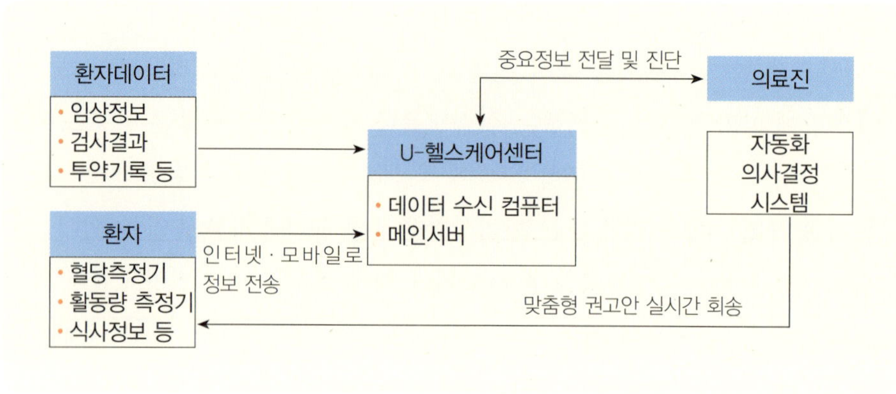

| 그림 13-1 | **U-헬스케어 시스템 예**

출처: 매일경제(2015).

3. 병원 영양교육 및 실제

1) 환자 영양교육

환자의 연령, 직업, 교육수준, 그리고 생활환경에 맞는 영양지도 방법이 필요하므로 많은 사람을 대상으로 하는 교육보다는 비슷한 수준과 여건의 환자를 대상으로 한 소규모 교육이 바람직하다. 주로 영양상담을 통한 영양교육이 많이 이루어진다.

영양상담은 먼저 환자의 과거와 현재 병력, 생화학적·의학적 건강평가, 치료 상황 및 식습관 조사 등 환자 관련 정보의 수집으로 시작한다. 제2단계는 환자와의 영양상담으로 영양문제 찾기, 의료진과의 의견교환, 영양평가 및 영양중재의 단계이다. 제3단계는 2단계의 반응을 확인하는 단계로 영양중재 결과를 평가하고, 환자의 반응 및 진행상태를 평가한다. 제4단계는 환자와 보호자 및 기타교육을 시행하는 단계이다. 마지막으로 영양교육 내용을 기록한다.

2) 다양한 자료와 도구를 이용

교육내용을 교육대상자들이 쉽게 이해할 수 있도록 하기 위해 다양한 교육자료와 도구들을 준비해야 한다. 교육자료는 이해하기 쉽도록 말이나 글보다는 그림이나 도표를 이용하여 프레젠테이션 자료를 만들거나, 다양한 영상자료를 이용하도록 한다. 또한 식품에 포함된 칼로리 등을 교육하는 자료로 식품모형을 사용하고, 1일 영양섭취량을 교육하기 위해 식품교환표, 환자에게 바람직한 식단제시 및 표준식단에 대한 예시 등을 사용한다.

3) 지속적이고 정규화된 프로그램의 운용

1회성 교육보다는 지속화·정규화된 프로그램을 개발하여 지속적으로 교육해야 한다. 대개 1회 교육시간으로는 상황에 따라 다를 수 있으나 보통 20분~1시간이 적절하다.

병원에서 가장 활성화되어 있는 교육 중 하나가 당뇨병 교육이다. 당뇨병 영양교육은 개별 상담, 집단 교육, 당뇨 뷔페를 이용한 교육 주로 세 가지의 형태로 실시되고 있다. [그림 13-2]와 〈표 13-1〉, 〈표 13-2〉는 병원에서의 당뇨 영양교육 사례이다.

| 그림 13-2 | 당뇨교실 교육 사례

| 표 13-1 | 병원에서의 당뇨 영양교육 사례

구분	내용
영양 상담	• 영양 판정: 환자의 영양관리, 심리적, 사회경제적, 치료 상태 파악 • 목표 설정: 환자와의 합의를 통해 도달 가능한 목표를 설정 • 당뇨 교육: 식품교환표를 이용한 식사 계획, 개별 식사량 중심의 교육 실시 - 1차: 당뇨 식사요법의 기초 - 2차: 식품교환표를 이용한 식단 작성 - 3차: 외식 시 식사요령 - 4차: 합병증 시 식사요령→순서는 변경될 수 있음 • 교육 평가: 영양지식, 식사섭취 실태, 식사요법 실천도, 임상적 결과 등 조사 • 추후 관리: 개인의 질병의 상태에 따라 다름
집합 교육 (당뇨교실)	• 일시: 매월 2, 4주 수요일 • 내용: 당뇨병의 식사관리 - 혈당과 식사조절의 관계 - 식사원칙 세 가지 - 식사 시 주의사항 및 합병증 예방법 • 집단교육 외에 개별 교육 병행
당뇨 중식 뷔페	• 당뇨 뷔페를 이용한 당뇨 식사에 대한 실질적 교육 • 자신의 열량에 맞는 한 끼 상을 차려 봄으로써 음식 선택능력 향상 • 시식해 봄으로써 실제적인 식사관리에 실행에 도움을 주는 방법 • 정기 교육 프로그램의 당뇨 뷔페: 병원에서 정기적으로 운영 • 교육 및 식사제공의 당뇨 뷔페: 실제적 교육이 될 수 있음
기타	• 당뇨의 날 행사 - 당뇨식 열량별 식단전시 - 당뇨식 조리 강습 및 당뇨식 시식

출처: 이승림(2006).

생활이 넉넉해지고 식습관이 서구화되면서 우리나라의 비만율이 30% 이상으로 증가되어, 비만에 대한 교육수요도 꾸준히 증가하고 있는 추세다. 〈표 13-3〉은 주차별 체중조절 클리닉 영양상담 프로그램의 사례이다.

| 표 13-3 | 주차별 체중조절 클리닉 영양상담 프로그램의 사례

체중조절 클리닉 영양상담(예)					
차수	주	조사/상담 내용	장비/도구	교재	비고
1	1	· 영양지식, 식습관 설문 조사 · 영양분석 설문 조사 · 영양분석 · 식습관, 영양섭취 상태	· 영양지식, 영양분석 설문지 · 식품모형 · OMR reader · 프린터 · 영양상담 기록지		· 설문지: 접수 시에 배부, 수검자가 직접 작성 후 영양조사 실시
2	2	· 현재 식습관, 영양 상태 평가 · 처방 칼로리 교육(식품교환표) · 체크리스트 작성 · 영양상담 · 칼로리별 식단 예 제공 · 식사일지 배부	· 체크리스트	· 체크리스트 · 식단 · 식사일지	
3	4	· 식사일지 평가 · 영양상담 · 식사일지 배부	〈칼로리별 섭취, 소비 비교〉	· 리플렛 · 식사일지 · 체중변화도표	
4	6	· 식사일지 평가 · 영양상담 · 식사일지 배부	〈외식, 간식의 열량〉 〈저칼로리 조리〉	· 리플렛 · 식사일지 · 체중변화도표	
5	8	· 식사일지 평가 · 영양상담 · 체크리스트 작성 후 재평가 · 식사일지 배부	〈변비, 빈혈 식사요법〉	· 리플렛 · 식사일지 · 체중변화도표	
6	10	· 식사일지 평가 · 영양상담 · 식사일지 배부	〈식이섬유소 함량〉		
7	12	· 식사일지 평가 · 영양상담 · 영양분석 설문 조사 · 식습관, 식사량 재교육			

출처: 2005년 영양사 학술대회 자료집.

II. 보건소 영양교육

1. 보건소 영양의 중요성

지역주민의 건강을 증진시키는 것은 복지사회의 중요한 목표 중 하나이며 영양 상태 개선은 이러한 목표를 달성하기 위한 가장 기초적인 방법이다. 지역주민의 영양 상태 개선을 위한 기본적인 정책수단은 보건소 영양사업이라고 할 수 있다.

최근 증가하고 있는 만성 퇴행성 질환은 물론 아동의 비만 문제는 심각한 수준에 이르고 있다. 한편 여성의 사회참여가 지속적으로 증가하면서 아동의 관리가 가정에서부터 보육시설로 옮겨지고 있어 사회기관에서의 어린이 식생활 교육이 더욱 중요시되고 있다. 또한 빠른 고령화 사회 진입 등으로 인해 그 어느 때보다 국민건강증진을 위한 영양개선사업의 활성화가 요구되며, 특히 지역주민의 평생증진센터로서 역할이 부각되고 있어 보건소를 통한 대국민 생애주기별 영양사업의 실시가 중요하다.

우리나라 국가 건강증진 로드맵(Health Plan)은 국민의 건강증진 · 질병예방을 위한 건강증진 정책의 방향을 제시하는 범정부적 중장기 종합계획으로 「국민건강증진법」 제4조에 따라 매 5년마다 수립하는 중장기 종합계획를 수립한다. 보건복지부는 2012년 건강수명연장과 건강형평성 제고라는 국민건강목표를 설정하고 추진전략과 대책의 핵심인 국민건강증진계획 2010(Health Plan 2020)을 제시하였다. 특히 2000년 66세, 2007년 71세였던 건강수명을 2020년에는 75세로 연장하려는 목표로 건강생활의 실천 확산, 예방 중심의 상병관리, 안전환경보건, 인구집단별 건강관리를 위한 사업과제를 정하여 추진하고 있다. 이와 같은 계획의 실현을 위하여 「국민영양관리법」, 「국민건강증진법」, 「지역보건법」에 의거하여 국민영양관리 시행계획을 수립하고 전국 보건소를 중심으로 사업을 추진하고 있다. 영양부분 목표의 추진을 위하여 다양한 사업을 추진하고 있으며, 이들 영양사업은 가장 중요한 요소인 영양교육을 중심으로 수행되고 있다.

2. 보건소 영양교육

「국민건강증진법」이 제정된 이후 보건소의 주된 역할은 질병의 치료보다는 건강생활의 실천을 통한 만성질환의 예방에 집중되었고, 최근에는「국민영양관리법」에 의거하여 국민이 균형 잡힌 건강한 식생활을 영위하도록 올바른 식생활과 영양관리에 관한 정보를 제공하고, 영양 · 식생활 교육사업과 영양취약계층 영양관리사업 등의 영양서비스를 제공하는 일을 담당하고 있다.

1) 보건소 영양교육의 목표와 내용

(1) 교육목표

지역사회 주민의 건강수명 증가를 위한 최적의 영양관리 및 식습관 개선을 위해 적절한 영양관리와 영양교육 및 의식개선 등을 통해 균형 잡힌 식생활 실천을 유도함으로써 만성질환 예방 및 삶의 질 향상을 목적으로 한다. 보건소에서 영양교육은 대상자에 대한 진단, 영양교육의 계획, 영양교육 실행, 교육평가 등을 통해 지역주민의 영양개선을 도모한다. 교육 실시 전후의 지역주민의 영양 상태 평가는 향후 영양 정책에 반영한다. 지역주민을 대상으로 한 영양교육의 목표는 다음과 같다.

① 좋은 식습관을 통하여 영양 상태를 증진시킨다.
② 지역주민 중 만성 퇴행성 질환자의 비율을 감소시킨다.
③ 노인의 신체적 기능 저하를 극복할 수 있는 식사방법을 실천하도록 한다.
④ 임신과 출산 및 육아교육에 필요한 영양지식을 습득하고 실천할 수 있다.
⑤ 성장기 어린이는 좋은 식습관을 통해 영양관리를 잘할 수 있다.

(2) 교육내용

보건소의 영양교육 내용은 다음과 같다,

① 개인에게 필요한 영양권장량과 음식을 통한 섭취방법
② 비만을 비롯한 만성 퇴행성 질환의 원인, 증세, 예방방법, 식사요법
③ 노인의 생리적 변화, 노화 현상, 노화 예방방법 및 식사요법
④ 노인의 식생활 안전관리
⑤ 임신과 출산에 의한 신체 변화, 영양요구량 변화, 모유 수유방법, 모유의 장점, 이유식, 표준체중과 신장
⑥ 어린이 영양관리의 중요성, 어린이 편식교정법, 어린이 비만관리, 치아관리
⑦ 음주와 흡연의 문제점, 신체에 미치는 영향, 금연방법
⑧ 규칙적인 식사나 균형 복잡한 식사 등 좋은 식습관

2) 보건소 영양교육의 방법과 요령

1995년 국민건강증진법 제정 후 영양사업 실시를 시작하였고, 2013년에는 건강생활사업의 영양분야, 영양플러스사업 및 건강생활실천 사업에 해당하는 영양사업이 '지역사회 통합건강증진사업'의 '영양분야'로 통합되었으며, 2018년에는 영양플러스 온라인 영양교육 학습관리스템(Learning Management System, LMS)이 도입되었다. 온라인 영양교육 서비스는 'EBS 육아교실' 웹사이트

(http://www/espin.co.kr) 및 보건소 모바일 헬스케어 서비스(CHAPTER 07 참조)를 통해 이용이 가능하다.

2020년 지역사회 통합건강증진사업 사업영역과 세부사업은 〈표 13-4〉와 같다.

| 표 13-4 | 지역사회 통합건강증진사업에 의한 보건소 영양사업

<table>
<tr><th colspan="2">사업영역</th><th>세부 사업</th></tr>
<tr><td colspan="2">국민식생활 실천
국민인식 제고</td><td>· 나트륨 또는 당류 섭취 줄이기 캠페인
· 국민공통 식생활 지침 홍보 및 실천 캠페인</td></tr>
<tr><td rowspan="5">맞춤형
영양관리
서비스</td><td>임산부 및
영유아</td><td>· 영양플러스사업*
· 어린이집·유치원기반 영양관리사업
· 다문화가족 대상 영양관리사업</td></tr>
<tr><td>어린이 및
청소년</td><td>· 지역아동센터, 초등 돌봄교실 기반 어린이 영양관리사업
· 학교 기반 영양관리사업
· 어린이급식관리지원센터 설치·운영 협력</td></tr>
<tr><td>성인</td><td>· 건강위험요인 개선을 위한 맞춤 영양관리사업
(대사증후군, 만성질환 등의 예방관리사업)</td></tr>
<tr><td>노인</td><td>· 어르신 영양관리사업
· 실버건강식생활사업(취약계층 어르신 대상)</td></tr>
<tr><td>기타</td><td>· 다문화가족 영양관리사업</td></tr>
<tr><td colspan="2">환경조성</td><td>· 영양표시제도 시행·모니터링
· 학교 주변 그린푸드 존 시행·모니터링
· 건강음식점 시행·모니터링</td></tr>
</table>

*우선 권장사업: 국민영양관리계획 내 영양플러스사업 내실화 및 대상자 확대 필요성에 의해 우선 수행 및 지속적 확대 권장

출처: 한국건강증진개발원(2019).

따라서 보건소 영양사의 영양교육 분야는 지역주민 대상의 개별적·집단적 영양교육이나 상담 수행, 대사증후군, 고혈압, 당뇨 등의 만성질환 관리를 위한 적극적인 캠페인이나 교육 위주의 대민사업 수행, 식생활지침·식품 구성 자전거·기초식품군 등의 내용 홍보 및 영양표시 활용 제도, 영양정보를 위한 홈페이지 운영, 관내 유치원·어린이집 등 교육 및 보육시설의 영양교육 지원, 취약

계층의 영양관리 지원, 다문화가족 영양관리 등으로 점차 다양화·전문화되고 있다.

국민의 건강증진을 위한, 영양교육을 구성요소로 하는 보건소 사업은 「국민영양관리법」에 의거하여 〈표 13-4〉와 같이 다양한 사업을 추진하고 있다. 모든 사업에는 영양교육이 필수 구성요소이므로, 보건소 안에서 사업이 중복되지 않고 서로 연계하여 통합 관리할 수 있도록 영양사가 노력해야 한다. 최근에는 식생활정보센터, 급식관리지원센터, 식생활 안전체험관 등을 운영하여 주민들에게 상시 올바른 영양정보를 제공하고자 노력 중이다. 영양상담에 응하는 보건소도 있고, 서울을 중심으로 한 수도권에서는 외식업체의 주메뉴의 열량과 나트륨 함량 등 영양정보를 공개하는 사업 외에도 건강인증식당제도 등을 시행하고 있다.

영양상담이나 집단교육 외에도 주제를 정해서 주민들이 참석하도록 하는 '식단 전시회'나 '당뇨병 걷기대회' 등의 이벤트를 통해 영양교육의 효과를 증대시킬 수 있을 것이다. '식단 전시회'나 '당뇨병 걷기대회'는 많은 교육내용을 전달하기는 어려우나 많은 사람의 관심을 끌 수 있다는 장점이 있다.

효과적인 영양교육을 위해서는 대상자에 알맞게 다양한 교육매체를 개발하고 제작한다. 보건소 영양교육에서는 식품의약품안전처, 한국건강증진개발원, 그리고 다이어트넷 등 신뢰할 수 있는 웹사이트에서 제공하는 게임이나 전자책 등을 교육자료로 연계하여 활용하는 것도 한 방법이다.

3. 보건소 영양교육 및 실제

1) 영양플러스 사업

보건복지부는 미국의 WIC 프로그램(Special Supplemental Nutrition Program

for Women, Infants and Children)을 벤치마킹하여 2005년부터 임신부와 영유아를 대상으로 한 보충영양관리사업을 시작하였고, 2008년에 전국 사업으로 확대되었으며, 2010년 제정된 「국민영양관리법」 제11조에서 영양취약계층에 대한 영양관리사업을 국가 및 지방자치단체에서 실시하도록 규정함으로써 영양플러 사업 수행에 대한 명확한 기반이 마련되었다.

(1) 사업 정의

영양플러스사업은 생리적 요인과 환경 여건 등으로 인해 상대적으로 영양 상태가 취약해질 수 있는 임산부와 영유아의 영양개선을 위하여 생애주기 특성에 맞는 영양교육을 실시하고, 결핍 위험이 있는 영양소를 공급할 수 있는 특정 식품들을 일정기간 동안 지원하는 제도이다.

(2) 사업 목적

건강관련 위험요인(health risk)이 있는 국민에 대해 그 위험인자를 감소시키거나 저지하여 건강을 증진시키고자 하는 공중보건 향상 차원의 사업으로서, 국민건강을 태아 단계부터 관리하여 전 생애에 걸쳐 건강할 권리를 보장하는 '평생 건강 관리형' 서비스를 제공하고자 한다.

(3) 사업 목표

임산부 및 영유아의 빈혈, 성장부진, 영양섭취 불량 등의 영양 문제를 해소하고, 스스로 식생활을 관리할 수 있는 능력을 배양하여 건강증진을 도모하고자 한다.

(4) 사업의 흐름도

영양플러스 사업의 흐름도는 [그림 13-3]과 같다.

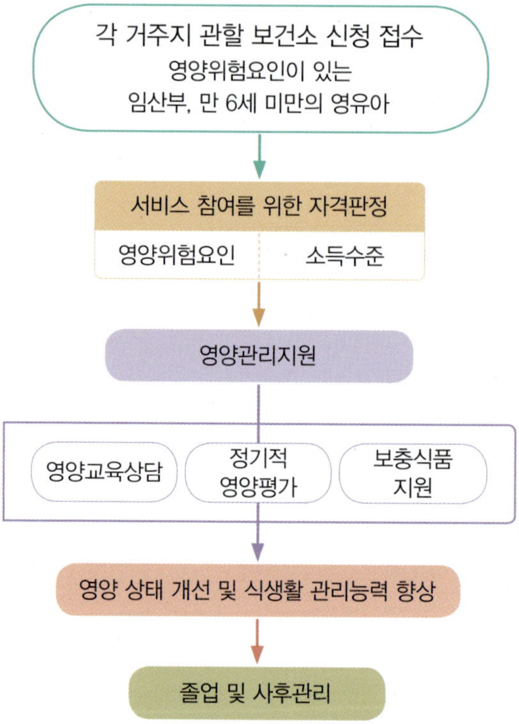

| 그림 13-3 | **영양플러스 사업참여 흐름도**

출처: 보건복지부·한국건강증진개발원(2019).

① 영양교육 및 상담

영양플러스사업에서 가장 중요한 서비스 요소로서 대상자 개개인의 영양문제를 해소하고, 장기적으로는 대상자가 스스로 식생활을 관리할 수 있는 능력을 향상시키도록 돕는 것을 목표로 한다. 교육실시 원칙과 대상자별 교육 커리큘럼은 CHAPTER 08 임신수유부의 영양교육부분을 참조한다.

② 영양평가

신장 및 체중 측정, 빈혈 검사, 영양섭취상태조사, 영양지식·식태도 및 만족도 조사, 그리고 기타 영양위험 요인 조사항목에 대하여 대상자 초기 판정 시,

사업 중간 시점, 사업 종료 시 등의 정기적인 영양 상태 평가를 통하여 대상자별 맞춤형 영양관리 서비스를 제공한다.

2) 건강위험요인 개선을 위한 맞춤 영양관리사업

(1) 사업 목적

비만 및 만성질환의 사회·경제적 부담이 증가함에 따라 건강위험요인에 대한 사전 예방적 건강관리 체계를 마련하여 지역주민을 대상으로 한 영양관리를 통하여 건강증진 유도를 하고자 한다.

(2) 사업 대상

- 만 19세 이상 65세 미만 지역주민 중 아래 항목에 해당하는 희망자
  - 보건소 의사 등 의사검진에 의해 건강위험군 또는 질환관리군으로 진단된자
  - 건강위험군으로 서비스가 필요하다고 판단되는 자
  - 보건소에 내소하여 건강위험요인 개선을 위한 맞춤 영양관리사업 참여를 희망하는 자

(3) 사업 내용

① 건강위험요인 개선을 위한 영양상담

- 24시간 회상법 또는 섭취빈도조사를 이용하여 식품섭취조사를 통한 식생활 문제점 파악 및 개선 방향 맞춤 상담을 실시한다. 영양상담의 수행체계는 CHAPTER 07 [그림 7-3]을 참고한다.

② 건강위험요인 개선을 위한 맞춤 영양관리프로그램 운영

- 건강위험요인(당뇨, 고혈압, 비만 등) 집단 영양교육 실시(질환별 지침 사용 권장)
  - 건강검진결과상담 매뉴얼 영양전문상담 자료는 한국증진개발원(http://www.khealth.orkr)→자료실→지침/교육/홍보자료 참고
- 식사구성안, 식생활지침, 한국인 영양섭취기준 활용 가이드북 등 교육
- 비만 및 만성질환 관리의 경우 신체활동의 중요성이 강조되는 만큼, 신체활동 교육과 연계 서비스 제공 권장
- 보건소 모바일헬스케어 사업 연계 권장

(4) 만성 질환관련 영양교육 프로그램 사례

보건소에서 운영되는 질환별 영양교육 프로그램의 예는 〈표 13-5〉와 같다.

| 표 13-5 | 보건소에서 운영되는 질환별 영양교육 프로그램 예

프로그램	대상	내용
대사증후군 관리 사업 (출처:강북구보건소)	만 20~64세 성인	· 검진: 혈압, 혈당, 중성지방, HDL콜레스테롤, 허리둘레, 체성분 측정 · 상담: 검진결과에 따른 영양, 운동, 금연 등 전문상담 및 관리 · 생활습관개선 프로그램 운영(운동교실, 영양 및 건강교육) · 찾아가는 건강상담실 운영(관내 사업장, 생활터 등)
심뇌혈관질환 예방관리사업 (출처:만안구보건소)	당뇨, 비만 등 건강위험요인을 가진 자	· 건강상담실 운영 - 혈압, 혈당, 중성지방, 좋은 콜레스테롤(HDL), 복부둘레 다섯 가지 체크를 통한 대사증후군 판정 · 고혈압·당뇨병·고지혈증 교실 운영 - 질환의 이해/혈압측정법 - 식사관리 - 운동관리

3) 전국 보건소 영양사업 사례

전국의 각 시·도 보건소에서 실시한 영양사업 사례들을 상담, 교육, 이벤트, 기타 영양사업으로 분류하여 〈표 13-6〉으로 나타내었다.

| 표 13-6 | 보건소 영양사업 사례

분류	영양사업
상담	· 영유아 이유식 영양상담 · 영양플러스사업을 통한 임신수유부 영양상담 · 어린이 영양지도 · 초등학교 비만 아동관리 on-line 프로그램 개발 · 청소년 영양상담 · 갱년기 여성 건강관리사업(골다공증 관리)
교육	· 산모도우미(산후도우미) 영양교육 · 산후조리원 방문 임산부 영양교육 · E-mail을 통한 이유식 교육 · 학령기 아동 편식예방 교육 · 유아기 영양교육(어린이 영양교실 운영) · 미취학아동 어린이 영양교실 · 미취학아동 비만예방 영양교육 · 친구야, 아침 먹자 · 당뇨교실 · 만성질환 예방을 위한 영양개선 및 운동 사업 · 비만인을 위한 체중조절 교실 운영 · 한방비만교실 운영계획 · 건강요리교실 · 노인영양 프로그램
이벤트	· 영양아람치 행사 · 유아 영양교육과 어린이 영양 큰잔치 · 초등학교 영양캠프 · 당뇨가족걷기 대회 · Check! Check! 나의 식단 · 당뇨환자를 위한 모범식단 시식회 · 대학축제 시 건강코너 운영 · 만성질환 예방을 위한 '바람직한 식단전시회' · 건강백세를 위한 어르신 영양관리
기타영양사업	· 인터넷을 이용한 영양정보 제공 · 각종 매체를 통한 영양정보 제공 · 미취학아동의 식품선호도 조사 · 청소년 건강증진을 위한 영양진단 및 영양개선 프로그램 · 노인영양관리 사업 · 지역사회 내 영양사와의 협력구축을 위한 사업설명회 실시

출처: 대한영양사협회. 지역사회 영양사업사례집.

CHAPTER 14

미디어와 영양교육

Ⅰ. 미디어의 정의와 기능

미디어(media)란 어떤 작용을 한쪽에서 다른 쪽으로 전달하는 역할을 하는 것으로 의사소통을 위해 사용하는 목소리, 몸짓, 문자, 메시지, 동영상 등 모든 수단을 포괄한다. 미디어는 크게 매스미디어(mass media)와 개인미디어(personal media)로 나눌 수 있다. 매스미디어는 커뮤니케이션이 전달자(방송국 등)로부터 수용자(시청자 등)에게 일방적으로 이뤄지며 수용자가 불특정 다수의 사람들로 일시에 정보를 전달하는 것을 목적으로 한다. 텔레비전, 라디오, 신문, 잡지, 인터넷 포털사이트 등이 있다. 개인미디어는 양방향 커뮤니케이션을 전제로 하며 개인이 인터넷 등에 있는 무수한 콘텐츠 중에서 능동적으로 콘텐츠를 선택할 수 있다. 트위터, 라인, 블로그, 페이스북, 인스타그램 등이 대표적인 개인미디어이다. 또한 동영상을 스트리밍하는 유튜브 채널을 통해 개인방송을 하는 유튜버들이 빠른 속도로 늘어가고 있다. 최근에는 사회적 네트워크를 구축하는 개인중심의 웹기반 서비스를 통한 소셜미디어라는 용어로 조금 더 확장되어 사용되는 추세이다.

그리고 오늘날과 같은 정보화 사회에서는 '뉴미디어'라 불리면서 거의 모두 정보의 전송이 전기통신을 이용하므로 모든 망이 디지털화와 관련하여 인터넷, 디지털 텔레비전 등의 새로운 정보·오락 기술이 등장하였다. 정보통신기술의 발달은 인간의 생활에 다양한 미디어 서비스를 탄생시키고 디지털 미디어와 디지털미디어 기기가 발전하면서 다양한 콘텐츠가 개발되고 있으며 특히 스마트 모바일 기기를 통한 콘텐츠에 대해 예전에는 소유의 시대에서 접속의 시대, 이제는 누구나 체험할 수 있는 시대가 도래했다. 디지털 기술이 놀라운 속도로 발달하면서 서로 다른 영역이었던 미디어들의 다양한 정보를 하나의 디지털 형태로 처리하고 통합되면서 모든 정보의 호환이 가능해지고 다양한 콘텐츠들이 디지털화되면서 각 미디어 사이의 구분이 모호해지고 있다. 이렇게 하나의 미디어로 합쳐지는 것을 미디어 간의 수렴 또는 융합(convergence)이라고 한다. 이에 따라 영양교육에 대한 매체개발에도 다양한 기술을 접목하여 대상자에게 적합한 콘텐츠를 구성하여 적용시켜야 할 것이다.

미디어의 일반적인 기능은 다음과 같다.

- 환경 감시 기능: 사회에서 일어나는 정치, 경제, 사회, 문화 등 모든 부분의 사건과 정보를 수집, 정리, 분배하여 제공함으로써 사람들이 주변 환경에 대한 정보를 전달받고 위험에 대해 대비하고 대처하도록 돕는다. 그러나 미디어가 전하는 정보가 때로 위협적인 보도, 공포유발, 허위, 무익한 것일 때도 있다.
- 상관 조정 기능: 사건과 정보의 의미를 해석하고 대응책을 제시함으로써 제도형성에 영향을 준다. 사건의 의미를 해석하고 여론을 형성하며 정부나 산업체 등을 감시하고 견제할 수 있으나 반면 강자의 편에서 불공정 보고를 할 수 있다. 또한 주관적인 해석으로 인한 해석의 다양성을 제한할 수 있고 비판적 사고능력을 마비시켜 순응성을 강화시킬 수 있다.
- 사회적 유산의 전수 기능: 사회의 가치, 규범, 전통과 같은 각종 정보를 다음 세대에 전달하는 사회화 기능으로 사람들의 소외감을 줄이고 공통적 경험을 넓혀 국민들의 통합 결속을 만들어내고 사회규범의 윤리화 기능이 가능하다. 그러나 문화의 규격화·획일화·표준화로 문화의 다양성과 창의성을 감소시키며 기존체계의 가치규범을 확대 재생산하게 할 수 있다.
- 오락제공 기능: 흥미 위주의 내용으로 기분전환과 휴식을 제공하는 기능으로 오락적인 욕구를 충족할 수 있는 기능이지만 오락이 지나치면 사회적, 정치적 무관심이 증가하고 문화적 순응주기, 선정적이고 질이 낮은 문화가 야기될 수 있다.

II. 미디어특징과 이용현황

1. 미디어의 종류 및 특징

미디어는 다양한 형태로 변화되고 발전해 왔으며 미디어의 형태는 기술의 발달에 따라 새로운 미디어가 추가되는 형태로 변화해 왔다. 여기서는 정보혁명의 발달에 따라 언어, 문자, 인쇄, 전자, 인터넷, 디지털 매체로 구분하여 각각의 특징을 살펴본다[그림 14-1], 〈표 14-1〉.

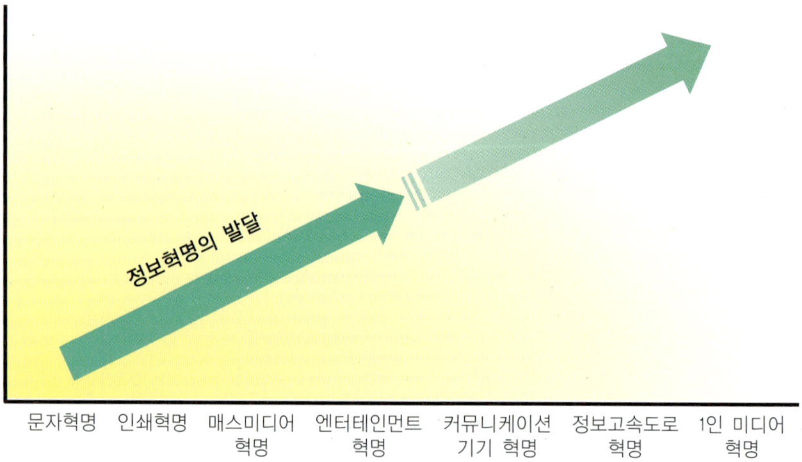

| 그림 14-1 | 정보혁명의 변천사

출처: 유현정(2019).

1) 언어미디어

언어미디어는 인간의 언어뿐 아니라 표정이나 몸짓과 같은 비언어적인 수단을 포함하며 비교적 정확한 커뮤니케이션을 할 수 있다는 장점이 있으나 내적 정보에 의해 이루어지기 때문에 기억에 의존된 일시적이고 파편적인 정보가 전달될 가능성이 크다.

2) 문자미디어

문자미디어는 인간의 소리나 말을 기록해 놓은 시각적 기호나 체제로 시각화된 문자가 의사소통의 수단이 된다. 체계화된 기호로 의미 전달을 하기 때문에 상대방의 반응을 즉각적으로 파악하기 어렵고, 전달하고자 하는 정보를 분석하고 논리적으로 사고해야 하며 전문적인 지식과 생산의 축적이 가능하다. 언어미디어보다는 시공간의 제약이 적고, 기록성과 보존성의 속성을 가져 지식과 정보의 축적과 계승이 가능하다.

3) 인쇄미디어

인쇄미디어는 글을 판에 박아서 인쇄한 것으로서 인쇄된 서책을 통해 커뮤니케이션하므로 문자해독능력과 정보문해력이 필요하다. 인쇄미디어가 본격적인 매스미디어 시대를 열게 하였다.

4) 전자미디어

전자미디어는 전자, 통신기술을 응용한 미디어로 인쇄미디어보다 시공간적 영역이 넓고 정보 전달 속도가 빨라서 언어미디어가 갖는 동시성의 특성을 갖고 지켜보고 참여하는 것을 가능하게 한다.

5) 인터넷미디어

인터넷미디어는 전세계의 컴퓨터가 서로 연결되어 정보를 교환할 수 있는 하나의 거대한 컴퓨터 통신망을 통한 미디어로 시공간의 제약을 받지 않고 전세계적인 범위에서 문자, 음성 및 영상을 자유롭게 공유할 수 있다. 인터넷의 발달이 산업사회에서 정보사회로 더 나아가 지식사회로의 발전을 가능하게 했다.

6) 디지털미디어

디지털미디어는 디지털 코드(0, 1) 조합으로 정보를 표현하는 매체로서 아날로그에 비해 수정이나 편집이 쉽고 정보저장이나 상호호환성이 높고 일대 다수간의 상호작용이 가능하다. 다양한 디지털미디어 중에서 모바일미디어와 소셜미디어의 영향력이 크게 증가하고 있다. 모바일 미디어는 이동 중에도 무선통신을 활용하여 시공간의 제약 없이 정보처리를 가능하게 고안된 것으로 편리성과 접근성이 좋다.

소셜 미디어는 SNS 및 다른 형태의 미디어를 포함한다. 트위터(Twitter), 페이스북(Facebook)과 같은 소셜 네트워킹 서비스(Social Networking Service, SNS)에 가입한 이용자들이 서로 정보와 의견을 공유하면서 대인관계망을 넓힐 수 있는 플랫폼을 가리킨다. 그리고 자신의 생각과 의견, 경험, 관점 등을 서로 공유하기 위해 사용하는 개방화된 온라인상의 콘텐츠로 소셜미디어는 다섯 가지 특징을 갖는다. 첫 번째는 참여(Participation)로 관심 있는 사람들의 기여와 피드백을 촉진한다. 두 번째는 공개(Openness)로 정보공유가 활발하며 콘텐츠

접근의 장벽이 거의 없다. 세 번째는 대화(conversation)로 쌍방향 커뮤니케이션이 가능하다. 네 번째는 커뮤니티(community)로 공통의 관심사에 의해 서로 모이며 커뮤니케이션한다. 마지막으로 연결(connectedness)로 대부분의 소셜미디어는 다른 미디어와 링크를 통해 연결된다.

| 표 14-1 | 미디어의 종류 및 특징

구분	언어미디어	문자미디어	인쇄미디어	전자미디어	인터넷미디어	디지털미디어
수단	· 언어 및 비언어(표정, 몸짓, 언어 외 음성)	· (시각화된) 문자	· 인쇄된 책	· 전자적 장치	· TCP/IP의 고유 프로토콜을 기반으로 구축된 전 세계적인 네트워크	· 디지털코드(0과 1의 조합을 통해 숫자, 문자, 영상 등의 정보)를 표현하는 것
상황의 특징	· 면대면, 상대방의 반응을 즉시 파악 · 비교적 성확한 커뮤니케이션을 할 수 있음	· 기호만을 가지고 의미를 전달해야 하기 때문에 제약성이 상대적으로 큼 · 상대방의 반응을 즉시 파악하기 어려움	· 인쇄된 서책을 통해 커뮤니케이션하므로 문자해독능력을 필요로 함 →정보문해력(literacy)의 필요성 제기	· 제한적이지만 인쇄미디어처럼 문자해독능력을 필요로 하지 않음 · 동시성(simultaneity)의 확장	· 상호텍스트성 →다양한 수준, 방식으로 기존 텍스트와 연관되어 있음 · 비선형성 →이용자가 선택에 의한 다른 텍스트로의 이동을 쉽게 할 수 있음	· 원본과 복사본의 구분이 무의미한 완전한 복제가 가능함 →가치체계의 구분이 무의미 · 편집, 수정 및 수시 저장이 가능하며 새로운 정보물 생산이 가능
감각 요소	· 시각, 청각	· 시각	· 시각(감성을 배제하고 이성만 강조하는 현상 유발)	· 시각, 청각	· 시각, 청각	· 시각, 청각
정보의 양	· 제한적임	· 언어미디어보다 확장됨	· 문자미디어보다 확대됨	· 인쇄미디어보다 전달량 축소됨	· 제한없음	· 디지털 압축기술로 인해 방대함

구분	언어미디어	문자미디어	인쇄미디어	전자미디어	인터넷미디어	디지털미디어
정보의 성격	· 단편적 기억에 의존하기 때문에 장황하고, 파편적임	· 순차적이고 선형적인 의식의 흐름을 특징으로 함 · 내적 의식작용을 촉발하고 분석적, 논리적 사고를 강조함 · 보편적 지식이 아니라 전문적인 지식과 생산의 축적을 가능하게 함	· 논리적, 체계적 사고를 형성하게 함 · 전문적인 지식과 생산의 축적을 가능하게 함 →매스미디어 시대의 시작	· 즉흥적인 정보를 전달하고, 영상 및 이미지 강조함 →인쇄미디어보다 전달량이 더 축소되면서 정보의 상세성, 구체성이 결여됨	· 전 지구적 범위의 텍스트로서 지역, 공간적, 시간적 제약을 받지 않고 전 지구적 범위를 보유하고 있음 · 일시성(비영속성)의 특징 →텍스트는 실체적인 존재가 아니라 가상적이고 일시적임	· 문자, 음성, 데이터, 정지영상, 동영상 등 다양한 형태의 정보를 통합 처리할 수 있어 정보 변환이 자유롭고 상호호환성이 높음
시공간적 제약	· 기록이 어렵고 일회적임	· 언어미디어의 한계를 어느 정도 극복함 · 원거리 이동, 기록성, 보존성의 속성 때문에 지식과 정보의 축적, 계승이 가능해짐	· 원거리 이동성, 기록성, 보존성을 가지기 때문에 지식과 정보의 축적, 계승이 가능함	· 인쇄미디어보다 시공간적 영역이 더 넓어짐	· 제약없음	· 제약없음
집단 문화의 특성	· 공유성이 강하고, 집단 연대성이 큼	· 사색을 강조하고, 더불어 개인주의를 강화, 사회 위계의 계층화	· 지식의 대중화, 소수 독점적 지위체제를 해체함 · 개인주의화 경향은 유지, 집단 동류의식에 의한 여론과 공중의 형성 →근대 민주주의의 초석	· 정보 제공과 수용의 동시성으로 인해, 생중계되는 사건을 동시에 지켜보고 참여하는 것을 가능하게 함으로써 구두문화 전통의 집단의식을 재현함	· 많은 텍스트들 중에서 원하는 텍스트를 선택할 수 있고, 다른 텍스트로의 자유로운 이동을 통해 독자적인 의미를 구성하기도 하는 일종의 능동적인 작가로 전환됨	· 유저(user) 간의 정보를 공유함으로써 사회운동을 주도하기도 하고, 소비자와 판매자를 연계하는 주요 매개체, 개인 간의 친목도모의 장이 되기도 함 →모바일미디어, 소셜미디어

출처: 유현정(2019).

2. 미디어의 이용현황

2019년 한국언론진흥재단에서 전국 만 19세 이상 성인남녀 5,040명을 대상으로 전통적인 4대 매체인 신문, 텔레비전, 라디오, 잡지와 더불어 디지털에 근간한 인터넷(이동형과 고정형), 포털, SNS, 메신저서비스, 온라인 동영상 플랫폼, 팟캐스트까지 변화된 환경 속에서 이용되고 있는 각 플랫폼과 기기에서의 이용매체에 대한 조사 결과를 보면, 전반적으로 전통매체의 위상약화와 디지털 플랫폼의 강세가 나타났다. 그래도 텔레비전은 상대적 경쟁우위를 유지하는 반면, 종이신문과 잡지와 같은 인쇄매체의 사용의 급격히 하락하고 메신저 서비스와 SNS 상승세가 2018년에 비해 다소 주춤하면서 온라인동영상 플랫폼의 눈부신 성장이 나타났다. 또한 인터넷을 통한 고정형 기기인 PC를 통한 인터넷 이용보다는 모바일 기기를 통한 정보 이용이 급격히 증가되고 있다.

전통매체와 디지털 플랫폼 이용은 연령대에 따라 다른 차이를 보였는데, 20 · 30대 젊은 연령층은 고연령층에 비해 디지털 플랫폼으로 정보를 얻는 비율이 현저히 높고 포털, SNS, 메신저서비스, 온라인 동영상 플랫폼을 언론으로 인식하고 60대 이상의 고령층은 텔레비전에 아직 의존하고 있지만 스마트폰의 대중화로 전 연령대에서 디지털 플랫폼 이용이 증가되고 있다. 60대 이상 고령자의 인터넷 이용률을 살펴보면, 60대는 2015년에 59.6%, 2016년 74.5%, 2017년 82.5%, 2018년에는 88.8%로 매년 증가 추세이며 70대 이상 인터넷 이용률도 2015년에 17.9%였으나 꾸준히 증가하여 2018년에는 38.6%가 인터넷을 이용하고 있다고 보고하였다[그림 14-2].

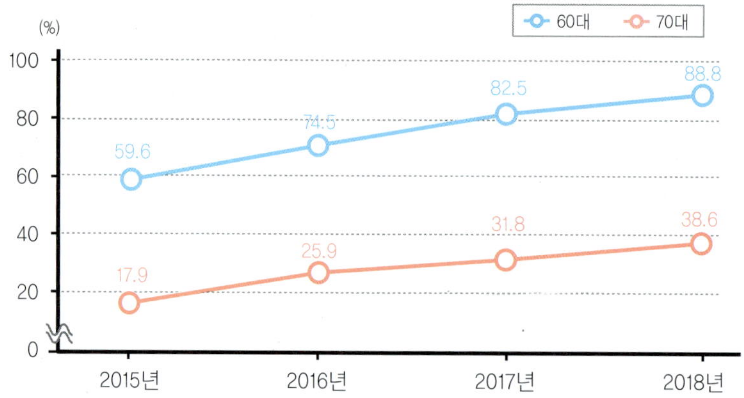

| 그림 14-2 | 인터넷 이용률

출처: 과학기술정보통신부(2019).

그러나 디지털 플랫폼에서 읽은 기사를 어느 언론사가 작성했는지를 기억하는 정도는 전반적으로 모든 연령층에서 낮고, 60대 이상에서는 기사의 출처를 인지하지 못하는 비율이 매우 높아서 허위정보에 대한 확산의 우려가 크다고 볼 수 있다.

그리고 텔레비전, 종이신문, 라디오, 잡지와 같은 4대 매체에 대한 지난 1주일간의 이용률 추이를 보면, 텔레비전은 꾸준히 90% 이상의 이용률을 보였지만, 나머지 종이신문, 라디오, 잡지는 모두 꾸준히 감소하였고, 종이신문 이용률은 1993년에 비해 75.5% 하락하고 잡지는 1996년 이용률의 10분의 1인 3%로 감소한 것으로 나타났다[그림 14-3].

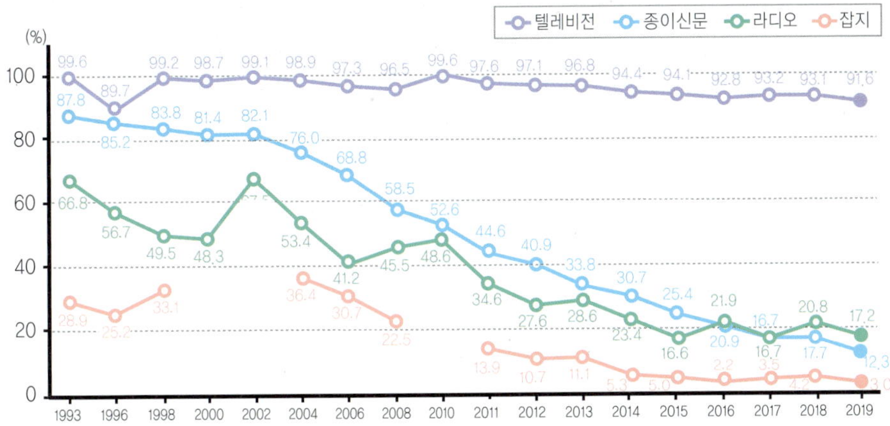

| 그림 14-3 | 4대 매체 이용률 추이(1993~2019년)

출처: 한국언론진흥재단(2019).

2010년 이후 인터넷 매체 이용률은 PC로 대표되는 고정형 인터넷 이용률이 2010년 71.9%에서 계속 감소해서 2019년 40.2%로 계속 감소했고, 모바일 기반의 이동형 인터넷 이용률이 2010년 31.3%에서 86.4%로 눈에 띄게 상승하였다.

주로 모바일 기반의 메신저 서비스와 SNS, 팟캐스트 이용률은 조사가 시작된 2016년 이후 꾸준히 증가하였고, 2018년부터 조사한 온라인 동영상 플랫폼 이용률 또한 1년 만에 13.5% 증가한 47.1%의 이용률을 보였다[그림 14-4].

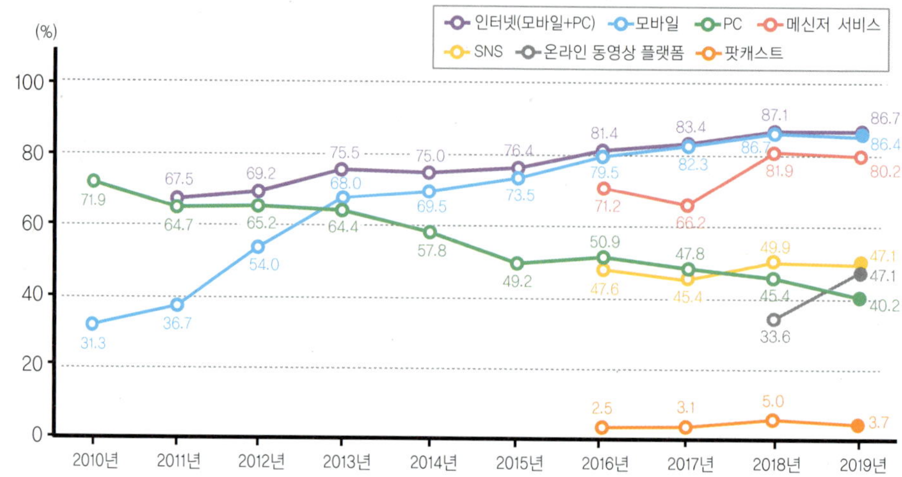

| 그림 14-4 | 인터넷 기반 매체 이용률 추이(2010~2019년)

출처: 한국언론진흥재단(2019).

그리고 지난 1주일간의 연령대별 미디어 이용률을 보면, 전통매체(텔레비전, 종이신문, 라디오, 잡지)는 40대 이상에서 상대적으로 높은 이용률을 보인 반면, 메신저서비스, SNS, 팟캐스트, 온라인 동영상 플랫폼 등 인터넷 기반 미디어 이용률은 30대 이하 연령대에서 상대적으로 높게 나타났다. 특히 모바일 인터넷의 경우는 20~30대에서 99% 이상의 이용률을 보였고 50대에서도 92.1%의 높은 이용률을 보이는 것으로 나타났다〈표 14-2〉.

| 표 14-2 | 연령대별 미디어 이용률

(단위: %)

	텔레비전	종이신문	라디오	잡지	인터넷(모바일+PC)	모바일	PC	포털(모바일+PC)	모바일	PC	메신저서비스	SNS	팟캐스트	온라인동영상플랫폼
전체	91.6	12.3	17.2	30.	86.7	86.4	40.2	81.8	81.3	35.3	80.2	49.2	3.7	47.1
20대 (n=867)	76.9	2.5	7.0	5.0	100.0	99.9	73.0	97.3	97.0	63.0	97.4	85.3	7.4	69.9
30대 (n=834)	87.0	5.6	20.8	2.9	99.8	99.7	61.4	98.4	98.2	54.7	96.3	66.9	6.5	67.4
40대 (n=986)	93.3	12.8	25.1	2.9	99.1	98.8	45.3	96.8	96.3	39.5	94.9	59.0	4.3	54.3
50대 (n=1,025)	97.1	19.9	23.6	3.4	92.3	92.1	30.5	87.6	86.5	27.1	85.0	42.4	2.1	42.5
60대 이상 (n=1,328)	98.4	16.7	10.7	1.4	56.1	55.7	9.1	45.8	45.2	8.2	44.4	12.5	0.3	17.7

출처: 한국언론진흥재단(2019).

Ⅲ. 미디어의 장단점 및 선택 기준

요즘 건강에 대한 관심이 증가하면서 영양과 식품정보에 대한 관심과 요구도 같이 증가하고 있다. 텔레비전에서는 음식에 대한 방송이 인기프로그램이 되면서 먹방, 쿡방과 같은 신조어까지 생기고 SNS와 같은 소셜미디어를 통해서도 다양한 정보가 끊임없이 수용자에게 전달되고 있다. 따라서 미디어를 활용하여 영양교육과 상담을 할 때는 대상자에 적합한 미디어 경로를 선택하고 각 매체의 장단점을 파악하여 올바른 정보와 콘텐츠를 구성하여 영양교육의 효과를 높이도록 해야 한다.

1. 미디어의 장단점

미디어가 가지는 여러 장점을 영양교육에서 활용하고 단점을 주의하고 보완해서 활용하면 좋은 교육매체로의 기능을 할 수 있다.

1) 미디어의 장점

- 불특정 다수에게 빠른 시간에 많은 정보를 전달할 수 있다.
- 시공간을 초월할 수 있다.
- 지속적으로 동일 주제를 전달할 경우 행동변화를 유도하기 쉽다.
- 비교적 한 번 제작한 것을 반복하여 사용할 수 있으므로 경제성이 좋다.
- 그림이나 영상과 같은 시청각 요소를 활용하면 주의집중과 이해가 쉽다.
- 교육자 없이도 교육이 가능하다.
- 개인미디어를 활용하여 개인맞춤형 정보를 전달할 수 있다.

2) 미디어의 단점

- 주제나 내용에 따라 미디어의 종류에 따른 결과물의 효과가 달라질 수 있다.
- 인터넷을 제외한 대부분의 미디어는 영양교육정보를 전달하기에 허용되는 시간이나 정보의 양이 제한되므로 충분한 설명이 어려울 수 있고, 전문적인 내용을 설명하기 위해 다양한 도구(그림, 그래픽, 동영상)들이 필요하다.
- 교육내용이 배포된 경우, 파급효과가 크므로 정확하고 세심한 내용검증이 필요하다.
- 교육대상자가 얼마나 이해를 하고 행동으로 옮기는지에 대한 분석이 힘들다.

2. 미디어 선택기준

미디어 중에서 어떤 매체를 활용하여 영양교육을 할 것인가도 중요하지만, 그 전에 공통적으로 대상자의 특성을 파악하고 그들에게 필요한 교육의 주제와 목적에 따라 적절성, 신뢰성, 흥미도가 높은 매체를 선택하는 것이 무엇보다 중요하다.

- 적절성(appropriateness): 영양교육의 목표를 달성하기 위해 용어의 수준, 내용의 난이도, 제시방법 등이 대상자의 수준에 적절한지를 검토한다. 또한 음악이나 배경 및 삽화등도 적절하게 잘 사용됐는지도 중요하며 대상자의 이해를 돕기 위해 간단명료하면서도 논리적이어야 한다. 특히 전문용어에 대해서는 적절한 부연설명을 통해 이해를 돕도록 한다.
- 신뢰성(reliability): 영양교육 내용이 정확하고 믿을 만한지도 중요하며 제작지나 저자가 그 분야의 전문가인지에 대한 자격을 확인한다.
- 흥미도(interest): 영양교육 매체의 외관이나 내용이 대상자의 호기심과 흥미를 유발하고 교육에 대한 동기유발을 일으킬 가능성이 있는지 고려한다.

IV. 미디어를 활용한 영양정보 제공과 모니터링

1. 미디어를 활용한 영양정보 활용

정부기관 및 식품영양 전문가로 구성된 협회나 기관에서 매스미디어와 개인미디어를 활용하여 영양정보를 다양하게 제공하고 있다. 뿐만 아니라, 식품영양을 전공한 개인들이 정확한 식품 및 영양학 지식을 전달하기 위해서 개인미디어를 활용하여 활발하게 활동 중이다〈표 14-3〉, 〈표 14-4〉. 그러나 다소 검증이

안 되어 있는 내용이나 식품 판매를 목적으로 과장된 식품관련 정보를 전달하는 일부 기업과 그런 기업의 정보를 여기저기 퍼나르기식으로 전달하는 개인미디어 운영자가 있어서 정보를 찾아서 선택함에 있어 각별한 주의가 필요하다.

| 표 14-3 | 매스미디어

텔레비전

생로병사의 비밀

http://program.kbs.co.kr/1tv/culture/health/pc/index.html

내몸 플러스

http://broadcast.tvchosun.com/broadcast/program/3/C201600015/edit/6639.cstv

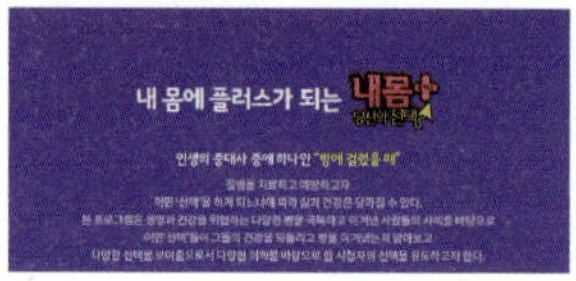

엄지의 제왕

https://www.mbn.co.kr/vod/programMain/594

라디오

MBC 건강한 아침 황선숙입니다

http://www.imbc.com/broad/radio/fm/health-morning/info/index.html?list_id=7077196

KBS 라디오 주치의 이충헌입니다

https://audioclip.naver.com/channels/1148

잡지

농촌진흥청

http://www.rda.go.kr/board/board.do?-mode=list&prgId=syb_webzineEntry

뉴트리앤

http://blog.naver.com/PostList.nhn?blogId=nu-triand&from=postList&categoryNo=1

신문

중앙일보-[issue&]

https://news.joins.com/

경향신문-음식의 미래

http://www.khan.co.kr/

인터넷포털(인터넷을 통해 영양교육과 상담을 제공하는 회사의 예)

보건산업진흥원

https://www.khidi.or.kr/nss/nss

한국식영양연구소

http://www.fd114.co.kr/

어플리케이션

식품안전나라

https://www.onestore.co.kr/userpoc/apps/view?pid=0000714883

헬스 인 뉴스

https://www.onestore.co.kr/userpoc/apps/view?pid=0000732667

보건소 모바일 헬스케어

https://www.onestore.co.kr/userpoc/apps/view?pid=0000738874

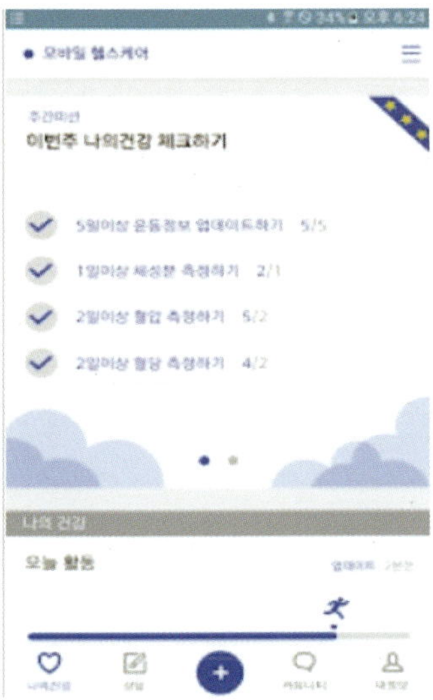

New 고열량저영양 알림-e

https://www.onestore.co.kr/userpoc/apps/view?pid=0000269124

| 표 14-4 | 개인미디어

카카오채널

식품안전나라

https://pf.kakao.com/_xnGxkWC

한국당뇨협회

https://pf.kakao.com/_xhxkdnxb

블로그

식품의약품안전처

http://blog.naver.com/kfdazzang

테이스토리(블로그)

http://blog.naver.com/yjsart

유튜브

서울대병원TV

https://www.youtube.com/c/chSNUH/featured

KBS 생로병사의 비밀

https://www.youtube.com/channel/UCiV4_cGVt-t-j6jMQ7RCrXw

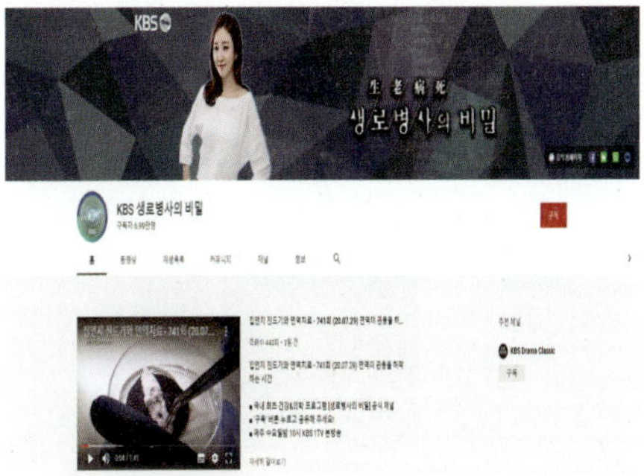

이미숙-식품영양학박사

https://www.youtube.com/user/goldnsilver11/videos

인스타그램

한국건강관리협회

https://www.instagram.com/kahp_medi-check/?igshid=2ph10kuh12so

식품의약품안전처

https://www.instagram.com/mfdsko-rea/?igshid=163zygiipfqlq

페이스북

인구보건복지협회

https://www.facebook.com/population79/

팟케스트

KBS 건강 365

http://podbbang.com/ch/6696

밴드

KBS건강-생로병사의 비밀

https://band.us/page/73711483

트위터

식품안전나라

https://twitter.com/365foodsafety

국가암정보센터

https://twitter.com/koreacancerinfo

2. 영양정보 모니터링

1) 미디어를 통한 영양정보에 대한 일반적인 수용태도

일반인들의 미디어를 통한 영양정보에 대해 건강한 식생활 실천에 대한 보편적인 수용 태도는 다음과 같다.

- 건강이나 영양정보에 대해 지속적인 실천보다는 몇 번의 시도로도 영양 상태가 교정된다고 믿는다.
- 실제로 빈번하게 발병하는 당뇨병, 고혈압, 뇌졸중과 같은 질병에 대한 자신의 위험도를 과소평가하는 경향이 있다.
- 식품을 부작용이 적은 질병의 치료제로 받아들이며 아무리 많이 먹어도 부

작용이 없다고 생각한다.

- 건강한 식생활에도 절대적인 답이나 쉬운 해결방법이 있다고 생각하며 확률이나 가능성의 개념을 이해하지 못한다.
- 질병위험의 보편성을 부정하고 자신의 실제 위험과는 상관없이 특정인에게만 발생할 것이라고 믿는 경향이 있다.
- 식생활은 건강에 미치는 효과가 미미하고 먹는 것이 일상적인 것이니 영양에 대한 정보를 사소하게 생각하며 필요하면 약이나 주사치료로 해결될 수 있다고 믿는다.
- 일반적으로 사회경제적 수준이 낮은 계층에서는 현재 먹는 것에 더 중요하게 의미를 두고 장기적으로 건강한 식습관을 위한 변화에 대한 준비가 부족하다.

이러한 일반인들의 수용태도를 파악하고 이해하며 접근하는 교육 내용과 방법이 필요하다.

2) 영양정보에 대한 모니터링 시 고려 사항

영양정보 제공 시 일차적인 책임은 정보를 제공하는 주체에 있지만 미디어를 통해 하루에도 수많은 정보 속에서 일반인들은 정확한 정보인지를 판단하고 선택하는 데 어려움이 있고, 정보를 제공하는 사람 중에서도 검증되지 않은 정보들을 퍼트리며 더욱 혼돈 속으로 빠뜨리는 경우가 있다.

따라서 영양전문가들은 미디어 속의 영양정보를 검증하고 잘못된 부분을 바로잡고 정확한 정보를 국민들에게 제공할 수 있어야 한다.

다음의 원칙들을 고려하여 영양정보를 모니터링하도록 한다.

- 공익성: 공공의 이익에 기여하고 있는가?
- 공정성: 올바르고 공정한 가치판단에서 보도하였는가?

- 객관성: 제공하고자 정보를 객관적으로 다루고 있는가?
- 전문성: 전문가나 정확한 출처의 자료를 가지고 지식과 정보를 제공하고 있는가?
- 해설성: 일반인이 이해하기 쉽게 구성하고 설명했는가?
- 시의성: 필요한 정보를 제때 전달하였는가?
- 윤리성: 국민들의 일반적 정서나 규정에 어긋나는 점은 없는가?
- 신뢰성: 정보의 출처가 정확하고 내용은 믿을 만한가?

3. 모니터링의 종류

모니터링의 종류는 성격에 따라 양적인 모니터링과 질적 모니터링으로 분류될 수 있으며, 모니터링의 주체에 따라 내부적인 모니터링과 외부적인 모니터링으로 분류될 수 있다.

1) 모니터링의 성격에 따른 분류

(1) 양적인 모니터링

- 식품영양관련 정보와 기사의 내용을 양적으로 모니터함
- 방송의 경우는 제공횟수, 방송시간, 시청률, 구독률 등을 기준으로 분석함
- 인쇄매체의 경우는 횟수, 지면에 노출된 면적 등을 기준으로 분석함

(2) 질적인 모니터링

- 식품영양관련 정보와 기사의 제시 방법의 적절성에 대한 기준과 취재원의 종류 등에 따라 분석함

- 제공되는 정보의 통계처리 및 해석방법, 과학적 오류 여부, 전문성의 깊이, 시청자나 구독자의 수용성, 용이성 등의 지표를 이용하여 평가함
- 모니터링을 하기 위해 훈련이 필요하고 전문성이 요구됨

2) 모니터링 주체에 따른 분류

(1) 내부적인 모니터링

- 제작을 담당하는 기관의 자체적인 모니터링
- 「신문 등의 진흥에 관한 법률」, 「방송법」, 「인터넷 멀티미디어 방송사업법」 등에 의해 심의 담당을 두고 자체적인 심의위원회 및 시청자위원회 운영 및 규정을 마련하여 시행하고 있음
- 시청자위원회, 시청자와의 의사교류를 위한 홈페이지나 실시간 SNS운영하고 있음
- 제공되는 정보에 대해서는 법적인 한계 내에서 평가하고, 기술적인 면에서의 오류나 오보의 정정으로 그치는 경우가 많고 식품영양관련 정보에 대한 전문적인 모니터링은 어려운 편임

(2) 외부적인 모니터링

- 정부기관이나 시민단체와 같은 참여적 심의, 학계에서의 연구목적의 모니터링과 영양사협회와 같은 전문단체에 의한 모니터링이 있음
- 국가기관에서 실시하는 모니터링 중에서 특히 식품의약품안전처에서 건강식품이나 식품의 광고에 대한 모니터링을 조직적으로 하고 있음
- 또한 시민단체에 의해서는 YWCA와 같은 시민단체, 소비자단체, 주부단체를 중심으로도 각 단체의 목적과 성격에 맞게 진행하고 있음

4. 올바른 영양정보 선별을 위한 소비자 교육

대한영양사협회에서는 1994년부터 국민들에게 식품영양과 관련된 올바른 정보를 제공하고 각종 매체에서 잘못된 식품영양정보의 확산을 방지하기 위해 영양사 및 식품영양학과 재학생 등 영양전문인으로 구성된 언론 모니터링단을 창단하여 신문과 방송으로 나누어 모니터활동을 해왔다. 이렇게 자체적으로 모니터링을 해오다가 1999년 보건복지부로부터 국민에게 건강에 관한 바른 지식을 보급하고 스스로 건강한 생활을 실천할 수 있는 여건을 조성하기 위해 시작된 보건복지부 '국민건강증진기금지원사업'의 일환으로 '올바른 국민건강정보 확산을 위한 식품 영양 모니터링 사업'을 연구용역으로 받아 2004년까지 사업을 수행하였다. 2003년부터는 방송뿐 아니라 인터넷 매체의 모니터를 실시하여 국민들에게 잘못된 정보를 선별할 수 있도록 홍보하고 여론화하여 관련 기관에는 올바른 정보 제공을 요청함으로써 바람직한 건강정보문화 정착으로 국민건강증진에 기여하였다[그림 14-5].

이렇듯 방송이나 다양한 프로그램에서 소개되는 내용에 대해 잘못된 정보나 과장된 내용 및 허위광고가 파악되면 해당 언론사나 방송국 그리고 개인 미디어 운영자에게 전달하고 이후에 추적 관찰하여 개선되지 않으면 여론화하여 문제점을 해결할 수 있도록 하는 것이 중요하다.

하지만 일반인들은 이렇게 전문적인 모니터링을 해나가기 어려우므로 매스미디어나 개인미디어의 영양정보에 대한 선별 능력을 갖추기 위해 다음과 같은 점검사항을 참고하여 영양정보를 선택할 수 있도록 한다.

1) 정보 제공자와 출처 확인

영양정보를 제공하는 기관이나 단체가 신뢰성이 있는 공인된 기관인지 파악하고 정보에 대한 정확한 출처를 제시하고 있는지 확인해야 한다. 이때 식품이나 건강식품을 판매하기 위한 광고에서 신뢰감 형성을 위해 과도한 표현이나 과장이 없는지를 점검할 필요가 있다.

2) 정보내용의 평가

정보의 내용이 사실적이고 논리적인지 평가하고, 식품의 경우 부작용의 사례도 명시하고 있는지 살펴본다. 인터넷의 경우 자료의 업데이트와 관리가 지속되고 정보 제공자와의 의견교환이 가능한 경우가 보다 믿을 만하다.

무엇이든 물어보세요(2005. 9. 6)

작성일	2005-10-24	작성자	식품영양정보언론모니터링팀	조회	5384
				이메일	***********

프로그램명 : 무엇이든 물어보세요
소주제명 : 비만의 신호탄 - 탄수화물 중독!
방송일 : 2005년 9월 6일

내용
비만인 사람 중 75%가 걸렸다는 탄수화물 중독증에 대하여 알아보고, 그 증상과 식생활 개선방안을 분석하였다.

긍정적인 면
- 최근 문제시되고 있는 탄수화물 중독증에 대하여 보도함으로써 시청자들로 하여금 경각심을 불러일으켰다.
- 탄수화물 중독증에 걸린 주부를 직접인터뷰 함으로써 문제점을 시사하였다.

부정적인 면
- 적절한 탄수화물의 1일 섭취량을 제시하지 않았고, 최소필요량이 1일 밥 2/3공기라고 전문가가 조언하였다. 하지만 1400kcal의 저칼로리의 당뇨식에서도 1일 곡류군의 섭취량이 7단위로 밥 2공기가 조금 넘는다. 이렇듯 최소 필요량이 1일 밥 2/3공기라고 말을 함으로써 시청자들로 하여금 그 이상을 섭취하면 문제가 될 것처럼 말을 하여 시청자들에게 적절한 섭취기준을 마련해주지 못하였다.
- 복합탄수화물, 단순당과 같은 전문용어의 설명이 부족하였다.
- 쌀, 감자, 고구마 등 곡류군에 들어있는 복합탄수화물과 사탕, 아이스크림, 음료수 등에 들어있는 단순당의 차이점을 분류하지 않고 모두 탄수화물이라는 범주에 넣어 말하였기 때문에 시청자들로 하여금 복합탄수화물 또한 문제가 될 수 있을 것이라는 혼란의 소지가 있었다.

개선과제
- 탄수화물 중독증과 영양관련 문제점에 대한 영양학적 내용을 의사가 나와서 인터뷰를 하였다. 영양적인 면은 영양전문가와의 인터뷰가 더욱 신뢰성 있을 것이라 사료된다.

{위 내용은 식품영양정보언론모니터링팀이 '무엇이든 물어보세요' 시청자게시판에 올린 것입니다.}

생방송 모닝와이드(2005. 9. 8)

작성일	2005-10-24	작성자	식품영양정보언론모니터링팀	조회	4716
				이메일	************

프로그램명 : 생방송 모닝와이드
소주제명 : 백색에 숨겨진 5kg, 청소년 비만
방송일 : 2005년 9월 8일

내용
여학생들의 하루를 통해 식습관을 분석해보고, 비만이 원인이 될 뿐만 아니라, 뇌기능에도 영향을 준다는 가공, 정제한 당에 대해서도 알아본다.

긍정적인 면
- 여학생들의 하루를 통해서 청소년들의 식습관에 대해 알아보고, 무엇이 문제이며 이 문제를 통한 해결방법도 제시해주었다.
- 성인과 청소년기의 지방세포 변화를 그림을 통해 알기 쉽게 표현해주었다.
- 우리가 섭취하게 되는 정제당과 과일 속에 들어있는 과일당의 차이를 전문가의 의견을 통해 알기 쉽고 신뢰있는 정보를 제공해주었다.
- 밀가루와 당을 많이 먹게 되는 사람이 당을 더 찾게 된다고 하는데 그 과정을 실험과 함께 알기 쉽게 설명해주었고 밀가루와 당을 먹을 때 어떻게 먹어야 하는지도 제시해주었다.

부정적인 면
- 2001년 국민영양조사의 총 설탕 섭취량을 제시해 주었는데 좀 더 최근자료로 제시해준다면 더 좋을 듯 하다.
- 하루 먹은 당의 양이 전체 칼로리의 1/10 이 넘으면 안된다고 하였는데, 그 이상 먹게 되면 어떤 문제가 있는지 단순히 비만과 관련된 건지 정확한 답을 주지 않았다.

{위 내용은 식품영양정보언론모니터링팀이 '생방송 모닝와이드' 시청자게시판에 올린 것입니다.}

| 그림 14-5 | 올바른 국민건강정보 확산을 위한 식품영양모니터링

출처: 대한영양사협회.

참고문헌

CHAPTER 01 참고문헌

박영숙·이정원·서정숙·이보경·이혜상·이수경(2015). 영양교육과 상담. 서울:교문사.

보건복지부(2018). 국민건강영양조사.

보건복지부·한국건강증진개발원(2015). 제4차 국민건강증진종합계획(2016~2020).

보건복지부·한국건강증진개발원(2019). 2020년 지역사회 통합건강증진사업 안내(영양).

이경혜·김경원·이연경·이송미·손숙미(2016). 영양교육 및 상담의 실제. 서울: 라이프사이언스.

질병관리본부(2019). 제4차 국민건강증진종합계획 영양지표 세부집단별 현황.

통계청(2019). 2018 사망원인통계.

통계청(2019). 2019 고령화 통계.

통계청(2019). 인구총조사.

통계청(2019). 장래인구특별추계.

CHAPTER 02 참고문헌

구재옥·김경원·김창임·박동연·박혜련(2017). 영양교육의 이론과 실제. 경기:파워북.

서정숙·이보경·이혜상·이수경(2018). 영양교육과 상담. 서울: 교문사.

정은자·박란숙·허채옥·백희준(2013). 재미있는 영양교육 및 상담. 서울: 수학사.

Ajzen, I.(1991). The theory of planned behavior. *Organizational Behavior and Human Decision Processes*, *50*, 179-211.

Bandura, A.(1986). *Social foundation of thought and action: a social cognitive theory*. Upper Saddle River, NY: Prentice Hall.

Fishbein, M., & Ajzen, I.(1975). *Belief, attitude, intention, and behavior: An introduction to theory and research*. Reading, Mass.: Addison-Wesley.

Glanz, K., Rimer, B. K., & Viswanath, K.(2008). *Health Behavior and Health Education: Theory, Research, and Practice*. Jossey-Bass.

Prochaska, J. O., DiCiemente, C. C & Norcross, J. C.(1992). In search of how people change: Applications to addictive behaviors. *American Psychologist*, *47*(9), 1102.

CHAPTER 03 참고문헌

구재옥·김경원·김창임·박동연·박혜련(2018). 영양교육의 이론과 실제. 경기: 파워북.

김영현·유경혜·이병순·최향숙·한성희(2017). New 영양교육 상담 이론 및 실제지도. 서울: 지구문화사.

보건복지부(2017). 제2차 국민영양관리기본계획.

서울특별시학교보건진흥원(2018). 서울특별시교육청 건강플러스업.

서정숙·이보경·이혜상·이수경(2018). 영양교육과 상담. 서울: 교문사.

식품의약품안전처(2012). 유아식생활과 건강.
식품의약품안전처(2017). 유아용 당류 줄이기 교육 프로그램 교사용 지침서.
이경애(2018). 영양교육: 다양한 연구과 연계된 이론과 실습. 서울: 교문사.
이경혜·김경원·이연경·이송미·손숙미(2015). 영양교육 및 상담의 실제. 서울: 라이프사이언스.
이경혜 등(2020). 영양교육 및 상담의 실제. 서울: 라이프사이언스.
이영미·이민준·이승민(2016). 영양교육과 상담. 서울: 신광출판사.

CHAPTER 04 참고문헌

김영현·유경혜·이병순·최향숙·한성희·허은실(2017). New 영양교육 & 상담. 경기: 지구문화사.
박영숙·이정원·서정숙·이보경·이혜상(2000). 영양교육과 상담. 서울: 교문사.
이영남·정은자·박란숙·허채옥·김현오·백희준·노성윤(2007). 영양교육 및 상담. 서울: 수학사.
이영미·이민준·이승민(2013). 영양교육과 상담. 서울: 신광출판사.
정은자·박란숙·허채옥·노성윤·백희준·오희경(2013). 재미있는 영양교육 및 상담. 서울: 수학사.

CHAPTER 05 참고문헌

구재옥·김경원·김창임·박동연·박혜련(2017). 영양교육의 이론과 실제. 경기: 파워북.
김영현·유경혜·이병순·최향숙·한성희·허은실(2017). New 영양교육 & 상담. 경기: 지구문화사.
서정숙·이보경·이혜상·이수경(2018). 영양교육과 상담. 서울: 교문사.
이경혜·김경원·이연경·이송미·손숙미(2016). 영양교육 및 상담의 실제(제3판). 서울: 라이프사이언스.
이승림·손슬기·김나영(2020). 행복이와 영양이가 알려주는 영양 · 위생 활동북 vol.2. 강원: 평창군청.
이영미·이민준·이승민(2016). 영양교육과 상담. 서울: 신광출판사.
정은자·박란숙·허채옥·노성윤·백희준·오희경(2013). 재미있는 영양교육 및 상담. 서울: 수학사.
키즈플러스(2004). 실사로 보여주는 이미지 북 보는 아이 크는 아이. 키즈플러스.
Alysse coombs(2004). 당뇨병이 뭐에요?. 한국애보트주식회사.
Brown, J. W.(1972). Administering educational media: Instructional technology and library services.
Dole Nutrition Institute(2010). *The Dole Nutrition Handbook*. Rodale Books.
Contento, I. R.(2015). *Nutrition Education: Linking Research, Theory & Practice*. Jones & Bartlett Learning.
대구광역시 통합건강증진사업지원단 싱겁게먹기센터. http://www.saltdown.com
대한영양사협회. http:// www.dietitian.or.kr/
대한지역사회영양학회 식생활정보센터. http://www.dietnet.or.kr/
맥진 모유수유 클럽 교육자료집.
서울특별시 식생활종합지원센터. http://www.seoulnutri.co.kr/
식품교환표를 활용한 식단작성 스티커, 사노피 아벤티스 교육자료집.
식품안전나라. http://www.foodsafetykorea.go.kr/

양주시어린이급십관리지원센터 교육자료집.
평창군어린이급식관리지원센터 교육자료집.
풀무원재단. http://www.pulmuonefoundation.or.kr/index.html/

CHAPTER 06 참고문헌

김유리 · 김지명 · 이정은 · 임윤숙 · 황지윤(2016). 영양판정. 경기: 파워북.
대한비만학회(2018). 비만 진료지침.
보건복지부(1990). 영양교육지침서.
이미숙 · 김정희 · 이보숙 · 이윤나 · 손숙미 · 이정원(2016) 영양판정. 경기: 교문사.
질병관리본부(2018). 국민건강영양조사 제7기 지침서.

CHAPTER 07 참고문헌

㈜올림 홈페이지(2020).
구재옥 · 김경원 · 김창임 · 박동연 · 박혜련(2018). 영양교육의 이론과 실제. 경기: 파워북.
국가건강정보포털(2020). 당뇨환자의 식이요법.
김영현 · 유경혜 · 이병순 · 최향숙 · 한성희(2017). New 영양교육 상담 이론 및 실제지도. 서울: 지구문화사
다이닝노트(모바일앱)
다이닝노트 앱(2020).
대한영양사협회 홈페이지(2020). 식습관 평가지 예시.
보건복지부 · 한국건강증진개발원(2019). 2020년 지역사회 통합건강증진사업 안내(영양).
보건복지부 · 한국건강증진개발원(2020). 보건소 모바일 헬스케어 사업안내서.
보건복지부 · 한국건강증진재단(2011). 건강원스톱서비스 상담매뉴얼.
보건복지부 · 한국영양학회(2015). 2015 한국인 영양소 섭취기준.
보건복지부 · 한국영양학회(2020). 2020 한국인 영양소 섭취기준.
분당서울대학교병원 홈페이지(2020).
서정숙 · 이보경 · 이혜상 · 이수경(2018). 영양교육과 상담. 서울: 교문사.
식품안전나라 홈페이지(2020).
이경애(2018). 영양교육: 다양한 연구과 연계된 이론과 실습. 서울: 교문사.
이경혜 · 김경원 · 이연경 · 이송미 · 손숙미(2015). 영양교육 및 상담의 실제. 서울: 라이프사이언스.
이영미 · 이민준 · 이승민(2016). 영양교육과 상담. 서울: 신광출판사.
한국건강증진개발원((2014). 건강검진결과상담매뉴얼(영양전문상담).

CHAPTER 08 참고문헌

구재옥 · 김경원 · 김창임 · 박동연 · 박혜련(2017). 영양교육의 이론과 실제. 경기: 파워북.

구재옥 · 김정희 · 변기원 · 손정민 · 이정원 · 이종현 · 최영선(2017). 생애주기영양학. 경기: 파워북.

김영현 · 유경혜 · 이병순 · 최향숙 · 한성희 · 허은실(2017). New 영양교육 & 상담. 경기: 지구문화사.

보건복지부 · 신구대학교(2014). 영양플러스사업 운영 체계 효율화 방안 연구.

보건복지부 · 한국건강증진개발원(2015). 영양플러스 대상자 맞춤형 영양관리 가이드-임신출산수유부.

보건복지부 · 한국건강증진개발원(2017). 임신부, 영유아 건강을 위한 영양플러스+ 사업설명회 사료집.

보건복지부 · 한국건강증진개발원(2018). 건강한 임신과 행복한 출산을 위해 임신기 영양관리.

보건복지부 · 한국건강증진개발원(2018). 건강한 임신과 행복한 출산을 위해 임신부 건강문제.

보건복지부 · 한국건강증진개발원(2018). 건강한 임신과 행복한 출산을 위해 임신 중 변화와 관리.

보건복지부 · 한국건강증진개발원(2019). 2020년 지역사회 통합건강증진사업 안내(영양).

보건복지부 · 한국건강증진개발원(2019). 임신부와 영유아의 평생건강을 위한 영양플러스+ 2013~2018 영양플러스사업 추진성과.

보건복지부 · 한국영양학회(2020). 2020 한국인 영양소 섭취기준.

서정숙 · 이보경 · 이혜상 · 이수경(2018). 영양교육과 상담. 서울: 교문사.

식품의약품안전처(2019). 수유부의 영양관리.

이경혜 · 김경원 · 이연경 · 이승미 · 손숙미(2016). 영양교육 및 상담의 실제(제3판). 서울: 라이프사이언스.

이승교 · 원향례 · 정은희(2017). 생애주기영양학(2판). 서울: 라이프사이언스.

이연숙 · 임현숙 · 안흔석 · 장남수(2016). 생애주기영양학(제3판). 경기: 교문사.

이영미 · 이민준 · 이승민(2016). 영양교육과 상담. 서울: 신광출판사.

정은자 · 박란숙 · 허채옥 · 노성윤 · 백희준 · 오희경(2013). 재미있는 영양교육 및 상담. 서울: 수학사.

한국건강증진개발원(2012). 2015~2012 영양플러스+운영 분석보고서.

한국건강증진개발원. https://www.khealth.or.kr/

한정순 · 김갑순 · 김영현 · 김현주 · 박선민 · 안창순 · 이미경 · 한성희(2016). New 생애주기 영양학(제3판). 경기: 지구문화사.

Dole Nutrition Institute(2010). *The Dole Nutrition Handbook*. Rodale Books.

Contento, I. R.(2015). *Nutrition Education: Linking Research, Theory & Practice*. Jones & Bartlett Learning.

EBS육아학교. https://www.ebspin.co.kr/

대한지역사회영양학회 식생활정보센터. http://www.dietnet.or.kr/

식품안전나라. http://www.foodsafetykorea.go.kr/

CHAPTER 09 참고문헌

구재옥 · 김경원 · 김창임 · 박동연 · 박혜련(2018). 영양교육의 이론과 실제. 경기: 파워북.

김연주 · 김현지 · 유현숙(2020). 아동 건강교육: 개정 누리과정에 기초한 건강 · 영양 · 안전. 서울: 창지사.

김영현 · 유경혜 · 이병순 · 최향숙 · 한성희(2017). New 영양교육 상담 이론 및 실제지도. 서울: 지구문화사.
김일옥 · 이소영 · 정현영 · 이영주(2018). 영유아 교사를 위한 현장중심의 아동영양학. 서울: 양서원.
보건복지부(2019). 영유아 식생활 지침.
보건복지부(2020). 2020 한국인 영양섭취기준.
보건복지부 · 한국건강증진개발원(2019). 2020년 지역사회 통합건강증진사업 안내(영양).
보건복지부 · 한국영양학회(2020). 2020 한국인 영양소 섭취기준.
서울시 식생활종합지원센터(2019). 서울시 식생활종합지원센터 유아 영양교육 사업.
서정숙 · 이보경 · 이혜상 · 이수경(2018). 영양교육과 상담. 서울: 교문사.
식품의약품안전처(2012). 유아식생활과 건강.
식품의약품안전처(2017). 유아용 당류 줄이기 교육 프로그램 교사용 지침서.
식품의약품안전처(2020). 어린이급식관리지원센터 가이드라인.
이경애(2018). 영양교육: 다양한 연구과 연계된 이론과 실습. 서울: 교문사.
이경혜 · 김경원 · 이연경 · 이송미 · 손숙미(2015). 영양교육 및 상담의 실제. 서울: 라이프사이언스.
이명희 · 정은정 · 황혜신 · 김정현 · 성미영(2016). 아동 건강 영양교육. 서울: 수학사.
이영미 · 이민준 · 이승민(2016). 영양교육과 상담. 서울: 신광출판사.
제주어린이급식관리지원센터(2019). 제주어린이급식관리지원센터 소식지.
중앙어린이급식관리지원센터(2020). 2021년도 어린이급식관리지원센터 식단운영관리지침서.

CHAPTER 10 참고문헌

김영현 · 유경혜 · 이병순 · 최향숙 · 한성희 · 허은실(2017). New 영양교육 & 상담. 경기: 지구문화사.
박영숙 · 이정원 · 서정숙 · 이보경 · 이혜상(2000). 영양교육과 상담. 서울: 교문사.
보건복지부(2020). 2020 한국인 영양섭취기준.
서울초중등영양교육연구회(2013). 영양 · 식생활교육 지도서. 서울특별시농수산식품공사.
이영남 · 정은자 · 박란숙 · 허채옥 · 김현오 · 백희준 · 노성윤(2007). 영양교육 및 상담. 서울: 수학사.
이영미 · 이민준 · 이승민(2013). 영양교육과 상담. 서울: 신광출판사.
이현옥 · 서계순 · 우인애 · 손정우 · 오세인 · 김애정 · 송태희 · 백재은(2009). 초등학교 영양교사를 위한 영양교육. 경기: 교문사.
정은자 · 박란숙 · 허채옥 · 노성윤 · 백희준 · 오희경(2013). 재미있는 영양교육 및 상담. 서울: 수학사.
최향숙 · 임종한 · 권순실 · 이옥주 · 김영연 · 강은진 · 송지연 · 박명숙(2014). 청소년 인성교육을 위한 식생활교육프로그램. 농림축산식품부.

CHAPTER 11 참고문헌

보건복지부(2009). 성인을 위한 식생활지침.
보건복지부(2011). 2011 맞춤형 방문건강관리사업 집중건강관리 중재집.

보건복지부(2014). 건강검진결과상담 매뉴얼-영양전문상담.

보건복지부(2014). 내몸이 원하는 건강체중만들기.

보건복지부(2020). 2020 보건소 모바일 헬스케어 사업안내서.

보건복지부(2020). 보건소 모바일 헬스케어 사업안내서.

보건복지부·농림축산식품부·식품의약품안전처 (2016). 국민공통식생활지침.

보건복지부·한국건강증진개발원(2017). 한국인 영양소 섭취기준을 활용한 식사평가 및 식사계획 PPT.

보건복지부·한국건강증진개발원(2019). 2020년 지역사회 통합건강증진사업 안내(영양).

질병관리본부(2019). 2018년 국민건강통계.

한국건강증진개발원 건간실천팀(2014). 점차 감소하고 있는 건강체중 성인여성.

한국영양학회(2015). 한국인 영양섭취기준.

서울특별시 보건의료정책과. 서울시 대사증후군 관리사업지원단, 대사증후군 오락프로젝트. http://5check.or.kr/

한국건강증진개발원. http://www.khealth.or.kr/

CHAPTER 12 참고문헌

고명석·김효순·이재경(2014). 노인복지론. 대왕사.

김상효·이용선·허성윤(2017). 고령친화식품시장 현황 및 활성화 방안. 한국농촌경제연구원 기본연구보고서, 1-319.

보건복지부(2020). 2020 한국인 영양섭취기준.

송선희·최명숙·이상매·서경조·이화식(2011). 노인교육론. 서울: 신정출판사.

신원선·박수진·김돈규(2019). 고령자를 위한 영양관리와 식사케어. 서울: 창지사.

이병순 외(2011). 노인복지를 위한 노인 영양관리. 서울: 광문각.

이영남·정은자·박란숙·허채옥·김현오·백희준·노성윤(2007). 영양교육 및 상담. 서울: 수학사.

최향숙·조아람·박진영(2020). 인천서구 사회복지급식관리지원센터와 함께하는 어르신 활동북 교수학습과정안. 인천서구 사회복지급식관리지원센터.

한정란(2005). 노인교육의 이해. 서울: 학지사.

CHAPTER 13 참고문헌

구재옥·김경원·김창임·박동연·박혜련(2017). 영양교육의 이론과 실제. 경기: 파워북.

김미현·김순경·배윤정·성미경·연지영·이지선·임희숙·조혜영(2018). 식사요법 및 실습. 경기: 파워북.

김영현·유경혜·이병순·최향숙·한성희·허은실(2017). New 영양교육 & 상담. 경기: 지구문화사.

매일경제(2015). 만성질환 U 헬스케어로 효과 봤네. 이병문 기자.

보건복지부·한국건강증진개발원(2015). 영양플러스 대상자 맞춤형 영양관리 가이드-임신출산수유부.

보건복지부·한국건강증진개발원(2017). 임신부, 영유아 건강을 위한 영양플러스+ 사업설명회 사료집.

보건복지부 · 한국건강증진개발원(2019). 2020년 지역사회 통합건강증진사업 안내(영양).
보건복지부 · 한국건강증진개발원(2020). 보건소 모바일 헬스케어 사업안내서.
서정숙 · 이보경 · 이혜상 · 이수경(2018). 영양교육과 상담. 서울: 교문사.
이경혜 · 김경원 · 이연경 · 이송미 · 손숙미(2016). 영양교육 및 상담의 실제(제3판). 서울: 라이프사이언스.
이보경 · 변기원 · 이존현 · 이홍비 · 이유나(2018). 이해하기 쉬운 임상영양관리 및 실습(개정판). 경기: 파워북.
이영미 · 이민준 · 이승민(2016). 영양교육과 상담. 서울: 신광출판사.
정은자 · 박란숙 · 허채옥 · 노성윤 · 백희준 · 오희경(2013). 재미있는 영양교육 및 상담. 서울: 수학사.
Dole Nutrition Institute(2010). *The Dole Nutrition Handbook*. Rodale Books
CHA의과학대학교 분당차병원. https://bundang.chamc.co.kr/
Contento, I. R.(2015). *Nutrition Education: Linking Research, Theory & Practice*. Jones & Bartlett Learning.
EBS육아학교. https://www.ebspin.co.kr/
강북구보건소. http://ehealth.gangbuk.go.kr/site/kr/index.jsp
건강관리의 대세는 U-헬스케어 시스템. https://blog.naver.com/dnlstk/220522056169
대한영양사협회. http://www.dietitian.or.kr/
대한지역사회영양학회 식생활정보센터. http://www.dietnet.or.kr/
삼성서울병원. http://www.samsunghospital.com/
서울대학교병원. https://www.snuh.org/main.do
식품안전나라. http://www.foodsafetykorea.go.kr/
안양시보건소. www.anyang.go.kr/health/index.do
한국건강증진개발원. https://www.khealth.or.kr/

CHAPTER 14 참고문헌

과학기술정보통신부(2019). 인터넷이용실태조사.
구재옥 · 박혜련 · 김경원(2020). 영양교육 및 상담. 서울: 한국방송통신대학교출판문화원.
박영숙 · 이정원 · 서정숙 · 이보경 · 이혜상 · 이수경(2015). 영양교육과 상담. 서울:교문사.
유현정(2019). 소비자와 미디어. 충북대학교 출판부.
이인희(2013). 뉴스미디어역사. 서울: 커뮤니케이션북스.
채범석 · 김을상(1999). 영양학사전. 서울: 아카데미서적.
통계청(2019). 2019 고령화통계.
한국언론진흥재단(2019). 2019 언론수용자 조사.
한국정보통신기술협회 · 정기욱(2008). 손에 잡히는 IT시사용어. 서울: 전자신문사.
한균태 · 홍원식 · 이언희 · 이종혁 · 채영길 · 이기형 · 이두황 · 이훈 · 이정교 · 박종민 · 이상원 · 정낙원 · 홍지아 · 임병국(2018). 현대사회와 미디어. 서울: 커뮤니케이션북스.

저자약력

강현주

서울여자대학교 식품영양학 박사

부천대학교 식품영양학과 교수

김정연

한양대학교 식품영양학 박사

서정대학교 식품영양학과 교수

신서영

연세대학교 식품영양학 박사

서일대학교 식품영양학과 교수

이승림

한양대학교 식품영양학 박사

상지대학교 식품영양학과 교수

최향숙

덕성여자대학교 식품영양학 박사

경인여자대학교 식품영양학과 교수

영양교육과 상담

초판 1쇄 인쇄 2021년 4월 30일
초판 1쇄 발행 2021년 5월 3일

지 은 이 | 강현주 · 김정연 · 신서영 · 이승림 · 최향숙
펴 낸 이 | 김기섭
편 집 인 | 이초롱
펴 낸 곳 | 창지사 www.changJisa.com
08589 서울시 금천구 가산디지털 1로 83 파트너스타워 1차 9층
전화 (02)719-2211~3
팩스 (02)701-9386
등 록 | 1977년 4월 28일 · 제1-421호

ISBN 978-89-426-1418-9 (93590)

값 24,000원